国家级一流本科课程指定教材

慕课版教材

普通物理学实验

GENERAL PHYSICS EXPERIMENT

主　编　张　伟

编　者　谢伟广　胡翠英　乐　松
赵传熙　金彦烁　麦文杰

广东高等教育出版社
Guangdong Higher Education Press
·广州·

图书在版编目（CIP）数据

普通物理学实验/张伟主编. -广州：广东高等教育出版社，2024.9（2025.9 重印）
ISBN 978-7-5361-7201-2

Ⅰ. ①普… Ⅱ. ①张… Ⅲ. ①普通物理学—实验 Ⅳ. ①O4-33

中国国家版本馆 CIP 数据核字（2023）第 197868 号

PUTONG WULIXUE SHIYAN

出版发行	广东高等教育出版社 地址：广州市天河区林和西横路 邮政编码：510500 电话：（020）87554153 http://www.gdgjs.com.cn
印　　刷	广州小明数码印刷有限公司
开　　本	787 毫米×1 092 毫米 1/16
印　　张	19
字　　数	450 千
版　　次	2024 年 9 月第 1 版
印　　次	2025 年 9 月第 3 次印刷
定　　价	58.00 元

前　言

高等教育的目标是培养德才兼备的创新人才，服务于国家科技发展战略，满足社会发展和产业创新的需求。作为专业基础必修课，物理实验课程是本科学生接受系统实验方法和实验技能训练的开端，承担着培养基本科学实验技能和方法、科学思维和创新意识，提高科学实验能力、分析能力和创新能力的任务。

本书是面向大学生开设的大学物理实验课程的教材，也是国家级一流本科课程、广东省一流本科课程"普通物理学实验Ⅱ"的教学成果。学习大学物理实验课程的学生，一般同时都在上"大学物理"。开始时，很多学生会误以为"大学物理实验"是"大学物理"附带的动手实践部分，但进了实验室就会发现，"大学物理实验"与"大学物理"的知识体系几乎是完全脱节的！所以，严格地讲，本书是基于学生的学习要求编写的，目的是为了更好、更方便地完成实验学习任务。

虽然物理实验教材也像理论课教材一样，包括了力学与热学、电磁学、光学等内容，但是以一个个相对独立的实验项目进行组织的。本书共分三编，分实验层次进行教学。

第一编为实验基础知识，阐述了有效数字、不确定度等概念和计算方法，讲解实验数据的分析和结果的表达，介绍了常用仪器设备的使用。近年来，计算机和数字工具的应用越来越普遍，本书也提供了使用计算机工具进行实验数据采集和结果分析表达的方法。

第二编提供了 30 个综合性实验项目，涵盖了力学、热学、电磁学、光学和近代物理的实验内容，为物理实验教学提供了足够多的项目选择。每个实验项目根据学习的需要，按照背景、实验目的、实验仪器、实验原理、实验内容、实验步骤与数据记录、注意事项和思考题等组织教学内容，都以问题引入，通过实验进行探究，体现物理原理和实验方法在某一个专业领域中的应用。书中提供了设备操作指导，并在原理和设备部分设计了预习问题，方便学生学习。

本编中的每个实验项目都提供了背景材料和"物理史话"，学生可以通过物理学史、物理思想和概念及其产生的背景和条件、物理学发展和科技突破与社会发展的关系等，了解科技进步与社会发展的关系，感受科学精神、科学态度、科学素养和科学审美。

第三编提供了5个设计性实验项目与2个研究性实验项目。设计性实验项目提供了多种可行的实验方案作为参考，培养学生独立实验和解决问题的能力。研究性实验项目为学生提供了自主设计并完成设想的机会，更加契合新时代科技创新的特征与高素质人才培养的需求。

本书结合教育技术应用，制作了“普通物理学实验”的在线课程，包括基础知识以及25个实验项目。在线课程提供了详细的原理讲解及实验操作视频，并提供了PPT、设备图片、思考题等相关资源。

本书由张伟负责全书整理和统稿以及第一章、第二章、第八章、第九章、第十章的编写，谢伟广和胡翠英负责编写第三章和第四章，赵传熙和麦文杰负责编写第五章，金彦烁负责编写第六章，乐松负责编写第七章。陆星、余晓敏、付勇以及本科生黄熙、王谱、陈植冰、曹苏秦等同学为第九章和第十章提供了实验参考方案。杨锦涛、梁耿、谢梓熠、张朝宾和贺威同学分别参与了实验设备拍摄和部分电脑制图的工作。暨南大学的张伟、赵传熙、谢伟广、麦文杰、孟辉、胡翠英，华南师范大学的李丰果、曾育锋、彭力和五邑大学的代福参与了本教材配套在线课程资源的编制。

本书的编写得到暨南大学教务处、实验室与设备管理处、物理与光电工程学院、大学物理实验中心、网络与教育中心等领导和同事们的大力支持与帮助，得到国家级一流本科课程、广东省一流本科课程、国家一流本科专业、广东省大学物理实验教学示范中心等建设项目的资助。广东省教育研究院姚轶洁主任、华南师范大学李丰果教授为本教材的建设多次提出宝贵意见，在此一并表示衷心感谢！

由于编者学识水平和教学经验所限，虽然经过多次审校，不完善之处在所难免，敬请广大教师、读者和学子们批评指正。

编　者

2025年8月

目 录

第一编 实验基础知识

进行实验研究时，需要对物理量进行测量以获取数据，测量的过程中总会受到一些因素的影响，如仪器误差、人为误差、环境影响，产生不确定度或误差．例如对一个物体的长度进行多次测量，几个独立完成测量的同学几乎不可能得出完全相同的结果．那么，如何判断谁的结果更好？如何表达测量结果的误差或不确定度？如何使用图形分析和汇报实验数据？

为了帮助读者掌握测量中的不确定性类型以及减少误差的方法，区分测量的准确度和精密度，使用适当的有效数字和不确定度表达实验结果，以表格和图形直观地说明实验数据和规律，本部分将通过一个单摆测量重力加速度的实验模型进行阐述，帮助读者掌握以下内容：

1. 测量中误差的类型；
2. 区分测量的准确度和精密度；
3. 测量结果不确定度的含义及计算方法；
4. 使用适当的有效数字和不确定度表达实验结果；
5. 以列表和图形表示测量数据，直观地说明实验数据和规律；
6. 常用实验仪器的使用方法．

第一章 数据测量与误差

第一节 实验模型

实验模型是物理实验中的重要概念，它是指物理现象或系统的一种简化、抽象的描述方式，可以是数学模型、图形模型或物理模型等形式. 实验模型是通过对真实物理现象的观测和理论分析得到的，通常要基于某些假设或前提条件简化真实物理过程，从而更容易进行实验观测和理论研究. 实验模型可以帮助我们更好地理解和研究真实物理现象，同时也为我们设计和优化实验提供了有效的工具和思路.

下面是使用单摆测定当地重力加速度的实验模型示例.

一、实验目的

1. 掌握测量重力加速度的原理及方法；
2. 学会选择实验仪器，并掌握仪器的使用方法；
3. 分析讨论误差产生原因，评价测量结果.

二、实验仪器

米尺、螺旋测微器、秒表、电子天平、摆线、摆球、测角器.

三、实验原理

将一根无弹性的细线上端固定在 O 点，下端悬挂一个很小的重物（可视作质点），在摆线竖直情况下，重物位于平衡位置. 移动重物稍微偏离平衡位置后自由释放，使其在竖直平面内来回摆动，这种装置称为单摆. 如图 1.1.1 所示，当摆线与竖直方向夹角为 θ 时，若忽略摩擦力，重物受到重力 G 和摆线的拉力 F_T 两个非共线力作用. 由于重物沿圆周运动，重力沿运动轨迹的切向分量为 $mg\sin\theta$. 设摆长为 L，则重物的切向加速度为 $a_t = L\dfrac{d^2\theta}{dt^2}$. 设角位移 θ 从竖直位置算起，并规定逆时针方向为正，则重力的切向分力 $mg\sin\theta$ 与 θ 反向，根据牛顿第二定律及单摆的周期公式可知（可参阅第四章实验 4），重力加速度公式为：

$$g = \frac{4\pi^2 L}{T^2} \tag{1.1.1}$$

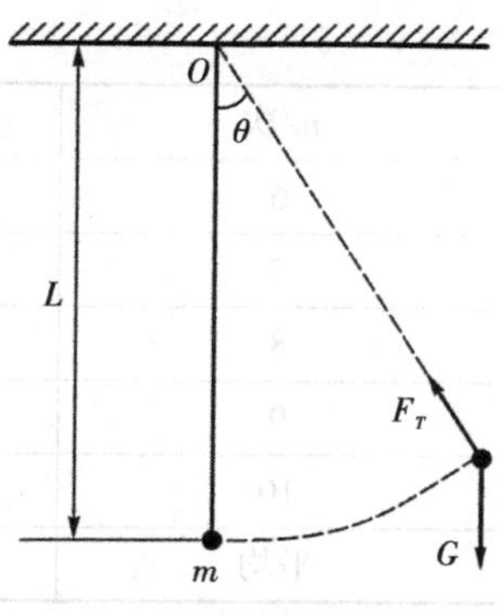

图 1.1.1　单摆测重力加速度原理图

四、实验内容

1. 使用电子天平分别测量摆球和摆线的质量；
2. 分别使用螺旋测微器和米尺测量摆球直径 d 和摆线长度 l 各 10 次；
3. 将摆角设置为 $\theta<5°$，使用秒表测量摆动 10 个周期所用的时间，测量 10 次；
4. 由摆动周期、摆线长度和摆球直径的平均值，计算重力加速度；
5. 计算重力加速的不确定度.

五、注意事项

1. 摆长 L 应是摆线长度与摆球半径的和；
2. 要使单摆在同一个竖直平面内摆动.

六、数据记录

实验获得的数据如表 1.1.1 所示.

表 1.1.1　摆球直径 d、摆线长度 l 与摆动 10 次的时间 t 测量数据

n/次	d/mm	l/cm	t/s
1	21.079	163.27	25.72
2	21.078	163.31	25.74
3	21.074	163.35	25.78
4	21.077	163.22	25.74
5	21.075	163.27	25.76

续上表

n/次	d/mm	l/cm	t/s
6	21.080	163.32	25.71
7	21.076	163.30	25.71
8	21.081	163.39	25.77
9	21.085	163.36	25.78
10	21.078	163.40	25.72
平均	21.078	163.32	25.74

注：$\theta=3°$，摆球和摆线的质量数据未列出.

第二节　测量与误差

测量结果的表达

一、测量

研究物理现象、了解物质特性、验证物理原理都要进行测量. 例如在用单摆测量重力加速度的实验模型中，我们需要测量摆球的直径和质量、摆线的长度和质量、摆动角度、摆动时间等物理量. 测量的本质是把被测量与作为计量单位的标准量进行比较，从而确定被测量的数值和单位.

（一）直接测量与间接测量

在测定某一物理量时，直接由仪器标尺（刻度）读数来获得被测量的值，例如使用电子天平测量摆球质量，使用螺旋测微器测量摆球直径，都属于直接测量.

在测定某一物理量时，不是借助测量仪器直接从仪器上读得测量值，而是通过函数关系，使用直接测量的量计算出被测量的方法称作间接测量. 例如用单摆测重力加速度 g 时，直接测量的是摆长 L 和摆动周期 T，重力加速度 g 是根据关系式 $g=\dfrac{4\pi^2L}{T^2}$ 计算出来的，g 就是间接测得量.

（二）等精度测量与非等精度测量

在测量过程中，经常要对同一物理量进行多次测量，如果测量过程中影响测量结果的各种条件都不发生改变，就称作等精度测量. 例如使用螺旋测微器对摆球直径进行 10 次测量，每次测量的条件都相同——由同一观测者，按照同一方法，使用同一仪器，在同一环境下，针对同一物理量的多次测量，每次测量的可靠程度是相同的.

如果在对某一物理量做多次测量时，有一个或多个测量条件发生了变化，例如不同的人、不同的仪器等，我们就没有根据认为每次测量都同样精确，这种测量称作非等精度测量.

本书实验中，对每一个物理量的多次测量，如无特殊说明，都是指等精度测量.

二、误差

一个待测的物理量，在某一时刻和某一位置或某一状态下，客观上都有一个真实的数值，这就是这个物理量的真值．测量的目的是寻求真值．但在具体的测量中，无论使用的仪器多么精密，采用的方法多么完善，环境条件多么稳定，观测者实验技术多么精湛，测量值和真值间总存在或多或少的差异，这个差异就称为误差.

任何测量都存在误差．实验误差一般分为两类：系统误差和随机误差.

（一）系统误差

在等精度测量条件下，对同一物理量进行多次测量，每次测量误差的大小和正负保持不变，或者按某一确定规律变化，则该误差称为系统误差．系统误差与特定的测量仪器或实验技巧有关．导致系统误差的条件包括：

1. 仪器没有进行正确的调零（图 1.2.1）；
2. 仪器制造不够精密，存在故障；
3. 实验条件（如温度、电流、气压、磁场等）存在规律性变化；
4. 个人经验，例如在计算中使用了错误的常数，在读数时眼睛没有平视准线（图 1.2.2），总是读取偏高或偏低的数值等.

观测者识别误差的来源并加以纠正能够有效避免系统误差.

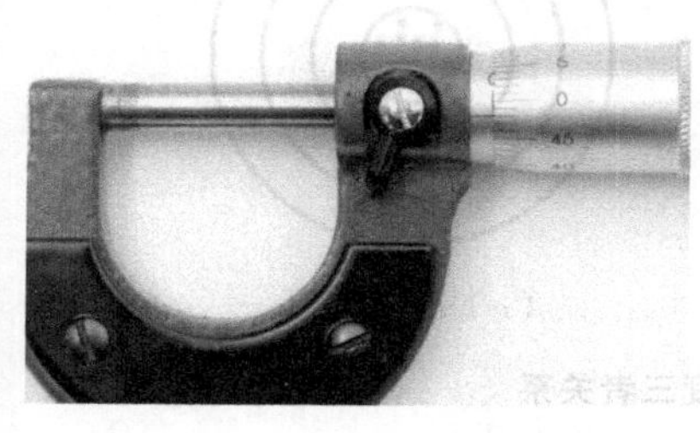

图 1.2.1　螺旋测微器的零点

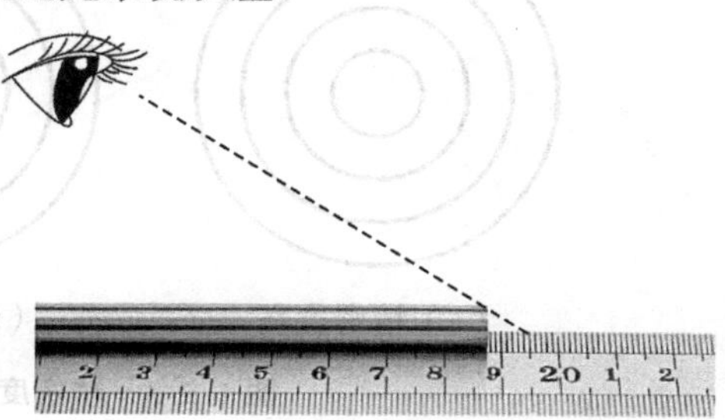

图 1.2.2　读数视差

（二）随机误差

在表 1.1.1 中，对摆球直径进行多次测量，每次的测量结果都会略有不同. 即便极力修正了明显的系统误差后，每一次测量误差的大小或正负仍无法预测，这种误差称为随机误差. 随机误差是实验测量过程中出现未知和不可预测的变化引起的，但总体又服从一定的统计规律，以下情况都可能导致随机误差的产生：

1. 实验条件（如温度、磁场、电流等）的无规律波动；

2. 实验装置的振动；

3. 观测者对测量读数的估读.

在实验过程中，可以通过改进和优化实验设计、操作技巧来减小随机误差的影响.

（三）精密度、正确度与准确度

对一个物理量进行多次测量，可以使用精密度、正确度和准确度来定性描述测量结果的重复性及与真值的接近程度，但三者的含义并不相同. 图 1.2.3 中测量数据的分布情况可以形象地说明三者的关系.

1. 精密度，是指多次测量的一致性，多次测量结果相互接近的程度，它反映的是随机误差的大小. 精密度越高，多次测量的数据值越接近，随机误差越小.

2. 正确度，是指测量结果与真值的接近程度，它反映的是系统误差的大小. 正确度越高，测量结果与真值越接近，系统误差越小.

3. 准确度，又称精确度，指多次测量的结果集中于真值附近，是对精密度与正确度的综合评价. 精密度与正确度都高，即测量的随机误差和系统误差都小，准确度就高；两者之一低或两者都低，则准确度低.

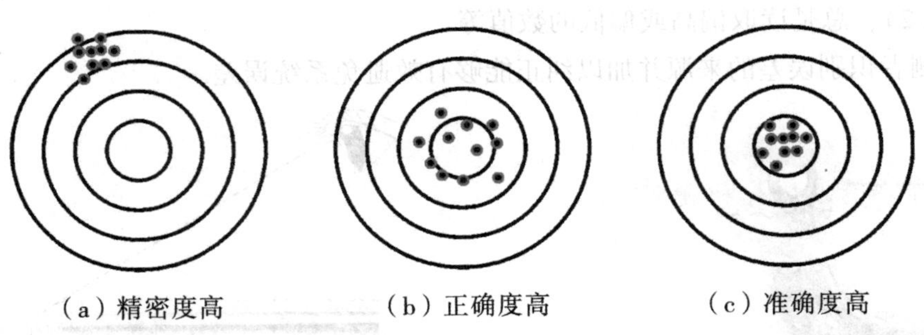

图 1.2.3　精密度、正确度与准确度三者关系

图 1.2.3（a）测量结果接近，但可能偏离真值；（b）测量结果接近真值，但数据可能偏差较大；（c）测量结果很接近，也都接近真值.

不确定度

第三节　不确定度

在实际测量中，真值通常无法得知，也就无法计算误差. 因此，国际上现在使用不确定度（uncertainty of measurement，u）来对测量的结果进行质量评价，也对误差进行评价. 我国现行的国家计量技术规范是2018年7月起实施的《测量不确定度评定与表示》(GB/T 27418—2017)，对测量不确定度有严格的要求.

一、不确定度及其分类

测量不确定度，简称不确定度，表示由于误差的存在而对测量结果的有效性的可疑程度，和测量值具有相同的单位.

“结果的有效性的可疑程度”是通过“量值范围”和“置信概率”来表达的. 如果不确定度为 u，则表示测量值 X 的真值以一定的概率落在量值范围（$X-u$，$X+u$）内，或者表示测量误差以一定的概率包含在范围（$-u$，$+u$）内. 在使用米尺测量摆线长度的实验中，测得摆线长度为163.32 cm. 如果不确定度为0.03 cm，说明摆线长度的真值以一定的概率落在（163.32±0.03）cm范围内. 显然，不确定度的大小反映了测量结果的准确度. 不确定度越小，测量结果与真值越靠近，测量的质量越高，测量值越可靠.

实际测量中有许多不确定度的来源，因此不确定度会有多个分量，可以把这些分量分为A类不确定度和B类不确定度.

（一）A类不确定度

对某一个物理量进行多次测量，可以通过统计方法来计算的不确定度，称为A类不确定度，记为 u_A.

由于来源不同，可能存在 n 个A类的不确定度的分量 u_{A1}，u_{A2}，…，u_{An}，如果这些分量彼此独立，A类不确定度可以表示为

$$u_A=\sqrt{u_{A1}^2+u_{A2}^2+\cdots+u_{An}^2} \tag{1.3.1}$$

在实验教学中，一般只存在一个分量.

（二）B类不确定度

不能使用统计方法计算，只能用其他方法估算的不确定度，称为B类不确定度，记为 u_B.

同样，由于来源不同，例如仪器、估计等，存在 n 个 B 类不确定度的分量 u_{B1}，u_{B2}，…，u_{Bn}，如果这些分量彼此独立，B 类不确定度可以表示为

$$u_B=\sqrt{u_{B1}^2+u_{B2}^2+\cdots+u_{Bn}^2} \tag{1.3.2}$$

需要说明的是，不确定度和误差是两个不同的概念，它们之间有联系，但有本质的区别．A、B 两类不确定度与随机误差和系统误差并不是完全对应的，例如随机误差全部可以由 A 类不确定度评定，但 A 类不确定度评定的并不全是随机误差，还包括了系统误差中具有随机性质的部分．同样，系统误差也不能都用 B 类不确定度评定．因此，在使用 A、B 两类不确定度评定测量结果时，无须再区分随机误差和系统误差.

二、直接测量量不确定度的计算

对于直接测量的物理量，如果仅进行了一次测量，只需计算 B 类不确定度，如果进行了多次测量，则需要综合考虑 A、B 两类不确定度.

（一）A 类不确定度

一个直接测量的物理量进行多次等精度测量，就存在 A 类不确定度，计算方法与随机误差的标准偏差计算方法相同．如对物理量 X 进行 n 次测量的数据分别为 X_1，X_2，…，X_n，则被测量的平均值为

$$\overline{X}=\frac{1}{n}\sum_{i=1}^{n}X_i \tag{1.3.3}$$

如果测量值中没有系统误差，随机误差服从正态分布（请阅读附录二）．当测量次数 $n\to\infty$ 时，随机误差的算数平均值 $\frac{1}{n}\sum_{i=1}^{n}(X_i-\overline{X})\to 0$，即 $\overline{X}$ 趋近于真值．但实际实验中只能做有限次数的测量，因此平均值 $\overline{X}$ 只是真值的近似值．这时测量误差不完全服从高斯分布规律，而是服从 t 分布规律（也称学生氏分布），t 是测量次数 n 不满足正态分布时的修正因子（当 $n\to\infty$ 时，t 分布趋近于正态分布），与测量次数和置信概率有关［置信概率是指真值落在置信区间 $\bar{x}\pm u_A(x)$ 范围内的概率，用 P 表示］．t 与 n 的关系如表 1.3.1 所示.

表 1.3.1　$P=0.683$ 时不同测量次数下 t 因子的值

次数 n	2	3	4	5	6	7	8	9	10	20	30	40	∞
$t_{0.683}$	1.84	1.32	1.20	1.14	1.11	1.09	1.08	1.07	1.06	1.03	1.02	1.01	1.00

$P=0.683$ 表示当测量次数无限多时，测量值落在区间 $[\overline{X}-u_A, \overline{X}+u_A]$ 上的次数占总测量次数的68.3%，也就是说区间 $[\overline{X}-u_A, \overline{X}+u_A]$ 包含真值的可能性是68.3%.

此时，A类不确定度为

$$u_A=t_{0.683}\sqrt{\frac{\sum_{i=1}^{n}(X_i-\overline{X})^2}{n(n-1)}} \tag{1.3.4}$$

如果把量值范围放大，置信概率也相应改变. 真值在区间 $[\overline{X}-1.96u_A, \overline{X}+1.96u_A]$ 上的置信概率为95%，在区间 $[\overline{X}-3u_A, \overline{X}+3u_A]$ 上的置信概率为99.7%. 99.7%意味着进行1 000次测量只有3次落在该区间外，实验室测量值中几乎不可能出现在该区间外，因此 $3u_A$ 也称为极限误差.

（二）B类不确定度

B类不确定度不能采用统计方法计算，一般采用等价标准差的方法：先获得极限误差 Δ（$P=0.997$），然后确定误差的分布规律（如正态分布、均匀分布等），再使用关系式

$$u_B=\frac{\Delta}{C} \tag{1.3.5}$$

计算 $P=0.683$ 时的不确定度. 其中 C 为置信因子，其值取决于误差分布规律，如米尺、螺旋测微器、秒表等属于正态分布，$C=3$；游标卡尺等属于均匀分布，$C=\sqrt{3}$. 在不知道测量仪器误差分布时，取不确定度置信因子 $C=\sqrt{3}$.

在规定条件下正确使用仪器时，仪器的示值与被测量的真值之间可能产生的最大误差称为仪器误差. 一般使用仪器误差 $\Delta_{仪}$ 作为极限误差，即取 $\Delta=\Delta_{仪}$. 通常仪器出厂时会采用两种方式注明仪器误差：

1. 在仪器上直接标出仪器误差，如一般的螺旋测微器，最大允差为±0.004 mm（表1.3.2列出了部分常用仪器的仪器误差）；

2. 给出仪器的准确度等级，使用准确度等级计算出仪器误差. 如电表准确度等级分为0.1、0.2 、0.5、1.0、1.5、2.5、5.0七级，仪器误差为

$$\Delta_{仪}=量程\times准确度等级\%$$

例如，使用0.5级电压表的3 V量程时，其仪器误差为

$$\Delta_{仪}=量程\times\frac{准确度等级}{100}=3\times\frac{0.5}{100}\text{V}=0.015\ (伏)$$

如果仪器未标注仪器误差或不清楚，对能连续读数且能估读到最小分度下一位的仪器（如米尺、螺旋测微器等），取最小分度的一半作为仪器误差；对于不能连续读数的仪器（如游标卡尺、数字仪表等）就以最小分度作为仪器误差.

表 1.3.2 部分常用仪器的仪器误差

量具	量程	最小分度值	最大允差
钢板尺	500 mm 1 000 mm	1 mm 1 mm	±0.15 mm ±0.20 mm
游标卡尺	125 mm	0.02 mm 0.05 mm	±0.02 mm ±0.05 mm
螺旋测微器	0~25 mm	0.01 mm	±0.004 mm
物理天平	500 g	0.05 g	0.08 g
电子天平	100 g 500 g	0.1 mg 1 mg	±1 mg ±10 mg
普通温度计 精密温度计	0~100 ℃ 0~100 ℃	1 ℃ 0.1 ℃	±1 ℃ ±0.1 ℃
电表			量程×准确度等级/100
直流数字电压表	0~19.99 mV 0~199.9 mV 0~199.9 V		±（0.1%读数+0.15%量程） ±（0.1%读数+0.05%量程） ±（0.1%读数+0.1%量程）
数字多用表			±（a%读数+数字） 不同测量功能 a 有不同的数值；“数字”是最小数位的倍数，可参考说明书

（三）合成不确定度

当直接测量量的 A、B 两种不确定度都存在时，总不确定度由它们的“方和根”确定：

$$u=\sqrt{u_A^2+u_B^2} \tag{1.3.6}$$

称为合成不确定度.

需要注意的是，在进行合成时，u_A 和 u_B 应具有相同的置信概率. 对于任何一个直接测量量，原则上都必须算出它的 A 类不确定度和 B 类不确定度，按照“方和根”的方式计算出合成不确定度. 对于单次测量，由于不存在 A 类不确定度，本书实验中的合成不确定度直接取为 B 类不确定度，$u=u_B$.

- 计算多次测量数据的平均值；
- 确定 t 因子，计算 A 类不确定度；
- 获取 B 类极限误差，计算 $P=0.683$ 时 B 类不确定度；
- 计算合成不确定度.

例 1 使用表 1.1.1 中的数据，计算摆球直径的不确定度.

解：(1) 摆球直径的平均值为

$$\overline{d}=\sum_{i=1}^{n}\frac{d_i}{n}=21.078\ \text{mm}$$

(2) 测量了 10 次，$t_{0.683}=1.06$，A 类不确定度为

$$u_{\text{A}}=t_{0.683}\sqrt{\frac{\sum_{i=1}^{n}(d_i-\overline{d})^2}{n(n-1)}}\approx 0.0011\ \text{mm}$$

(3) 查表得螺旋测微器的最大仪器允差为 0.004 mm（$P=0.997$），置信因子 $C=3$，则置信概率 $P=0.683$ 时的 B 类不确定度为

$$u_{\text{B}}=\frac{\Delta}{C}\approx 0.0014\ \text{mm}$$

(4) 摆球直径的合成不确定度为

$$u=\sqrt{u_{\text{A}}^2+u_{\text{B}}^2}\approx 0.002\ \text{mm}\ (P=0.683)$$

三、间接测量量不确定度的计算

在单摆法测重力加速度的实验中，单摆的摆线长度、摆动周期等都是直接测量量，而重力加速度是根据公式 $g=4\pi^2\dfrac{L}{T^2}$ 由直接测量量计算出来的，每个直接测量量的合成不确定度必然会对间接测量量的不确定度产生影响，这就是误差传递.

设间接测量量 N 与各独立的直接测量量 x_1，x_2，…，x_n 有以下函数关系：

$$N=f(x_1, x_2, \cdots, x_n) \tag{1.3.7}$$

对于每个直接测量量，其合成不确定度分别为 u_{x1}，u_{x2}，…，u_{xn}，则间接测得量的不确定度的传递公式为

$$u_N=\sqrt{\left(\frac{\partial f}{\partial x_1}\right)^2u_{x1}^2+\left(\frac{\partial f}{\partial x_2}\right)^2u_{x2}^2+\cdots+\left(\frac{\partial f}{\partial x_n}\right)^2u_{xn}^2} \tag{1.3.8}$$

$$E_N=\frac{u_N}{N}=\sqrt{\left(\frac{\partial \ln f}{\partial x_1}\right)^2u_{x1}^2+\left(\frac{\partial \ln f}{\partial x_2}\right)^2u_{x2}^2+\cdots+\left(\frac{\partial \ln f}{\partial x_n}\right)^2u_{xn}^2} \tag{1.3.9}$$

式中，E_N 为相对不确定度.

不确定度传递公式的基础是全微分，对于待测物理量 $N=f(x_1, x_2, \cdots, x_n)$ 取全微分后有

$$dN=\frac{\partial f}{\partial x_1}dx_1+\frac{\partial f}{\partial x_2}dx_2+\cdots+\frac{\partial f}{\partial x_n}dx_n \tag{1.3.10}$$

如果对待测物理量的函数取对数后再进行全微分，则有

$$\ln N=\ln f\ (x_1,\ x_2,\ \cdots,\ x_n)$$

$$\frac{dN}{N}=\frac{\partial \ln f}{\partial x_1}dx_1+\frac{\partial \ln f}{\partial x_2}dx_2+\cdots+\frac{\partial nf}{\partial x_n}dx_n \tag{1.3.11}$$

式中：dx_1，dx_2，…，dx_n 是自变量的微小变化量；dN 是由于自变量的微小变化引起的函数微小变化量. 不确定度都是微小量，把 dN 换成 u_N 就获得了不确定度的传递公式.

例 2 使用表 1.1.1 中的数据，计算摆长 L 的不确定度.

- 计算间接测量物理量的平均值；
- 计算直接测量量的不确定度；
- 计算间接测量量的不确定度.

解：(1) 摆长是摆线长度与摆球半径的和，由直接测量量，可得摆长

$$\overline{L}=\overline{l}+\frac{\overline{d}}{2}\approx 164.37\ \text{cm}$$

(2) 摆长的不确定度 u_L，由摆线长度的不确定度 u_l 和摆球直径的不确定度 u_d 确定，由例 1 可知

$$u_d=\sqrt{u_{dA}^2+u_{dB}^2}=0.002\ \text{mm}\ (P=0.683)$$

同理可计算出

$$u_l=\sqrt{u_{lA}^2+u_{lB}^2}\approx 0.03\ \text{mm}\ (P=0.683)$$

(3) 由间接测量量不确定度式 (1.3.8) 可知

$$u_L=\sqrt{\left(\frac{\partial L}{\partial d}\right)^2 u_d^2+\left(\frac{\partial L}{\partial l}\right)^2 u_l^2}=\sqrt{\frac{1}{4}u_d^2+u_l^2}\approx 0.03\ \text{mm}$$

例 3 使用表 1.1.1 中的数据计算重力加速度的不确定度.

解：(1) 已知未修正的重力加速度公式，由直接测量量可得

$$g=\frac{4\pi^2 L}{T^2}=\frac{4\pi^2 n^2 L}{t^2}\approx 9.794\ \text{m/s}^2$$

(2) u_g 由摆长不确定度 u_L 和时间不确定度 u_t 确定，

$$u_t=\sqrt{u_{tA}^2+u_{tB}^2}\approx 0.02\ \text{s}$$

$$u_L\approx 3\times 10^{-5}\ \text{m}$$

(3) 由间接测量量不确定度式 (1.3.8) 和式 (1.3.11) 可知，

$$E_g=\frac{u_g}{g}=\sqrt{\left(\frac{\partial \ln g}{\partial t}\right)^2 u_t^2+\left(\frac{\partial \ln g}{\partial L}\right)^2 u_L^2}=\sqrt{\left(\frac{1}{\overline{L}}\right)^2 u_L^2+\left(-\frac{2}{\overline{t}}\right)^2 u_t^2}=1.1\times 10^{-3}$$

$$u_g=g\cdot E_g=0.01\ \text{m/s}^2$$

练习题

1. 某次电阻测量的结果为 $R=(32.65\pm0.05)\ \Omega$（$P=0.683$），下面哪些解释是正确的？

（1）被测电阻是 32.60 Ω 或 32.70 Ω；

（2）被测电阻在 32.60~32.70 Ω 之间；

（3）被测电阻的真值在［32.60，32.70］Ω 的概率是 68.3%；

（4）测量 1 000 次，测量值大约有 683 次落在 32.60~32.70 Ω 范围内.

2. 用量程为 1 000 mm 的米尺测量绳长，7 次测得数据分别为 76.98 cm、76.96 cm、76.97 cm、76.95 cm、76.97 cm、76.96 cm、76.97 cm. 请求出绳长测量的不确定度.

3. 下列两式分别是驻波法测波长和惠斯通电桥测电阻实验中波长和电阻的计算公式，请推导间接测量物理量的不确定度公式.

$$v=\frac{n}{2L}\sqrt{\frac{Mgl}{m}}$$

$$R=\sqrt{R_1\cdot R_2}$$

第二章
数据分析与结果表达

第一节 有效数字与测量结果的表达

实验的数据记录、数据运算以及实验结果的表达，都应遵从有效数字的规则.

一、有效数字

使用最小刻度为毫米的米尺，测量一支铅笔的长度（从0端开始测量），结果如图2.1.1所示. 铅笔长度在18.7 cm和18.8 cm之间，如果估计部分取为0.5 mm，测量结果为18.75 cm. 测量结果的有效数字有4位，其中18.7是从仪器的刻度直接读取的，是可靠的；0.05是估计值，是可疑的. 可见，直接测量值的有效数字包括了直接从仪器刻度读取的所有数字（可靠数字），加上1个低于最小刻度的估计值（可疑数字，一般只取1位）.

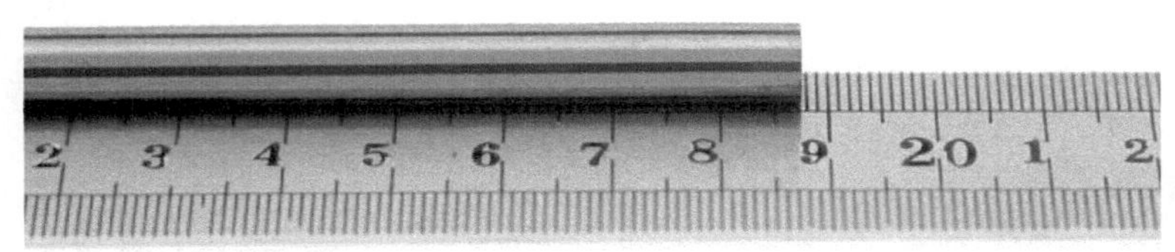

图2.1.1 铅笔长度的测量结果

使用不同仪器测量同一个物理量，测量值与真值的近似程度不仅反映在不确定度上，还反映在结果的有效数字位数上. 例如，分别使用游标卡尺和螺旋测微器测摆球直径，测量数据分别为21.08 mm（4位有效数字）和21.076 mm（5位有效数字）. 显然，螺旋测微器的刻度更精细，提供了更多的信息和更高的可靠性. 因此，对同一物理量的测量，有效数字位数越多，该结果所代表的测量可靠性越高.

确定测量结果中的有效数字位数时，要正确处理“0”和小数点的位置.

1．出现在数据最前面的“0”不属于有效数字．如 0.054 3 cm、0.543 mm 都只有 3 位有效数字（5、4 和 3），“0”用来表示小数点的位置．有效数字与测量设备的精度有关，单位换算并不影响有效数字的位数.

2．出现在数据中间和末尾的“0”都是有效数字．如 12.04 cm、1.000 A 都是 4 位有效数字.

3．对于数值很大但有效数字位数不多的情况，可以使用科学记数法表示结果．如测量一个电阻结果为 2 000 Ω，但是有效数字只有 3 位，就可以表示为 2.00×10^3 Ω，单位换算一下，可以表示为 2.00 kΩ，数据表示更简单、可读性更强.

二、有效数字的确定

（一）直接测量量的有效数字

对于直接测量量，有效数字的确定就是读数问题．一般的读数规则是读至产生误差的那一位．如果误差位不明确，则读到仪器最小分度的下一位.

（二）间接测量量的有效数字

间接测量结果要通过运算才能得出其有效数字，确定间接测量量的有效数字一般有两种方法：

1．使用不确定度确定有效数字.

根据不确定度传递公式计算出间接测量量的不确定度，再由不确定度确定有效数字位数．如测量重力加速度时，计算得出 $g=9.794\ 1\ \mathrm{m/s^2}$，其不确定度为 $u_g=0.02\ \mathrm{m/s^2}$．则测量结果表示为 $g=(9.79\pm0.02)\ \mathrm{m/s^2}$．不确定度只保留 1 位有效数字，计算结果的有效数字尾数与不确定度的尾数取齐.

2．通过有效数字的计算确定有效数字.

使用有效数字进行计算，在运算过程中，存在以下基本规则：

（1）可靠数据与可靠数据运算，结果为可靠数据；

（2）可疑数据与任何数据运算，结果为可疑数据（如果进位到可靠数，进位数为可靠数）；

（3）运算的最终结果只保留 1 位可疑数字.

由运算规则可知，在进行加减运算时，结果中保留的小数位数要与小数位数最少的那个相同，如

$$4.178+21.\underline{3}\approx25.478\approx25.\underline{5}\ \text{（尾数取齐）；}$$

在乘除运算时，结果中保留的有效数字位数与位数最少的那个相同，如

$$4.178\times\underline{10.1}=42.1978\approx\underline{42.2}\text{（位数取齐）}.$$

有效数字运算的最终结果只保留1位可疑数字，在取舍时一般采用以下规则：

（1）不确定度的有效数字.

采取“只入不舍”的原则，只取1位. 如计算得到 $u_N=0.12\ \text{cm}^2$，则取 $u_N=0.2\ \text{cm}^2$.

（2）测量值最后结果的有效数字.

取舍原则为“四舍五入”，即尾数小于5则舍，大于或等于5则入.

三、测量结果的表达

完整地表示一个测量结果，需要数值、单位、不确定度和置信概率四个要素. 如使用螺旋测微器测量摆球直径的结果表达为

$$d=\bar{d}\pm u_d=(21.078\pm0.002)\ \text{mm}\qquad(P=0.683)$$

$\bar{d}$ 为不含系统误差的测量结果，通常就是测量列的平均值. 由于是多次测量，u_d 是由A、B两类不确定度获得的合成不确定度，计算时，A、B两类不确定度的置信概率都取了0.683. u_d 仅保留1位有效数字，$\bar{d}$ 与 u_d 的尾数对齐. 一般情况下，没有标明置信概率，默认取 $P=0.683$.

相对不确定度是合成不确定度的相对值：

$$E=\frac{u_d}{\bar{d}}\tag{2.1.1}$$

在不确定度较大或测量值很小的情况下，比较不确定度与测量值的相对关系会更合适.

第二节　制表与制图

计算实验数据的不确定度，并不是数据处理的全部. 科学实验的最终目的是发现新规律、归纳新公式、提出新概念，并给出这些新发现的使用范围. 因此，数据处理是指从获得数据到得出结论的整个过程，包括数据记录、计算、作图、分析等多个方面.

一、制表

表格展示的数据往往比图形更加精确，比文字描述更加直接，清晰表示出物理量间的对应关系. 在物理实验的测量和计算中，常要将数据记录在表格中.

制表一般应注意以下事项：

1. 要明确需要测量的物理量，列表尽可能多地将相关数据集中在一张表格中，便于发现物理量之间的关系；

2. 合理安排待测物理量在表格中的位置，一般先测的物理量（或自变量）在前，后测的物理量（或因变量）在后，数据排列有序；

3. 列表的项目应包含物理量的名称或符号、单位和量值的数量级；

4. 数据要符合有效数字规范；

5. 要区分测量值和计算值，计算值要标明计算公式（不一定写在表格里）.

表格除了要求内容简明、重点突出、结果正确外，还对标题、标目、主体数据、分割线、脚注等形式有一定的要求，如图 2.2.1 所示.

表1.1.1 摆球直径d、摆线长度l与摆动10次的时间t测量数据 ← 标题

n/次	d/mm	l/cm	t/s
1	21.079	163.27	25.72
2	21.078	163.31	25.74
3	21.074	163.35	25.78
4	21.077	163.22	25.74
5	21.075	163.27	25.76
6	21.080	163.32	25.71
7	21.076	163.30	25.71
8	21.081	163.39	25.77
9	21.085	163.36	25.78
10	21.078	163.40	25.72
平均	21.078	163.32	25.74

注：摆球和摆线的质量数据未列出. ← 脚注

（图中标注：标目、主体数据、分割线）

图 2.2.1 表格规范要求示意图

【注意】

1. 标题要传达尽可能多的信息，表的序号位于标题前.

2. 标目可以是横标目（表 1.1.1），也可以是竖标目（表 2.2.1），有时还可以有总标目. 横标目列在表格上端，竖标目列在表格左侧. 标目内容一般按照由小到大、从先到后的原则排序，要求层次清楚、分组符合逻辑，要注明单位.

3. 科技文献常采用“三线表”，省略了分割线（表 2.2.2）.

4. 表注位于表格下方，主要包含阅读和理解表格的信息，并非表格的必要组成部分.

表 2.2.1　摆球直径 d、摆线长度 l 与摆动 10 次的时间 t 测量数据（竖标目）

n/次	1	2	3	4	5	6	7	8	9	10	平均
d/mm	21.079	21.078	21.074	21.077	21.075	21.080	21.076	21.081	21.085	21.078	21.078
l/cm	163.27	163.31	163.35	163.22	163.27	163.32	163.30	163.39	163.36	163.40	163.32
t/s	25.72	25.74	25.78	25.74	25.76	25.72	25.71	25.71	25.77	25.78	25.74

注：摆球和摆线的质量数据未列出.

表 2.2.2　摆球直径 d、摆线长度 l 与摆动 10 次的时间 t 测量数据（三线表）

n/次	d/mm	l/cm	t/s
1	21.079	163.27	25.72
2	21.078	163.31	25.74
3	21.074	163.35	25.78
4	21.077	163.22	25.74
5	21.075	163.27	25.76
6	21.080	163.32	25.71
7	21.076	163.30	25.71
8	21.081	163.39	25.77
9	21.085	163.36	25.78
10	21.078	163.40	25.72
平均	21.078	163.32	25.74

注：摆球和摆线的质量数据未列出.

二、制图

图形化方法

使用图形表示物理原理、实验原理以及物理量之间的关系，能够突出需要表达的内容，使读者直观看到物理量间的关系，也是研究物理量之间变化规律的重要手段．常见的科技图有以下两种类型．

（一）原理图

原理图是说明物理原理、实验方法、仪器功能的科技图形．图 4.7.2 是实验仪器的原理图，使用图形和文字说明仪器的主要组成部分以及各部分的主要功能．图

5.9.2是电路原理图，说明实验采用的电学设备、元件及连接电路．图6.23.3是光学原理图，说明实验的光学元器件和相对位置，以及光线传播的路径．原理图可使用SmartDraw、CorelDRAW、Adobe Illustrator等软件绘制．

（二）数据图

在实验中，常用图线形象、直观地表达物理量之间的变化关系．图2.2.2和图2.2.3分别给出了钙钛矿光电薄膜的吸收光谱和外接法测电阻的伏安特性曲线．图2.2.2标出了实验测量的所有数据点，这些点形成的图形展示了物理量的变化关系．图2.2.3则在数据点的基础上进行了拟合，获得了电压和电流间的变化规律．

使用数据进行制图一般要遵从以下规范：

1. 根据物理量间的关系确定坐标轴（一般横坐标表示自变量，纵坐标表示因变量），标注坐标轴对应物理量的名称和单位，并根据变量间的关系灵活选择直角坐标、极坐标或对数坐标等．

2. 坐标轴要标注分度值，坐标轴比例的选取要与测量数据的精密度匹配；适当选取起点，使图形充满画布，坐标轴不一定要从0点开始．

3. 图中绘制的测量点要包含全部数据，位置准确．

4. 在一张图中包含多条曲线时，每条曲线要使用不同颜色或类型表示，并提供清晰的图例（图2.2.2）．

5. 图的下方要标上图的编号、标题，以及对图线或规律的简单解释．

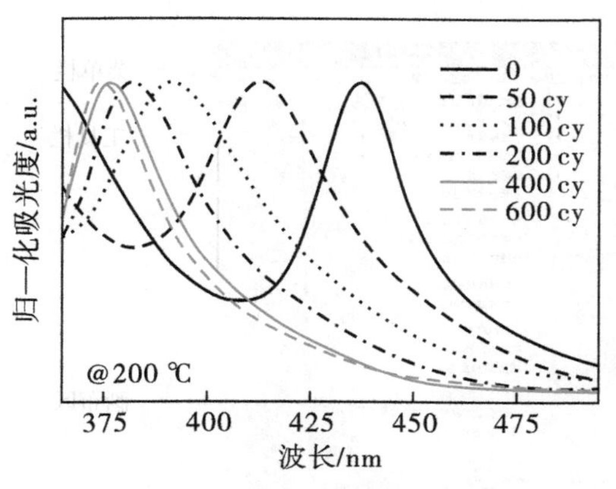

图2.2.2 钙钛矿光电薄膜的吸收光谱

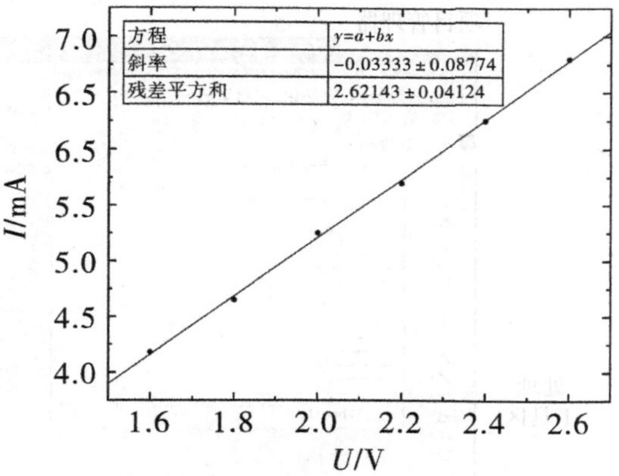

图2.2.3 外接法测电阻的伏安特性曲线

图2.2.3中的直线是根据实验数据（点）拟合出的曲线，可以超出实验数据的范围．由于原始数据是线性关系，所以采用了线性拟合方法．更多科学实验中，可以根据数据展现的特点，使用曲线规律进行拟合，或通过适当的数学变换变为线性关系．制图需要保持整洁，减少无关信息，同时要突出重点，可根据实际情况添加实验条件、拟合结果或辅助线等．

数据图线常使用 Origin、Gnuplot 等数据处理软件或 MATLAB、Mathematica 等数学软件进行绘制.

第三节　数据的图形化方法

计算机技术的发展为实验者提供了强大的数据处理工具，数值计算、误差处理、曲线拟合、作图等方面都有大量的优秀软件，一些简单的分析和作图也可用 Excel 完成. 本节根据大学物理实验数据处理的特点和要求，简单介绍 Origin 和跨平台的 Gnuplot 两款作图软件.

一、Origin

Origin 是一款数据分析和绘图的软件，提供了科学绘图、数据分析、噪声分析、统计建模、拟合、回归、单元测试等丰富的功能，可以实现实时可视化和实时数据分析，是科学实验中必不可少的工具.

（一）软件界面

打开软件，可以看到如图 2. 3. 1 所示的主界面，包括以下模块：

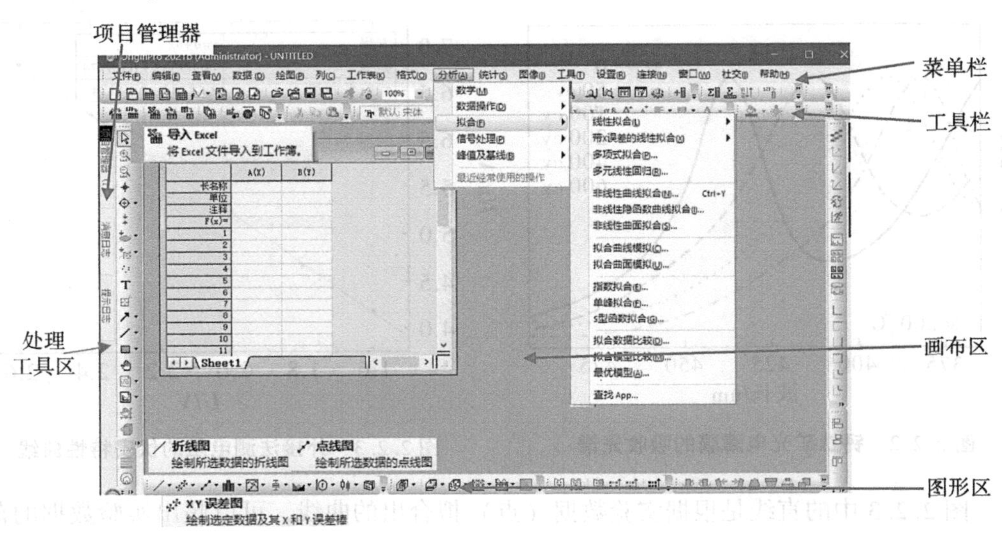

图 2. 3. 1　Origin 的主界面

1. 菜单栏：包含软件全部功能，如数据绘图、数据分析、图例、文件创建保存、窗口排列等；

2. 工具栏：提供对数据表进行处理的一些功能，如新建、打开、保存、导入数据、科学运算等；

3. 项目管理器：包含创建的工作表及已绘制图形，双击即可查看对应信息；

4. 处理工具区：用于添加文本、线条、标注，以及插入公式、图形、工作表等；

5. 画布区：显示工作表数据及图形等；

6. 图形区：包含绘制常见 2D 图形、3D 图形的快捷键.

Origin 提供了丰富的功能，我们仅介绍最常用的部分：导入数据、作图、图形美化、导出图像.

（二）导入数据

界面工作区有项目的电子表格，可以直接录入测量数据至 Book1. 对于已有的数据文件，如 Excel 表格、ASCII 文件等，可以通过左上角的工具导入.

表 2.3.1 是数值模拟实验中获得的数据，导入 Origin 后，会默认第 1 列为 x 轴，其他列则作为相互独立的 y 轴数据，这往往与实际情况不符，需要使用右键单击数据列，在弹出的菜单中选择“设置为”，根据情况进行设置. 图例中第 1 列为 x，第 2 列为 y，第 3 列设为误差，如图 2.3.2 所示.

表 2.3.1　磁性材料中温度矫顽力与温度的关系

	1	2	3	4	5	6
J_{ab}	0.0	0.2	0.6	1.2	2.0	3.0
T_B	1.870	2.068	2.706	3.602	4.780	6.186
Err	0.007	0.009	0.023	0.009	0.007	0.009

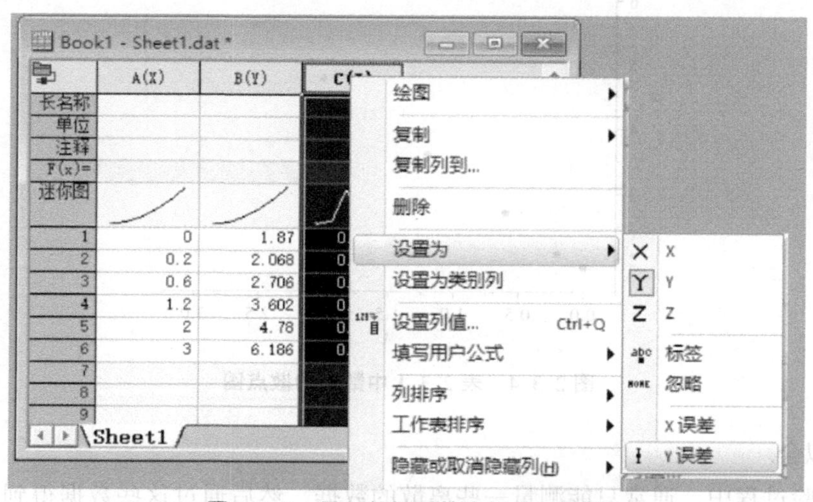

图 2.3.2　导入数据后的坐标关系设置

（三）作图

1. 绘制数据图.

使用Book1中的数据作图，选择数据列后，单击软件界面左下角“折线图”“点线图”等工具作图；也可以对选中的数据列，单击鼠标右键，选择“绘图”，如图2.3.3所示.

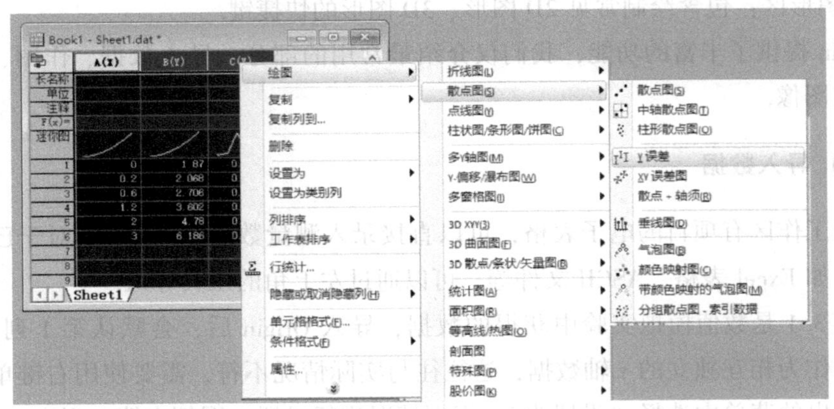

图2.3.3　绘制散点图

本例中，我们选择“散点图”→“Y误差”，作包含不确定度的散点图，以方便直观了解数据分布情况，如图2.3.4所示. 图中“●”表示数据点，误差棒“I”则表示不确定度的范围（由于不确定度数值很小，图中被数据点遮盖）.

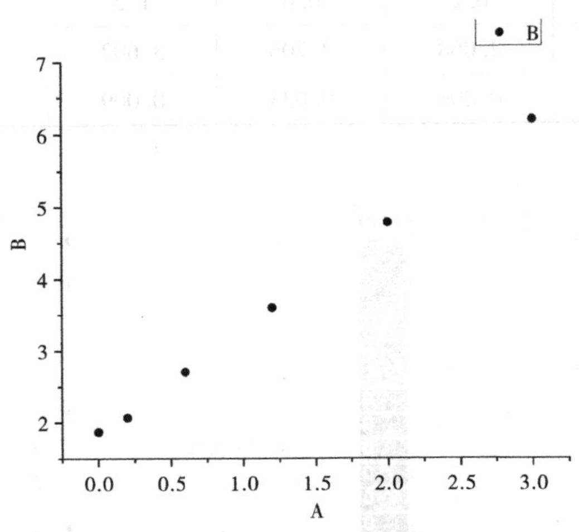

图2.3.4　表2.3.1中数据的散点图

2. 拟合.

在实验过程中，通常只能测量一些离散的数据，然后通过这些数据得到光滑的曲线来反映某些物理规律. 这就是一个曲线拟合的过程. 对于图中的离散数据，选择菜单栏的“分析”→“拟合”进行曲线拟合．离散数据点的分布显示，这些数据应该符合线性规律，选择“线性拟合”．

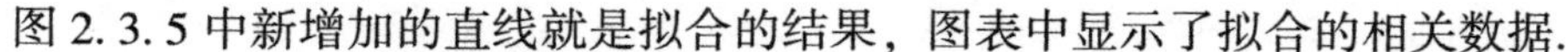

图 2.3.5 中新增加的直线就是拟合的结果，图表中显示了拟合的相关数据．

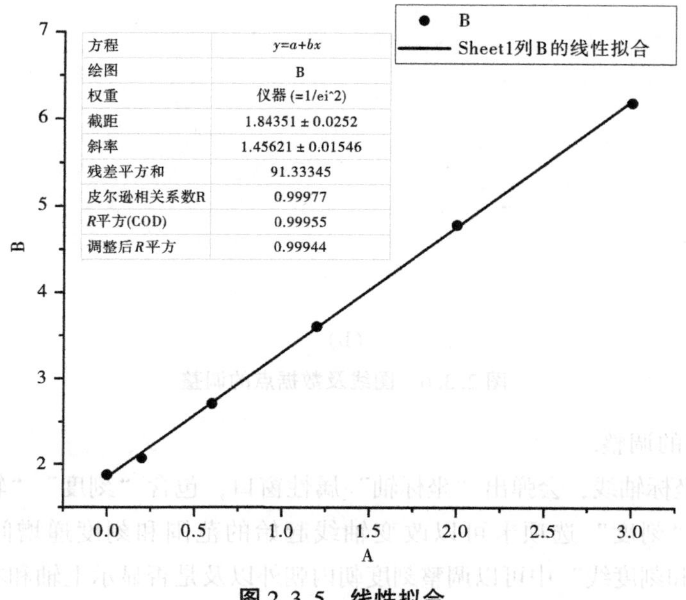

图 2.3.5　线性拟合

（四）图形美化

1．图线的调整．

鼠标双击图中的数据点，会弹出“绘图属性”窗口，如图 2.3.6（a）所示．由于图例中包含数据点、不确定度以及拟合曲线三部分，因此“绘图属性”左侧窗口中包含三个数据，分别可以调整数据点的形状、大小、拟合线的粗细等．图 2.3.6（b）是调整后的结果．

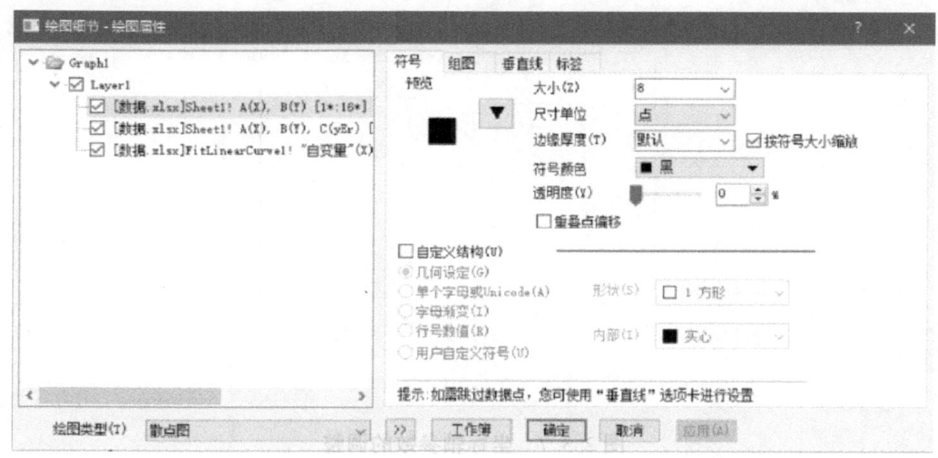

（a）

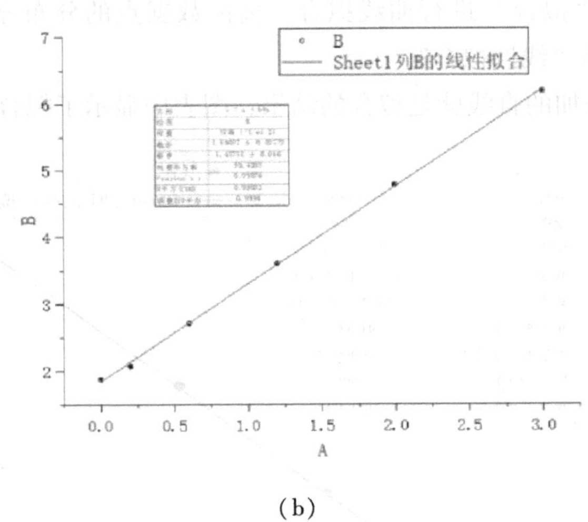

(b)

图 2.3.6　图线及数据点的调整

2. 坐标轴的调整.

鼠标双击坐标轴线，会弹出“坐标轴”属性窗口，包含“刻度”“轴线和刻度线”等选项卡. 在“刻度”选项卡可以改变轴线起始的范围和刻度递增间隔 [图 2.3.7 (a)]；“轴线和刻度线”中可以调整刻度朝内朝外以及是否显示上轴和右轴 [图 2.3.7 (b)]. 双击坐标轴的标签，可以修改标签内容. 图 2.3.7 (c) 是调整后的结果.

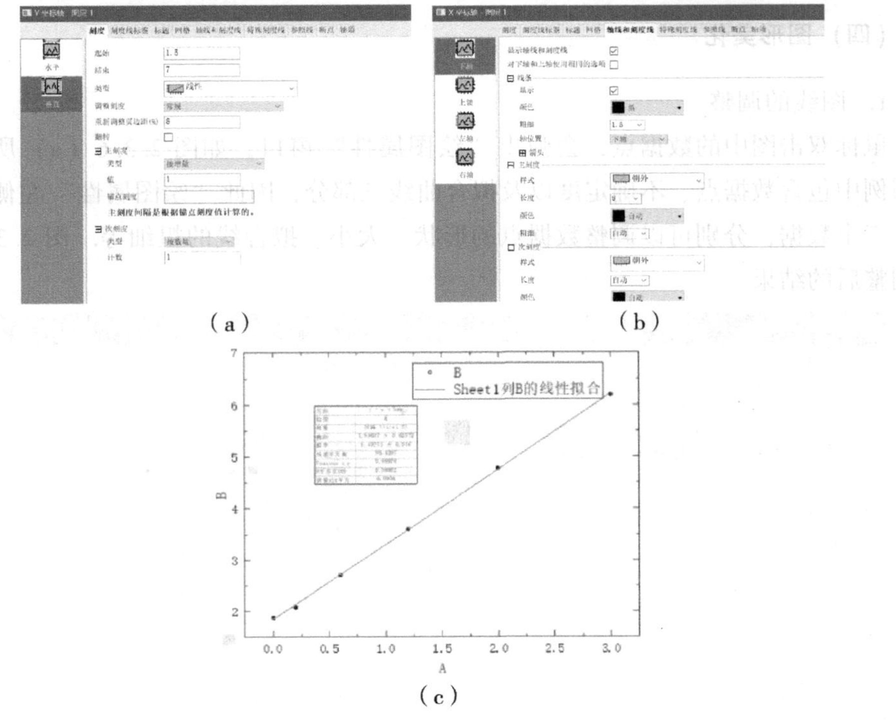

(a)　　(b)

(c)

图 2.3.7　坐标轴参数的调整

3. 拟合线的延伸.

如图 2.3.7（c）所示，拟合图像的起始点都落在测量数据上，单击“分析”→“拟合”→“线性拟合”→“打开对话框”，在“拟合曲线图”选项卡中的“范围”选择“延展到整个轴范围”［图 2.3.8（a）］，可使拟合线延伸到坐标轴［图 2.3.8（b）］.

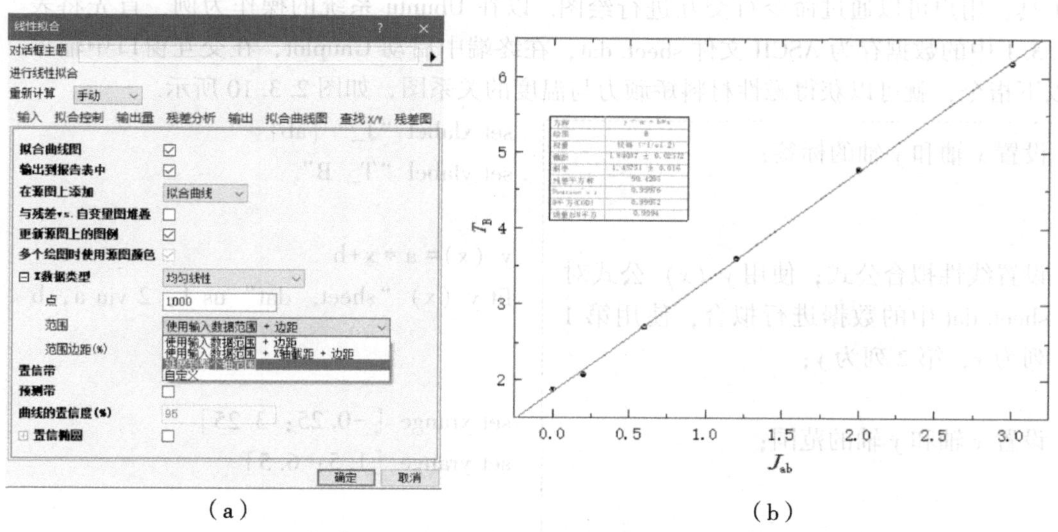

（a）　　（b）

图 2.3.8　拟合曲线显示范围的调整

（五）导出图像

对于最终生成的图像，从“文件”中选择“导出”，如图 2.3.9 所示，可以保存为多种图形.

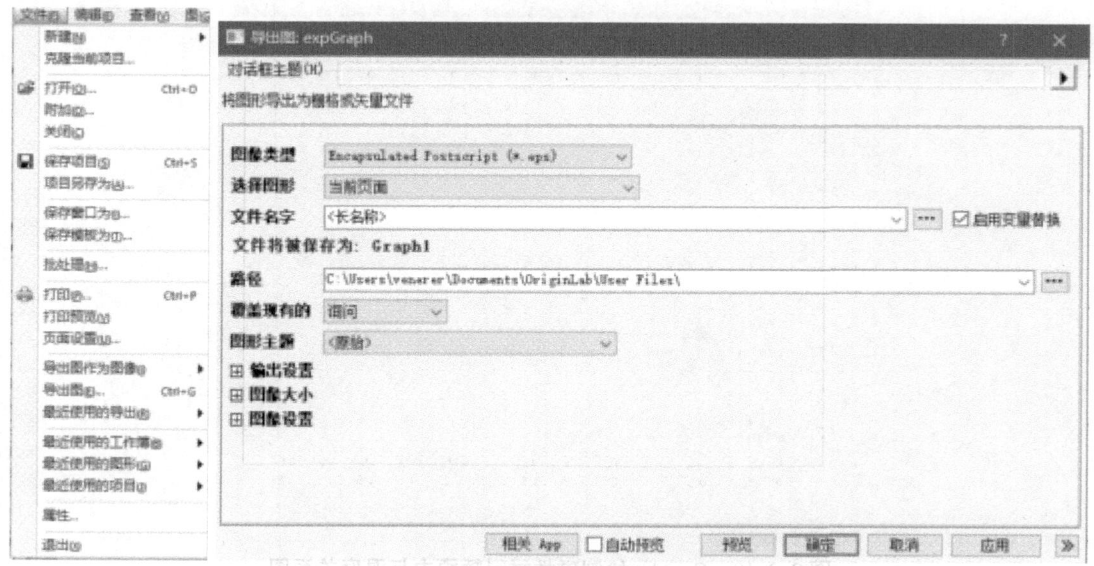

图 2.3.9　图像导出设置

二、Gnuplot

Gnuplot 是一款跨平台开源软件，使用简单，且可让用户快速生成高质量的科学绘图，非常适合在 macOS 或者 Linux 操作系统中作图．Gnuplot 是基于命令行的轻量化工具，用户可以通过命令行交互进行绘图．以在 Ubuntu 系统的操作为例，首先将表 2. 3. 1 中的数据存为 ASCII 文件 sheet. dat，在终端中启动 Gnuplot，在交互窗口中输入以下指令，就可以获得磁性材料矫顽力与温度的关系图，如图 2. 3. 10 所示．

设置 x 轴和 y 轴的标签；	set xlabel “J_ {ab} ” set ylabel “T_ B”
设置线性拟合公式；使用 y（x）公式对 sheet. dat 中的数据进行拟合，使用第 1 列为 x，第 2 列为 y；	y （x）= a * x+b fit y （x） “sheet. dat” us 1：2 via a，b
设置 x 轴和 y 轴的范围；	set xrange ［−0. 25：3. 25］ set yrange ［1. 5：6. 5］
作图：使用 sheet. dat 中第 1 列为 x 轴，第 2 列为 y 轴，第 3 列为不确定度；作点图，点的类型是 5，没有标签；使用 y（x）作线图，没有标签．	plot “sheet. dat” us 1：2：3 wi p pointtype 5 notit，y （x） wi l notit

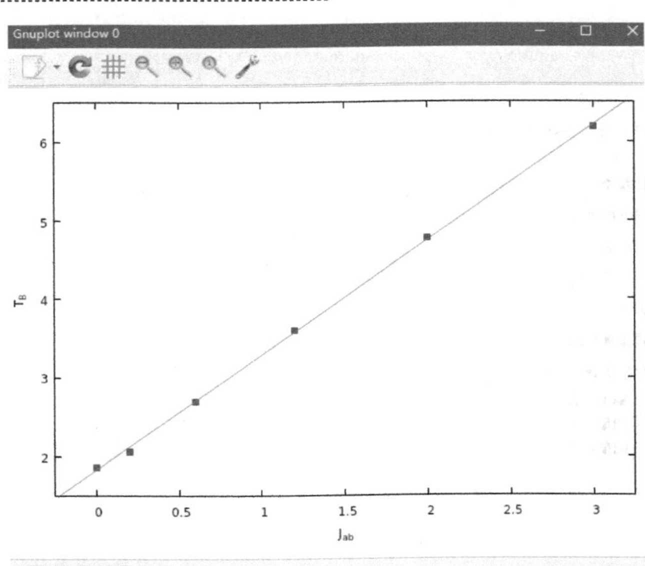

图 2. 3. 10　Gnuplot 绘制磁性材料矫顽力与温度关系图

用户也可以通过创建一个脚本文件来运行绘图. 脚本文件中包含用于生成所需绘图的命令和参数，Gnuplot 程序执行这个脚本，生成绘图并将其保存为图像文件. 将下面所有的命令行写入一个文件，如 sh. plt.

```
#set output " T_J. eps" (设置存储文件)
set xlabel " J_ {ab} "
set ylabel " T_ {B} "
set xrange [-0. 25: 3. 25]
set yrange [1. 5: 6. 5]
y (x) = a * x+b
fit y (x) " sheet. dat" us 1: 2 via a, b
plot " sheet. dat" us 1: 2: 3 wi p pointtype 5 notit, y (x) wi l notit
pause -1
```

在终端输入

gnuplot sh. plt

也会获得同样的作图结果.

第四节　撰写实验报告

完成实验报告是培养实验研究人才的重要环节，对于养成良好的完整记录习惯以及提高实验成果的文字表达能力都有重要作用. 实验报告要求详细记录实验条件、实验仪器、实验环境、实验现象和实验数据，用自己的语言简要写明实验目的、原理和步骤，严谨清晰的数据处理，并对结果进行适当的分析和讨论.

实验报告的撰写

实验报告的主要内容包括以下几部分：

【实验基本信息】

实验项目名称：

学生姓名：　　　　　学号：　　　　　专业：

实验日期：　　　　　　　　　　　　实验时间：

实验目的：

【实验仪器】 注明实验台编号，仪器的名称、型号、编号及基本参数，必要时画出仪器原理示意图.

【原理概述】 在理解教材内容的基础上，使用自己的语言写出原理概要，画出原理图，写出测量公式及计算公式，注明公式中符号的物理意义.

【实验内容及步骤】 简要写出实验的步骤及注意事项. 教材中已有详细说明的，可以省略或写得简略一些；要求自己设计实验步骤的，则应详细描述.

【实验记录】 数据采用表格记录，记录表格应在预习时事先画好，观察到的现象用文字记录.

【数据处理】 包括计算实验结果、评估不确定度、画出必要的图表等. 计算实验结果时应详细写出计算步骤，并按实验教材中的具体要求计算不确定度，写出不确定度计算的过程和依据. 如计算过程中要用到实验记录以外的数据，应该对其来源及依据作出说明. 实验结果应该用标准格式给出，所作图表应符合规范，实验结果中有效数字的位数应正确反映实验结果的精密度或不确定度.

【分析讨论】 分析讨论实验结果，阐述不确定度的来源，及实验改进方法，用物理量之间的函数关系表示实验中的物理规律等.

【思考题】 完成实验后思考题.

附录五是“双棱镜测光波波长”实验报告范例.

第三章
基本实验仪器介绍

第一节　力学实验基本仪器

一、游标卡尺

(一) 游标卡尺的结构和原理

游标卡尺是一种利用游标提高测量精度的长度测量仪器，其构造如图 3.1.1 所示.

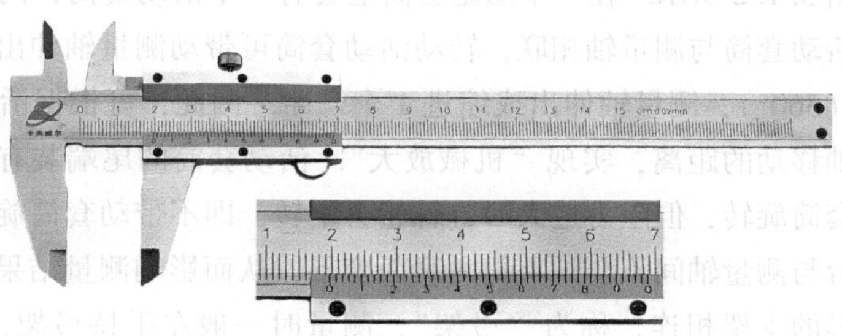

图 3.1.1　游标卡尺

在标准米尺（主尺，最小分度为 1 mm）上附带有一个可以沿主尺尺身移动的标尺，称为游标. 游标上的刻度间距 x 比主尺上的刻度间距 y 略小一点. 一般游标上的 n 个刻度间距等于主尺上（$n-1$）个刻度间距，即

$$nx=(n-1)y$$

由此可知，游标上的刻度间距与主尺的刻度间距相差$\frac{1}{n}$ mm，这就是游标的精度. 图 3.1.1 所示的游标卡尺的精度为$\frac{1}{50}$ mm，即 0.02 mm.

(二) 游标卡尺的使用及读数方法

游标卡尺的外量爪用来测量厚度或外径，内量爪用来测量内径，深度尺用来测量槽或筒的深度，紧固螺丝用来固定游标以便读数．使用游标卡尺测量时，用卡尺将物体轻轻卡住，即可读数．游标卡尺的读数方法如下：

1．从主尺上读得游标的零刻线所在的整数分度值（以图 3.1.1 为例，19 mm）．

2．在游标上找与主尺刻线准确对齐的游标刻线．

3．将主尺和游标的值相加得到测量值：16+0.66=19.66（mm）．

4．使用游标卡尺测量长度时没有估读，因此，用游标卡尺对某物体进行单次测量时，其测量不确定度即为游标的精度值．

（三）注意事项

注意保护量爪不被磨损，不允许在量爪间挪动被卡住的物体．

二、螺旋测微器（千分尺）

（一）螺旋测微器的结构和原理

螺旋测微器是将直线位移转变为测微螺杆的角位移来测量微小长度的长度测量仪器，其构造如图 3.1.2 所示．在一个固定套筒上套有一个活动套筒，两者由高精度螺纹紧密咬合．活动套筒与测量轴相联，转动活动套筒可带动测量轴伸出与缩进．活动套筒转动 1 周（360°），测量轴伸出或缩进 1 个螺距．因此，可根据活动套筒转动的角度求得测量轴移动的距离，实现“机械放大”．活动套筒的尾端装有棘轮，它转动时可带动活动套筒旋转，但阻力过大时，棘轮会空转，即不带动套筒旋转，这保证了待测物体在砧台与测量轴间不会被夹得太紧而变形，从而影响测量结果．固定套筒与砧台以一个弓形的支架相连，称为“弓架”，测量时一般左手持弓架，右手转棘轮．在弓架上还装有一个锁紧手柄，把它向左板动，可锁住测量轴．

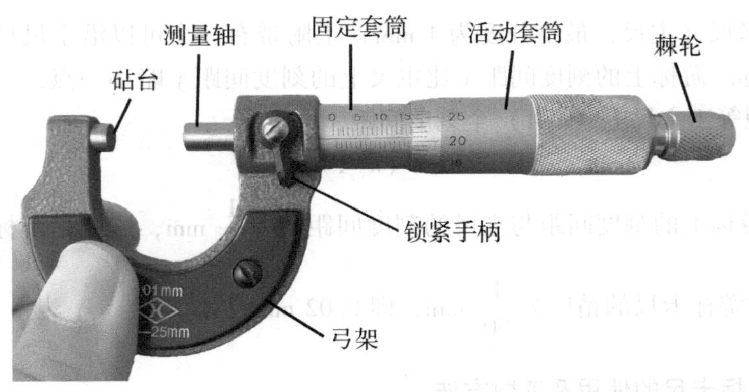

图 3.1.2　螺旋测微器

（二）螺旋测微器的读数方法

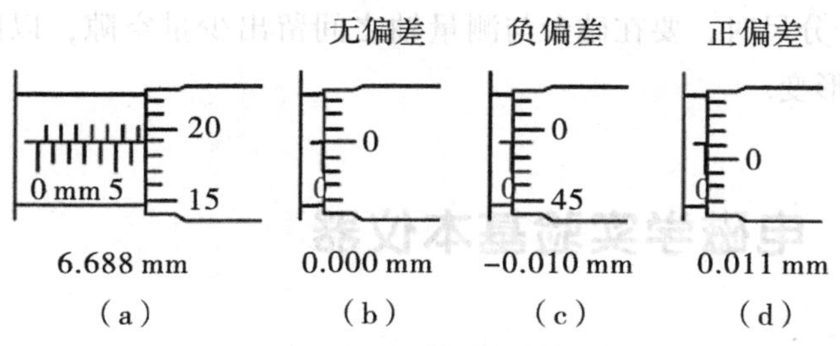

图 3.1.3　螺旋测微器读数示意图

如图 3.1.2 所示的螺旋测微器的螺距为 0.5 mm，即主尺上刻度为 0.5 mm. 活动套筒的副尺被等分为 50 格，故副尺上每格 0.01 mm，再加上估读，其测量精度可达到 0.001 mm.

1. 读取主尺上的刻度，如图 3.1.3（a）所示，主尺刻度为 6.5 mm.

2. 如图 3.1.3（a）所示，读出活动套筒与基准线对齐的数值，并进行估读，将该值乘以 0.01，得活动套筒刻度为

$$18.8\times0.01=0.188\ (\text{mm})$$

3. 上述两部分加起来，就是测量值，即

$$6.5+0.188=6.688\ (\text{mm})$$

4. 如螺旋测微器没有零位偏差［图 3.1.3（b）］，上述值即为测量值. 如存在零位偏差［图 3.1.3（c）和（d）］，则需进行修正：

负偏差：$6.688+0.010=6.698\ (\text{mm})$

正偏差：$6.688-0.011=6.677\ (\text{mm})$

5. 读数时应特别注意活动套筒压着主刻度线的情况，判断活动套筒是否真正超过了压线刻度（活动套筒上的 0 刻线在基准线之下则已超过，反之没有），若没超过则不应该读出，如图 3.1.4 所示.

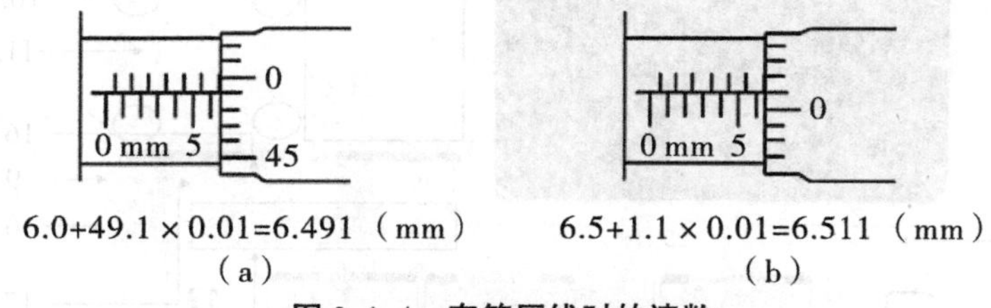

图 3.1.4　套筒压线时的读数

（三）注意事项

1. 使测量轴向砧台靠近以夹住待测物时，必须使用棘轮而不可直接转活动套筒，

听到“咯咯”声即表示已夹住待测物体，棘轮在空转了，这时应停止转动棘轮进行读数．不能将被夹住的待测物拉出，以免磨损砧台和测量轴．

2．不使用千分尺时，要在砧台与测量轴之间留出少量空隙，以防砧台与测量轴受热膨胀而引起形变．

第二节　电磁学实验基本仪器

电磁学实验是物理实验的重要组成部分．通过实验可以学习电磁学基本物理量的典型测量方法，根据电路图正确接线，使用仪器进行观测以及排除电路故障．本节主要介绍电磁学实验常用仪器，包括直流电源、直流电表、数字万用表、函数信号发生器、示波器、滑动变阻器和电阻箱等，重点介绍仪器的基本原理、操作步骤以及使用注意事项，建议预习实验时提前了解和熟悉．

一、直流电源

电路一般可以分为电源、控制和测量三个部分．测量电路可等效于一个负载，根据负载所要求的电压 U 和电流 I，就可选定电源（一般电学实验电源的电动势 E 略大于 U，其额定电流大于工作电流 I）．直流电源是维持电路中形成稳恒电压电流的装置．直流电源包含正、负两个电极，正极电位高，负极电位低，当两电极与电路连通后，能够使电路两端之间维持恒定的电位差，从而在外电路中形成由正极到负极的电流．

实验室常用直流电源型号为 SK3323，如图 3.2.1 所示．

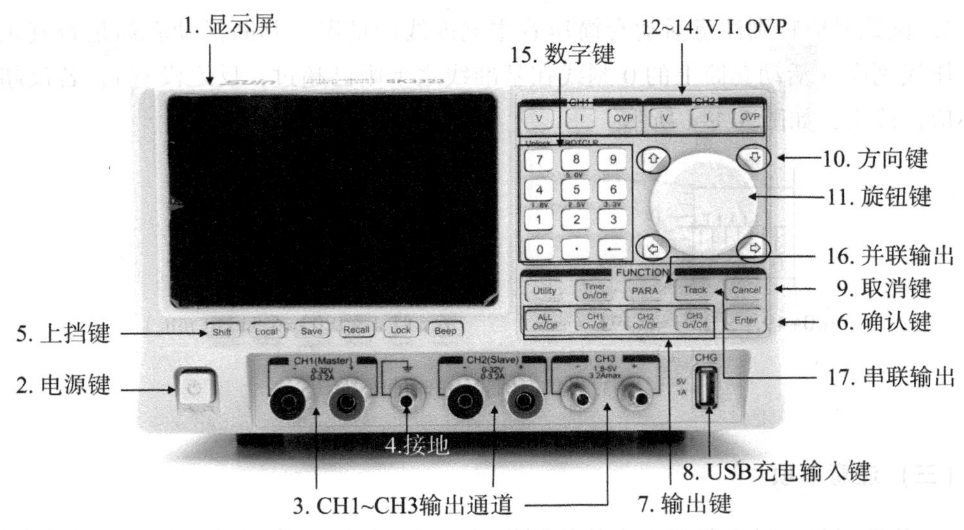

图 3.2.1　SK3323 直流电源面板界面按键示意图

（一）操作界面常用按键简介

1. 显示屏：显示工作状态和电压、电流等信息.
2. 电源键：控制整机电源通断.
3. CH1~CH3 输出通道：电压范围 0~32 V，电流范围 0~3.2 A.
4. 接地：地线，连接外壳和大地.
5. 【Shift】：上挡键，配合具有第二功能按键使用.
6. 【Enter】：确认键，输入的参数会被执行或保存.
7. 输出键：输出通道开关控制键.
8. USB 充电口：移动电源充电或开发板供电.
9. 【Cancel】：取消键，按下后会返回主界面，未完成的操作被终止.
10. 方向键：可上下左右移动选择设定参数.
11. 旋钮：用于修改电压、电流参数和切换定时器组.
12. 【V】：CH1-2 通道电压设定键.
13. 【I】：CH1-2 通道电流设定键.
14. 【OVP】：过压保护设定键.
15. 数字键：只用于输入数值，无第二功能.
16. 并联输出：用于进入或退出 CH1 和 CH2 通道的并联输出模式.
17. 串联输出：用于进入或退出 CH1 和 CH2 通道的串联输出模式.

（二）基本操作

1. 输出.

提供 3 路独立输出，其中 CH1 和 CH2 可连续调节，分辨率均为 10 mV/1 mA，输出范围 0~32 V/0~3 A；CH3 提供了可选择的 1.8 V、2.5 V、3.3 V、5 V 四种输出电压，并且提供过载保护.

2. 设置电压.

按下对应通道的【V】键即可对输出电压值进行设置，此时有两种方法进行电压设置.

方法 1：用数字键盘进行设置. 按下【V】键，【Cancel】与【Enter】按键灯亮起，通过面板上的数字键键入电压值，按下【Enter】键确认设置，或者按下【Cancel】键取消本次设置.

方法 2：用旋钮进行设置. 按下【V】键，【Cancel】与【Enter】按键灯亮起，通过左右方向键选择需要设置的数位，通过旋钮可改变相应参数，按下【Enter】键完成本次设置，或者按下【Cancel】键取消本次设置.

3. 设置电流.

按下对应通道的【I】键即对输出电流值进行设置，此时有两种方法进行电流设置.

方法1：用数字键盘进行设置，按下【I】键，【Cancel】与【Enter】按键灯亮起，通过面板上的数字键键入电流值，按下【Enter】键确认设置，或者按下【Cancel】键取消本次设置. 若输入值不在通道输出范围内或输入有误，则会报错（蜂鸣器响）并取消本次设置.

方法2：用旋钮进行设置. 按下【I】键，【Cancel】与【Enter】按键灯亮起，进入旋钮设置模式，通过左右方向键选择需要设置的数位，通过旋钮改变相应参数，按下【Enter】键完成本次设置，或按下【Cancel】键取消本次设置.

4. 打开与关闭输出.

按下【CH1 On/Off】/【CH2 On/Off】/【CH3 On/Off】键可打开或关闭相应通道输出，按下【ALL On/Off】键可以打开或关闭全部通道输出. 按键灯和显示屏“Output”指示灯会点亮或熄灭指示输出状态.

5. 设置过压保护.

按下【OVP】键，【Cancel】与【Enter】按键灯点亮进入过压设置模式，此时对应通道电压显示区域显示当前过压保护设置值，使用数字键盘输入过压保护值，按下【Enter】键确认本次设置，或者按下【Cancel】键取消本次设置.

6. 过压保护复位.

当输出电压测量值超出过压保护（OVP）设定后，电源会自动关闭输出，以减小损坏负载的可能性，此时电源通过点亮相应通道的过压保护（OVP）标志报警. 依次按下【Shift】+【8】（PROTCLR）键可清除保护状态，否则【CH1 On/Off】/【CH2 On/Off】/【ALL On/Off】键无法打开通道输出.

7. 串联输出模式.

串联输出模式下，输出电压为单通道的2倍，CH1与CH2在电源内部串联，CH1为控制通道. 在独立输出模式且CH1和CH2输出关闭状态下，按下【Track】键可进入或退出串联输出模式.

8. 并联输出模式.

并联输出模式下，输出电流为单通道的2倍，CH1与CH2在电源内部并联，CH1为控制通道. 在独立输出模式且CH1和CH2输出关闭状态下，按下【PARA】键可进入或退出并联输出模式. 按键指示灯会点亮或熄灭显示并联状态.

二、直流电表

直流电表是电器测量指示仪表的一种，属于磁电系仪表，用于测量电路中的直流电压和电流，是电磁学实验的基本测量工具之一.

（一）磁电系仪表的基本结构

表头的结构如图 3.2.2 所示，包括固定永久磁铁和活动线圈.

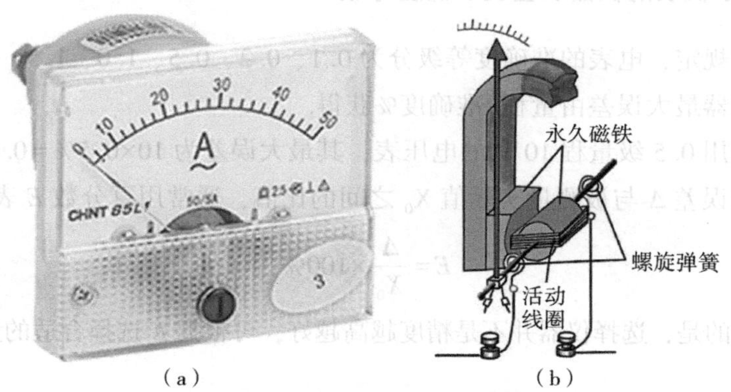

图 3.2.2　磁电式电流表实物及原理图

表头通常采用螺旋弹簧或张丝来产生反作用力矩. 如图 3.2.2（b）所示，螺旋弹簧一端固定在仪表内部的支架上，另一端固定在转轴上. 当仪表的动圈受到转动力矩的作用转动时，弹簧被扭转变形，而产生与转动力矩相反的反作用力矩使指针在平衡力矩下稳定指向某一示数. 弹簧的另一个功能是当把电流引入动圈的引线，故一般弹簧都是两个.

（二）磁电系仪表的工作原理

由于两圆柱形极掌和圆柱形铁芯之间的磁场呈均匀辐射形分布，设其磁感应强度为 B，当动圈中通入电流 I 时，处在气隙中的动圈与磁场方向垂直的边受到的电磁力 F 为

$$F=BILN$$

式中，N 表示动圈的匝数，L 表示动圈与磁场方向垂直的边长长度. 因为动圈两边受到的电磁力 F 相同，所以作用在动圈上的力矩为

$$M=2Fr=2BILNr$$

式中，r 表示矩形动圈宽度的一半，因此动圈面积为 $S=2rL$，则

$$M=BINS$$

若指针偏转的角度为 α，则弹簧产生的反作用力矩 M_α 为

$$M_\alpha=D\cdot\alpha$$

式中，D 是弹簧的刚度系数，它的大小取决于弹簧的性质和尺寸. 当仪表指针停在某一转角位置不动时，$M=M_\alpha=D\alpha$，则角度 α 可表示为

$$\alpha=\frac{BINS}{D}=S_iI$$

式中，S_i 是常量，表示磁电系表头的灵敏度．因此转动角度与电流成正比，标度尺刻度均匀，根据角度大小即可读出电流大小．

（三）指示仪表的仪器误差及准确度等级

国家标准规定，电表的准确度等级分为0.1、0.2、0.5、1.0、1.5、2.5和5.0七级，电表的仪器最大误差由量程×准确度%获得．

例如，使用0.5级量程10 V的电压表，其最大误差为10×0.5%＝0.05（V）．

仪表最大误差 Δ 与被测量实际值 X_0 之间的比值，通常用百分数 E 表示：

$$E=\frac{\Delta}{X_0}\times 100\%$$

需要注意的是，选择仪器并不是精度越高越好，可根据 E 选择合适的量程和仪器．

三、数字万用表

万用表集成电流表、电压表、欧姆表等，是一种多功能、多量程的测量仪表，具有量程广、用途多、使用方便等优点．它一般可测量直流电流、直流电压、交流电流、交流电压、电阻和音频电平等，还可以测电容、电感及半导体的一些参数．

根据原理不同，万用表分为磁电式和数字式．磁电式万用表利用偏转原理，当微小电流通过表头，指针会有偏转，偏转角度与电流大小线性相关，通过表盘可读取测量结果．受表头误差和读数误差限制，磁电式万用表精度和灵敏度不高．数字式万用表（简称数字万用表）结构紧凑、轻巧、测量速度快、自动化程度高，内部电路是在直流数字电表的基础上配接各种变换器构成的．数字万用表表头通常使用一块集成电路芯片，将A/D转换器与逻辑控制器集成在一起，在其周围配上相关的电阻器、电容器和液晶显示器．

数字万用表表头只测量直流电压，其他参数必须转换成和其自身大小成一定比例关系的直流电压后才能被测量，其实现原理图如图3.2.3所示．因此，数字万用表的整体性能主要由数字表头的性能决定．数字电压表是数字万用表的核心，A/D转换器又是数字电压表的核心，不同的A/D转换器构成不同的数字万用表．

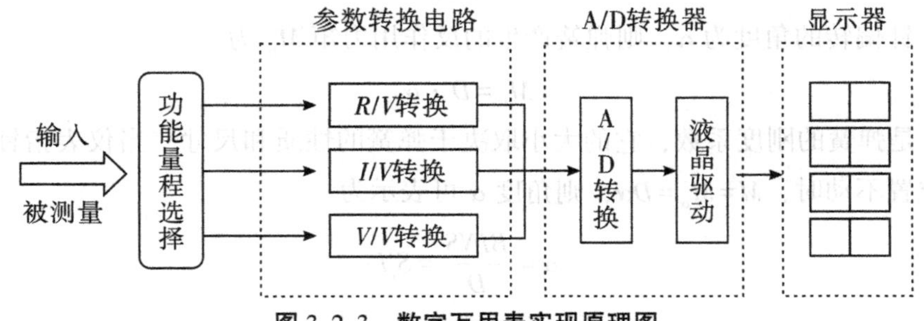

图3.2.3 数字万用表实现原理图

常见的数字万用表面板如图 3. 2. 4 所示，基本操作如下：

1. 根据被测量对象，正确选挡位、量程及表笔插孔.

2. 当被测数据大小不明时，应先将量程开关置于最大值，而后由大量程挡往小量程挡切换，使仪表指针指示在满刻度的 1/2 以上处即可.

3. 测量电阻时，在选择了适当量程挡后，将两表笔相碰使指针指在零位，如指针偏离零位，应调节“调零”旋钮，使指针归零，以保证测量结果准确. 如不能调零或数显表发出低电压报警，应及时检查.

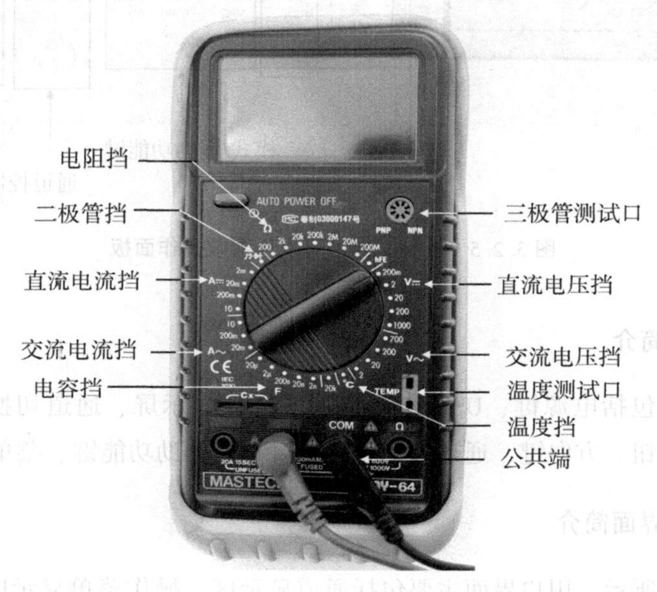

图 3. 2. 4 数字万用表面板功能按键示意图

【注意事项】

1. 在测量某电路电阻时，必须切断被测电路的电源，不得带电测量.

2. 测量过程中，要注意人身和仪表设备的安全，测试中不得用手触摸表笔金属，不允许带电切换挡位开关，以确保测量准确，避免发生触电和烧毁仪表等事故.

四、函数信号发生器

函数信号发生器是一种生成各种类型数学函数信号的仪器，包括正弦波、三角波、方波、锯齿波等，并可以调节输出信号的频率及幅度. 以鼎阳 SDG1025 型两路输出信号发生器为例，其前操作面板说明如图 3. 2. 5 所示.

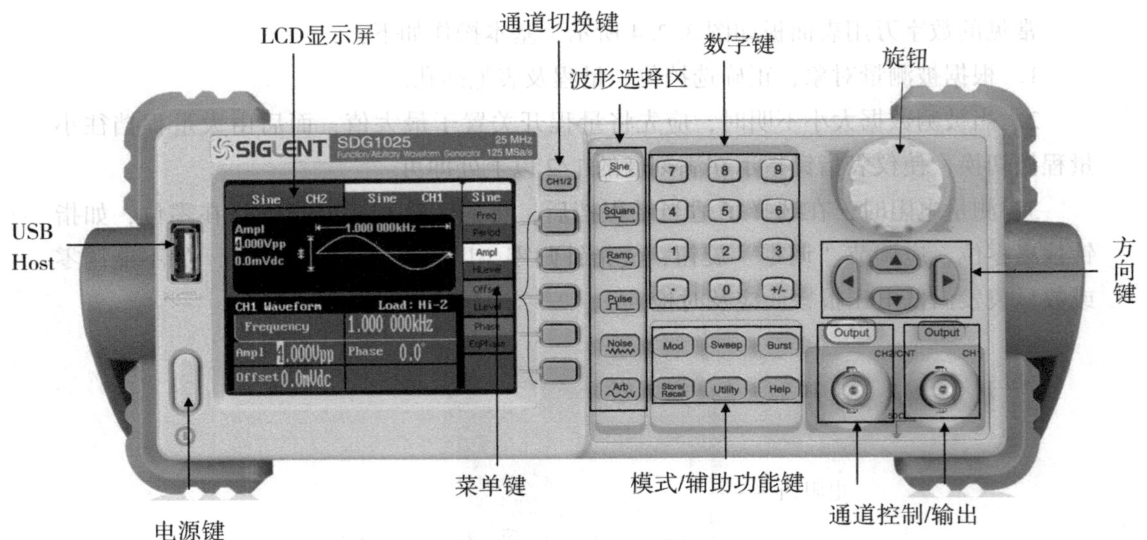

图 3.2.5　SDG1025 信号发生器前操作面板

（一）面板简介

前面板主要包括电源键、USB Host 接口、LCD 显示屏、通道切换键、波形选择区、数字键、旋钮、方向键、通道输出/控制、模式/辅助功能键、菜单键.

（二）用户界面简介

如图 3.2.6 所示，用户界面主要包括通道显示区、操作菜单显示区、波形显示区和参数显示区. 其中参数显示区包括 Frequency（频率）、Ampl（幅值）、Phase（相位）和 Offset（偏移量）等参数，用户可在操作菜单显示区中通过数字键、旋钮、方向键和对应的功能键（按键可以切换参数设置）来修改相应的参数值（提示：输出界面的黑色框线要与通道 CH1 或 CH2 对应）.

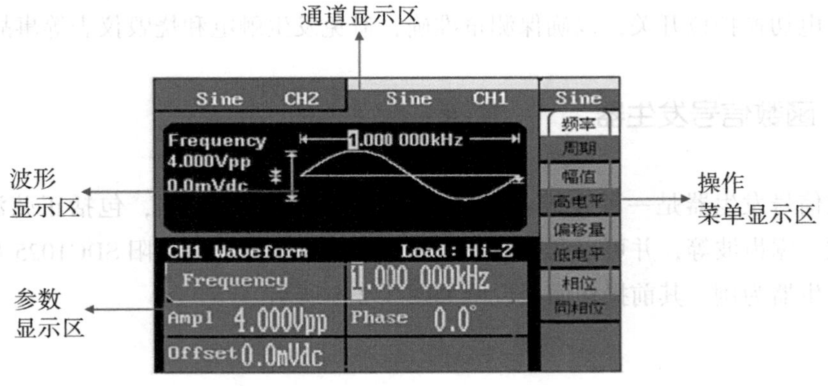

图 3.2.6　显示区

（三）波形选择与设置

信号波形主要包括 Sine（正弦）、Square（方波）、Ramp（三角波或锯齿波）、Pulse（脉冲）、Noise（噪声）、Arb（任意波），在“波形选择区”选择并按下波形按键，即可产生相应的波形.

（四）基本操作指引

1. 连接仪器：将函数信号发生器连接到所需的设备，如示波器等.

2. 选择输出通道和输出信号：使用通道切换键选择输出通道；使用控制面板选择输出信号的类型，如正弦波.

3. 调整输出频率：使用控制面板调整输出信号的频率. 参数调节包括频率和幅值调节. 按下【<】键，可看到显示面板数字闪烁，继续按【<】键可修改光标的数位，转动右上角旋钮可改变相应的数字.

4. 调整输出电压幅度：使用控制面板调整输出信号幅度. 方法同步骤 3.

5. 调整相位：使用控制面板调整输出信号的相位. 方法同步骤 3.

6. 启动发生器：使用控制面板启动函数信号发生器（注意需要按下【Output】按键，点亮后才有信号输出）.

五、示波器

示波器是一种直接测量电信号波形（电压与时间关系）的常用电子仪器. 凡是能转换为电压信号的电学量（如电流、电功率、阻抗等）和非电学量（如位移、速度、压力、温度、磁场、频率、光强等），其随时间的瞬变过程都可以用示波器进行观察和测量.

示波器主要由电源系统、信号检测和放大系统、扫描触发系统、波形显示系统四部分组成. 设显示屏的水平方向为 X，垂直方向为 Y，屏幕上光点的坐标是加在两个方向上的电压 U_X 和 U_Y 的函数，这个函数通常可以用含有时间 t 的线性关系来表示，则光点的运动轨迹可以用参数方程表示：

$$X=f\left[U_X(t)\right]=K_XU_X(t)=g(t)$$

$$Y=f\left[U_Y(t)\right]=K_YU_Y(t)=v(t)$$

由上述两方程联立，消去时间参数 t，即可得到显示屏上光点的运动轨迹方程. 光点在显示屏上偏移的距离与偏转板上所加电压成正比，因此可以将电压的测量转化为显示屏上光点在平面内偏移距离的测量，这就是示波器测量电压的原理.

按照处理信号类别不同，示波器可分两大类：数字示波器和模拟示波器．模拟示波器使用阴极射线管来显示波形，并且通过示波器屏幕垂直方向描绘电压．数字示波器则是通过模数转换器（ADC）把被测电压转换为数字信息．数字示波器原理示意框架图如图 3.2.7 所示，其中虚线框内的模块是数字示波器特有的功能模块，模拟示波器没有．

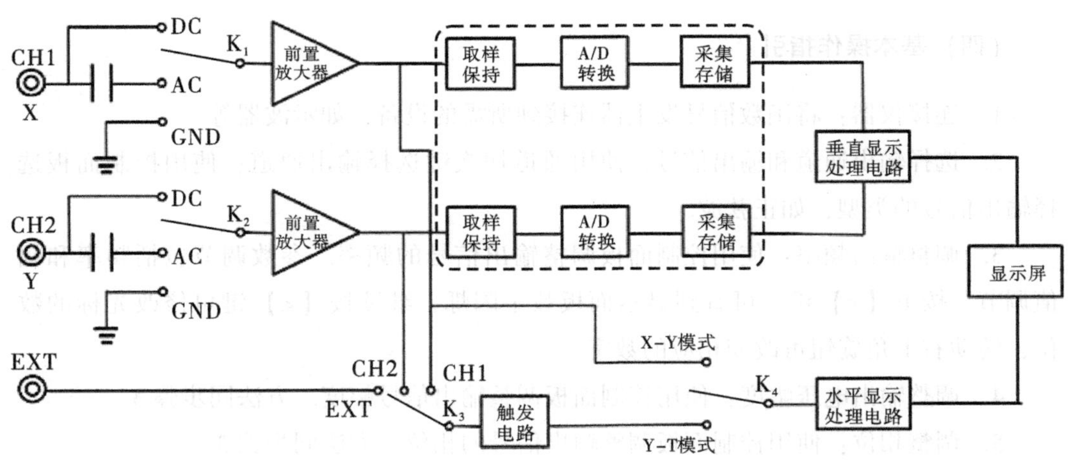

图 3.2.7　数字示波器原理示意框架图

数字示波器具备记忆、存储和处理功能，以及多种触发和超前触发能力改善带宽只需要提高前端的 A/D 转换器的性能．目前数字示波器已全面取代模拟示波器．

（一）模拟示波器

表 3.2.1 所示是图 3.2.8 中模拟示波器各功能键的初始设置与功能/作用．

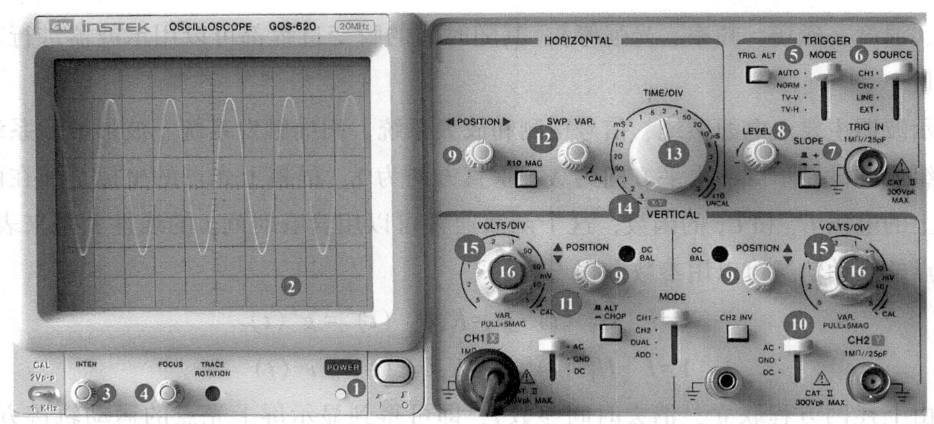

图 3.2.8　模拟示波器界面实物图及常用功能键

表 3.2.1　模拟示波器功能键的初始设置和功能/作用

序号	功能键	初始设置	功能/作用
1	电源开关	按下	通电
2	荧光屏	聚焦、亮度	显示波形
3	【Intensity】	强度调节	亮度显示
4	聚焦	电子束聚焦	清晰度
5	【TRIGGERING MODE】	AUTO（自动）	触发模式
6	【SOURCE】	VERT MODE	触发源
7	【SLOPE】	+（按出）（弹起）	触发极性
8	【LEVEL】	中间	触发电平
9	【POSITION】	中间	位移
10	【AC-GND-DC】	GND-AC	输入方式
11	【VARIABLE】	校准位置 CAL	扫描时间
12	【SWP. VAR】	顺时针调到最大	水平显示数值校准
13	【TIME/DIV】旋钮	水平偏转因数适当位置	X 轴扫描时间快慢调节
14	蓝色【X-Y】 （【TIME/DIV】旋钮的左下）	逆时针旋到底（满度）	李莎如图形两通道信号叠加
15	【VOLTS/DIV】	垂直偏转因数	电压波形大小调整
16	【VOLTS/DIV】 （旋钮中间灰色旋钮）	应顺时针旋到底（满度）	Y 轴微调电压波形校准位置

（二）数字示波器

数字示波器是数据采集、A/D 转换、软件编程等一系列的技术制造出来的高性能示波器. 数字示波器使用数字信号处理技术，将输入信号转换为数字格式，随后对样值进行存储，再显示为波形，具有较高的精确度以及存储和分析数据的能力.

数字示波器实物图及常用功能键如图 3.2.9 所示.

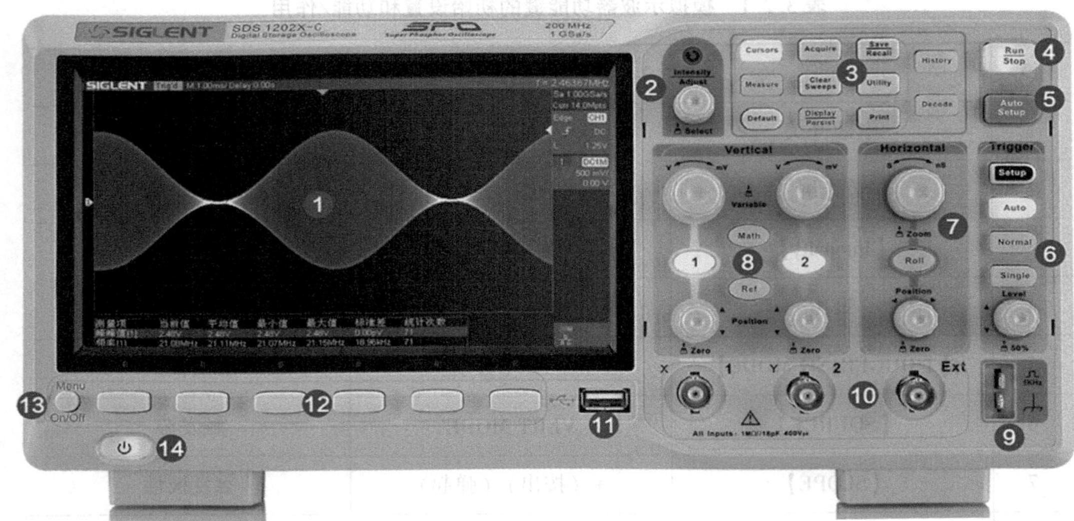

①用户界面显示区，②多功能旋钮，③常用功能菜单，④运行/停止，⑤波形自动设置，⑥触发系统，⑦水平控制系统，⑧模拟通道垂直控制，⑨探头补偿信号输出端，⑩模拟通道输入端，⑪USB数据接口，⑫参数选择按钮，⑬菜单键，⑭电源键

图 3.2.9 数字示波器实物图及常用功能键

（三）判断波形是否稳定的三个原则

在示波器屏幕上调节出来的波形，可通过如下原则判断是否稳定：

1. 在任意位置作一条垂直线与波形相交，交点数有且只有一个．若没有交点或交点数不止一个，则波形不稳定或不完整，需继续调节．

2. 波形上的任意一点不左右移动，低频时光点会闪烁，但位置不左右移动，应认为是稳定的．

3. 屏幕上能看到两个以上完全一样的重复图形．

（四）调节出稳定波形的步骤

示波器调节出稳定波形的步骤基本相同，下面以 CH1 通道为例：

1. 方法一：手动设置．

（1）设置 CH1 信号耦合方式为“接地”，调节垂直部分【POSITION】旋钮，将 CH1 扫描线调节至显示屏中央位置．

（2）设置 CH1 信号耦合方式为“交流”或“直流”，调节电压灵敏度【SCALE】旋钮，使被测波形的上、下边界限制在屏幕范围内．

（3）选择触发菜单，将触发源选择设置为“CH1”，触发耦合模式设置为交流“AC”．

(4) 调节触发电平【LEVEL】旋钮，使触发电平落在被测信号的峰-峰值之间，则波形稳定；或者直接按一下【LEVEL】旋钮，电平基线自动归零，波形稳定.

(5) 调节水平的扫描速度【SCALE】旋钮，使显示屏显示若干波形，以便观察和测量.

2. 方法二：自动设置.

对于数字示波器，若被测信号比较简单，例如正弦波，示波器还提供了一个更为简单的同步调节方法——自动设置（Auto setup），示波器可根据被测信号的参数自动设置同步参数，稳定地显示波形，操作方法如下：

(1) 将被测信号接入 CH1 通道，按 CH1 按钮亮起使 CH1 通道工作；

(2) 按右上角【AUTOSETUP】键，等待几秒，被测波形会稳定显示出来.

由于数字示波器是目前实验室主流设备，上述两种方法中我们建议优先使用方法二，如果仍然无法获得稳定的波形，再采用方法一进行手动设置并仔细调节.

六、滑线变阻器

（一）滑线变阻器的基本结构

滑线变阻器的结构如图 3.2.10 所示，常用电路符号为 A—▭—B（滑动端 C）. 在绝缘瓷管上密绕涂有绝缘物的电阻丝，电阻丝的两端与固定接线柱 A、B 相连，A、B 之间的电阻为全电阻. 接头 C 通过金属棒与接线柱 D 相连，且可以在电阻丝 A、B 之间滑动（接头 C 与电阻丝接触处的绝缘物被磨掉，使其与电阻丝接通），改变接头 C 的位置就改变了 AC 或 BC 之间的电阻值.

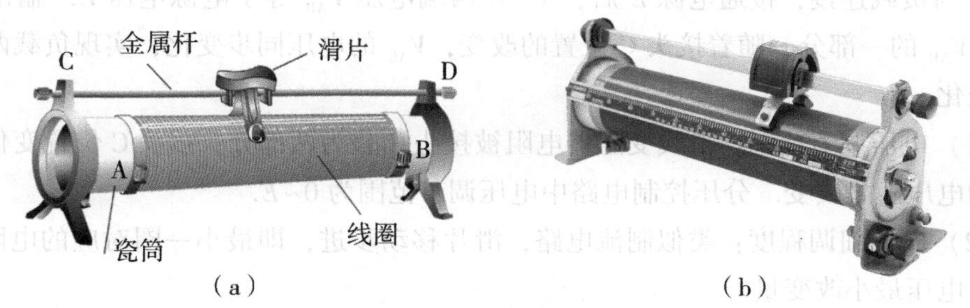

图 3.2.10　滑线变阻器示意图与实物图

全电阻（R_0）和额定电流（允许通过的最大电流）是滑线变阻器的主要参数. 滑线变阻器与电阻箱的使用方法类似，不同点在于，它不能准确读出电阻值，但是其阻值可以连续变化，而且一般额定电流较大，常用在通有较大电流的电路中.

(二) 滑线变阻器的常见接法

滑线变阻器组成的控制电路有“制流”和“分压”两种接法，可以通过调节范围、特性曲线、细调程度来表征其性能特点.

1. 制流控制电路.

使用接线柱 A 和接线柱 D，将滑线变阻器串联接入电路. 滑动滑动滑线变阻器接头 C，则 AC 间电阻 R_{AC} 改变，从而影响了回路总电阻，改变回路电流，起到了调节线路电流的作用.

(1) 电流调节精细度.

接头 C 的最小位移是 1 圈绕线，电阻变化量即 ΔR_0，因此，ΔR_0 决定了电流的最小改变量. 当 AC 间电阻发生 ΔR_{AC} 的变化时，电流变化为

$$\Delta I=\frac{-E}{(R+R_{AC})^2}\Delta R_{AC}$$

$$|\Delta I|_{min}=\frac{I^2}{E}\Delta R_0=\frac{I^2}{E}\frac{R_0}{N}\quad (N\text{ 是线圈匝数})$$

式中 E 是电源电动势，R 是电路中 R_{AC} 外的点电阻.

这个就是该滑线变阻器电流调节的精细度.

(2) 线性度.

电流调节范围取决于负载电阻 R 与变阻器全电阻 R_0 之比 (k)，k 越小电流调制范围越大. 同时，控制电路应该具有较好的细调程度，在整个调节范围内尽可能均匀. 一般 k 较大时，电路中电流调节的线性度较高.

2. 分压控制电路.

滑线变阻器两固定接线柱 A、B 分别与电源正、负极相连，滑动接头 C 和固定接线柱 A 与负载连接，接通电源 E 后，A、B 两端电压 V_{AB} 等于电源电压 E. 输出电压 V_{AC} 是 V_{AB} 的一部分，随着接头 C 位置的改变，V_{AC} 的电压同步变化，实现负载两端的电压变化.

(1) 电压调节范围：滑线变阻器电阻被接头 C 分为两部分，接头 C 位置变化，负载上的电压随之改变. 分压控制电路中电压调节范围为 0~E.

(2) 电压细调程度：类似制流电路，滑片移动步进，即最小一圈对应的电阻 ΔR_0 决定了电压最小改变量.

3. 滑线变阻器控制电路的选择.

确定电路中的电源电压后，若负载电阻较小，而电压调节范围不太大时，为避免出现过大电流，一般选择制流控制电路；若负载电阻较大，电压调节范围较宽，则采用分压控制电路.

需要注意，通过滑线变阻器的电流不能超过其额定电流.

七、电阻箱

直流电阻箱是由若干固定电阻（由锰铜合金线绕制）按一定的形式连接组合而成的可变电阻度量器，如图 3.2.11 所示，其按照变阻方式不同可以分为开关式、插头式、接线式三种．开关式电阻箱以改变开关位置的方法来改变电阻大小，可以用串联式和并联式电路两种方式实现．

图 3.2.11 电阻箱实物图

串联式电路电阻箱原理如图 3.2.12 所示，每个十进制电阻盘由五个固定阻值的电阻串联而成．跳环式串联线路，每个固定电阻都采用锰铜合金丝绕优质瓷管制成．六旋钮电阻箱的面板如图 3.2.13 所示．

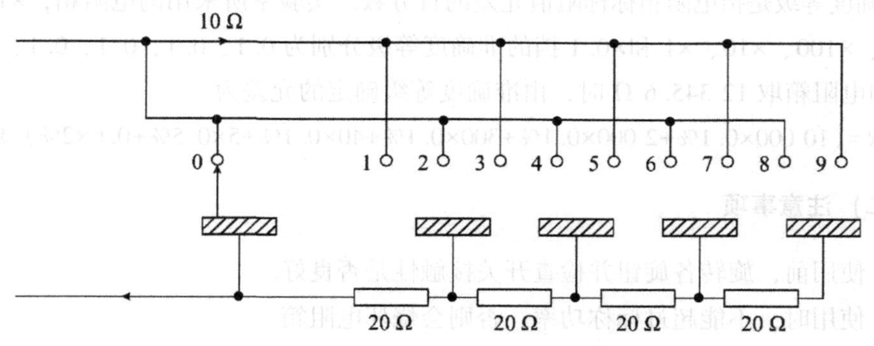

图 3.2.12 开关串联式（跳环式）电路电阻箱电路面板

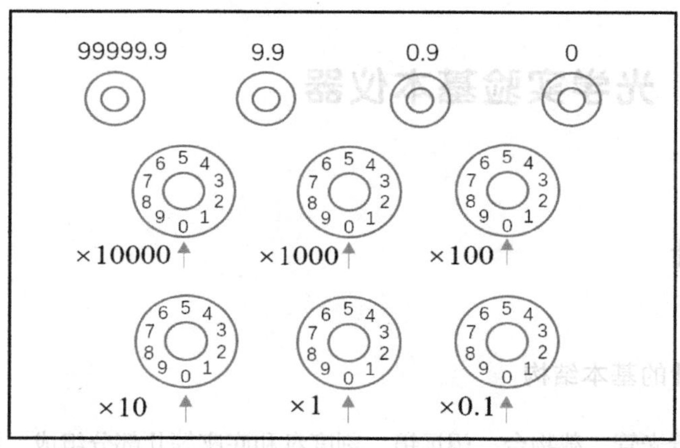

图 3.2.13 电阻箱面板图

(一) 电阻箱主要参量

1. 调节范围.

图 3.2.11 中的 ZX210 型六旋钮电阻箱最大阻值为 9×（10 000+1 000+100+10+1+0.1）Ω.

2. 额定功率.

电阻箱额定功率指每个步进值的功率，即每个单位电阻的功率. 额定电流 I 可由下式计算：

$$I=\sqrt{\frac{P}{R}}$$

式中，P 为电阻箱额定功率，R 为所选挡位单位电阻. 当功率相同时，一般挡位越大，额定电流越小. 当电阻箱使用多个挡位时，电阻箱额定电流应该按位数最大的阻值所在挡位计算.

3. 准确度等级.

准确度等级是指电阻箱标称阻值允差的百分数. 实验室所采用的电阻箱，×10 000、×1 000、×100、×10、×1 和×0.1 挡的准确度等级分别为 0.1、0.1、0.1、0.1、0.5 和 2，例如电阻箱取 12 345.6 Ω 时，由准确度等级确定的允差为

$$\Delta R=(10\,000\times0.1\%+2\,000\times0.1\%+300\times0.1\%+40\times0.1\%+5\times0.5\%+0.6\times2\%)\ \Omega$$

(二) 注意事项

1. 使用前，旋转各旋钮并检查开关接触性是否良好.

2. 使用时，不能超过标称功率，否则会烧坏电阻箱.

3. 有多个接线端的变阻箱（图 3.2.13），应根据所用阻值连线. 当只需要 0~0.9 Ω 或 0~9.9 Ω 阻值时，建议使用 0.9 Ω 或 9.9 Ω 接线端，以减少残余电阻.

第三节　光学实验基本仪器

一、分光计

(一) 分光计的基本结构

分光计由平行光管、载物台、望远镜、刻度盘和底座等几部分组成，如图 3.3.1 所示.

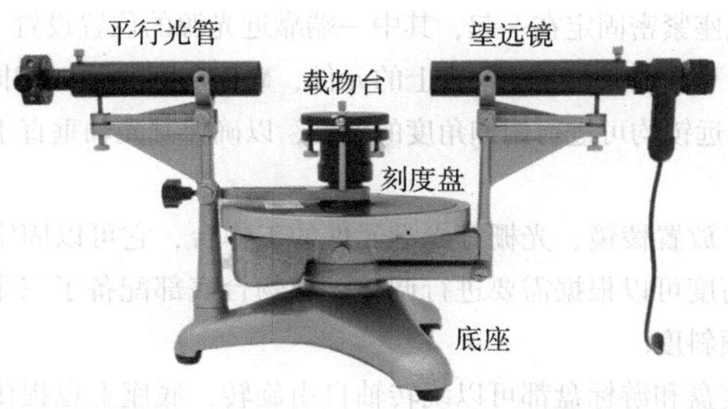

图 3.3.1 分光计基本结构

1. 底座.

底座中心有一根垂直方向的转轴，称为分光计的主轴. 在主轴上装有一个圆形刻度盘（主尺）和一个游标内盘，这两个盘可以绕轴旋转. 分光计出厂时，圆刻度盘已被调整为与仪器转轴垂直.

2. 望远镜.

分光计上的望远镜通常采用阿贝式自准直目镜. 它由物镜、目镜和分划板等组成，三者间距可调. 如图 3.3.2 所示，分划板的透明玻璃上刻有两横一竖的十字准线，

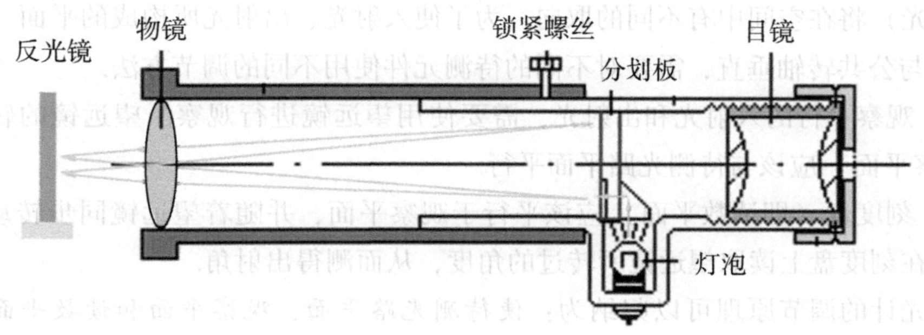

图 3.3.2 自准直望远镜图

下方小棱镜的涂黑端面上刻有透明的十字线，利用电珠照明使其成为发光体. 将分划板位于物镜焦平面上，从“十”字发出的绿光经物镜后成为平行光射向前方平面镜，其反射光又经物镜成像于分划板对称位置上，如图 3.3.3 所示. 通过调节目镜可以看到清晰的分划板准线和绿色十字叉丝像，此时望远镜已调焦至无穷远，适合观察平行光.

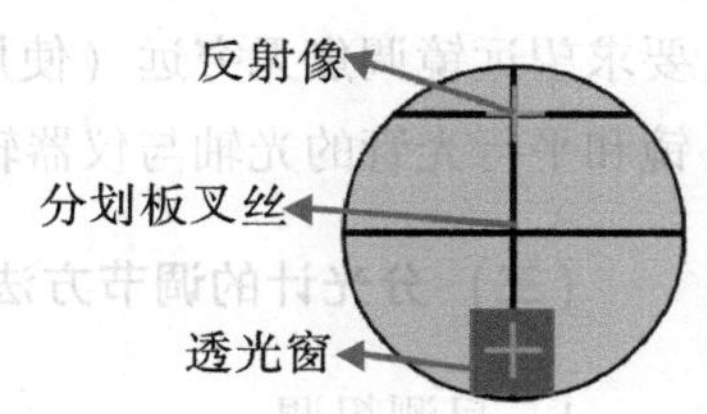

图 3.3.3 分划板视场

3. 平行光管.

平行光管和底座紧密固定在一起，其中一端靠近光源的位置设置了狭缝. 光线从狭缝通过平行光管，平行地入射到载物台上的元件，确保所有光线以相同的入射角射向元件. 平行光管和望远镜均可进行俯仰角度的调整，以确保其光轴垂直于分光计主轴.

4. 载物台.

载物台是用于放置棱镜、光栅等光学元件的工作台，它可以固定在可绕轴旋转的游标盘上，并且高度可以根据需要进行调整. 载物台底部配备了三个调平螺钉，可以用来调整平台的倾斜度.

望远镜、刻度盘和游标盘都可以绕转轴自由旋转，底座上也提供了锁紧螺钉进行控制. 当锁紧螺钉被松开时，这些元件可以手动旋转；当锁紧螺钉被拧紧时，游标盘和望远镜可以被固定，或者望远镜和刻度盘可以一起旋转.

【预习问题】 如何判断分光计上各螺钉所对应的结构元件？

（二）分光计的调节原理

分光计又称测角仪. 其测角原理如下：

1. 在使用分光计时，需要对入射光和待测光学元件做出一些限制. 例如，入射光必须为平行光，确保入射到光学元件某一平面上的入射角处处相等. 尽管入射光的方向确定，但由于光学元件的不同或所处的空间方位不同，出射光（反射光、折射光或衍射光）将在空间中有不同的取向. 为了使入射光、出射光所构成的平面（即待测平面）与公共转轴垂直，需要对不同的待测元件使用不同的调节方法.

2. 观察平行的入射光和出射光，需要使用望远镜进行观察. 望远镜的转动平面（即观察平面）应该与待测光路平面平行.

3. 刻度盘（即读数平面）应该平行于观察平面，并随着望远镜同步转动. 这样就能够在刻度盘上读取望远镜所转过的角度，从而测得出射角.

分光计的调节原理可以归纳为：*使待测光路平面、观察平面和读数平面相互平行，且绕同一公共转轴转动*. 这样就能够观测到入射光、出射光的方向，从而求出它们之间的夹角. 为此，仪器必须进行精确调整，以确保望远镜能够观察到平行光，即要求望远镜调焦无穷远（使用自准直法进行调整），平行光管能够出射平行光，望远镜和平行光管的光轴与仪器转轴垂直.

（三）分光计的调节方法

1. 目测粗调.

（1）先用眼睛估测进行初步调整，使望远镜光轴、平行光管光轴和载物台面大致与分光计转轴垂直，如图 3. 3. 4 所示.

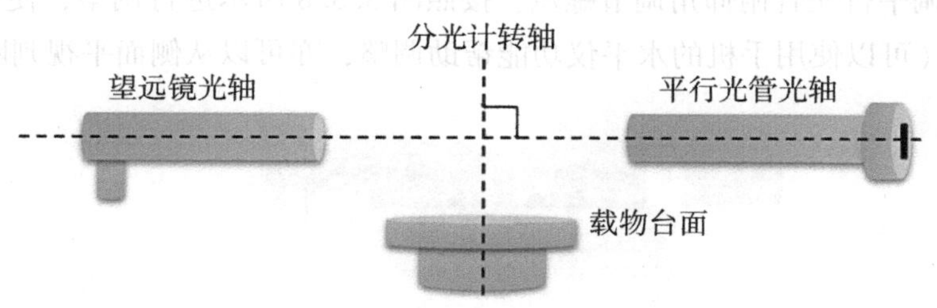

图 3.3.4　分光计调节效果示意图

(2) 粗调望远镜俯仰角调节螺丝，如图 3.3.5 所示，让望远镜镜筒趋向水平（可以使用手机的水平仪功能辅助调整，也可以从侧面观察判断）.

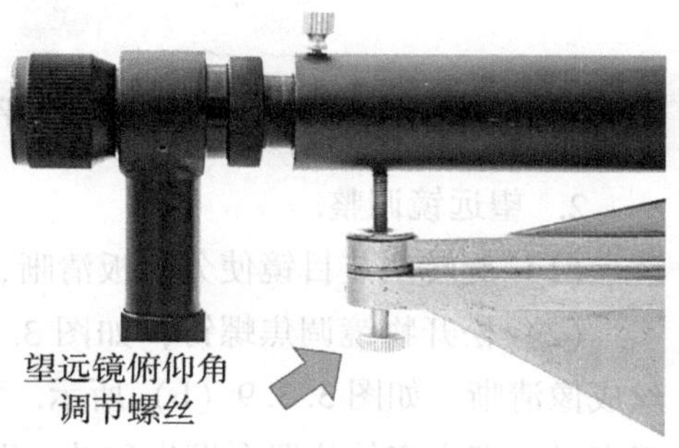

图 3.3.5　望远镜俯仰角调节螺丝

(3) 在粗调载物台下方有三个螺丝钉，如图 3.3.6 所示. 通过调整这些螺丝钉，可以使得平台与载物台之间的间隙保持一致（可以侧面观察或者通过间隙螺纹数量来判断），这样就能够让平台趋于水平.

(4) 开启望远镜电源，将平面反射镜按照图 3.3.7 所示位置放置在载物台上. 确保双面镜的反射面与望远镜大致垂直. 接着转动内盘，观察反射镜反射的十字叉丝的影像是否能够进入望远镜的视场（若转动过快，影像会一闪而过）.

图 3.3.6　载物台下的三个螺丝钉

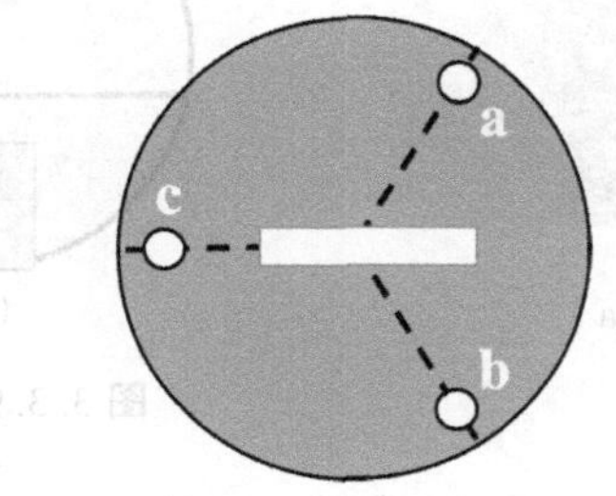

图 3.3.7　平面反射镜在载物台上的位置

(5) 如果无法看到，这意味着粗调偏差过大，需要反复进行目测粗调操作，直到最终观察到反射镜反射的绿色十字叉丝像进入望远镜的视场.

(6) 将内盘旋转 180°，观察反射镜的另一面反射的十字叉丝的像是否可以进入望远镜的视场. 如果无法看到，需要重复上述目测粗调操作，直到最终观察到反射镜反射的绿色十字叉丝像进入望远镜的视场.

【预习问题】 在调整反射镜另一面反射十字叉丝的像时，原本已经调整好的那一面反射的十字叉丝的像会如何变化?

(7) 粗调平行光管俯仰角调节螺丝，按照图 3.3.8 所示进行调整，使平行光管保持水平状态（可以使用手机的水平仪功能帮助调整，亦可以从侧面平视判断）.

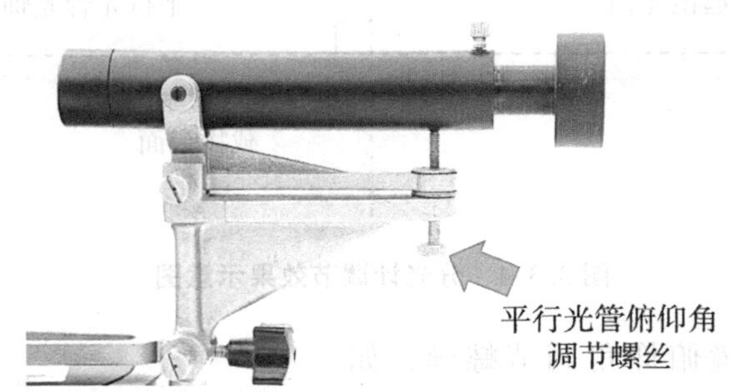

图 3.3.8 平行光管俯仰角调节螺丝

2. 望远镜调整.

(1) 旋转调节目镜使分划板清晰，如图 3.3.9（a）所示.

(2) 松开物镜调焦螺钉，如图 3.3.9（c）所示. 调节物镜焦距，使绿色十字叉丝成像清晰，如图 3.3.9（b）所示. 如果存在视差（即上下左右移动眼睛进行仔细观察时，亮十字的位置会发生移动，即亮十字处在分划板平面的前面或后面，两者没有严格重合），应反复调节以消除. 此时，望远镜已调焦至无穷远，即能够观察平行光. 这种调节方法称为自准直法.

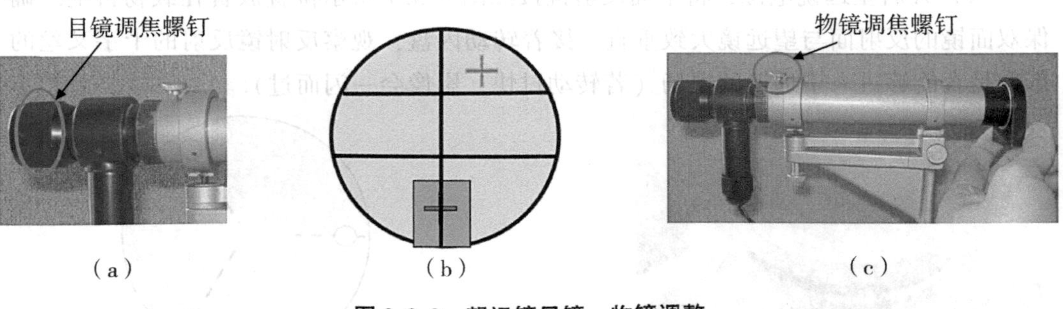

图 3.3.9 望远镜目镜、物镜调整

(3) 利用二分之一调节法，可以调节望远镜的光轴和仪器转轴垂直. 正确调节后，目镜中看到的亮十字应该与分划板上方的那一根水平线重合，如图 3.3.10（c）所示. 如果不重合，如图 3.3.10（a）所示，则需要采用二分之一调节法进行调整. 具体步骤如下：先调节载物台下的螺钉 a 或 b，使亮十字与上方的黑水平线的间距缩小一半，如图 3.3.10（b）所示. 然后调节望远镜的仰角螺钉，使亮十字与上方的水平线的中点重合，如图 3.3.10（c）所示. 接下来，转动载物台带动平面镜绕轴旋转 180°，重复上述步骤，直到平面镜旋转到任意一面，反射的亮十字都与上方水平线中点重合. 垂直为止. 注意，二分之一调节法完成后，望远镜的仰角螺钉不能再动.

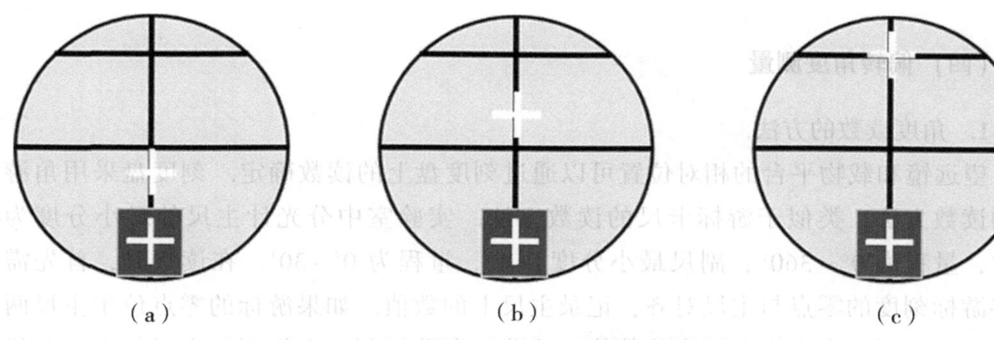

图 3.3.10 望远镜调节过程中通过目镜看到的情况

3. 平行光管调整.

(1) 打开灯源，照亮平行光管的狭缝，并转动已调好的望远镜（注意手应放在支臂上，如图 3.3.11 所示），使其正对着平行光管. 如图 3.3.12 所示，松开平行光管的调焦螺钉，前后移动平行光管的狭缝，以使望远镜中观察到的狭缝的像清晰. 接着，调节狭缝调节螺钉，改变平行光管的狭缝宽度，使其成像细锐，并与分划板准线无视差. 这时平行光管已经发射出平行光.

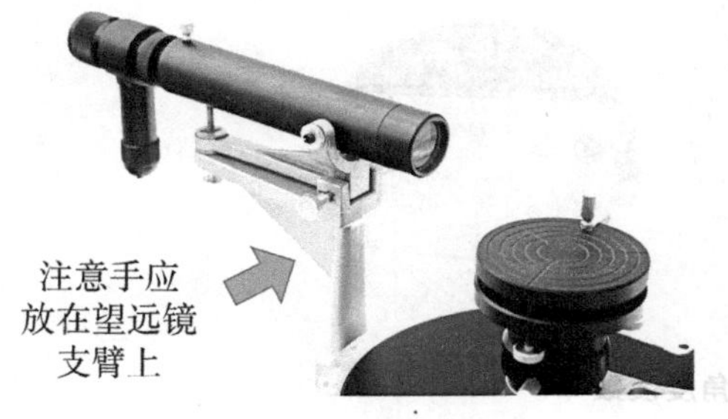

图 3.3.11 望远镜支臂

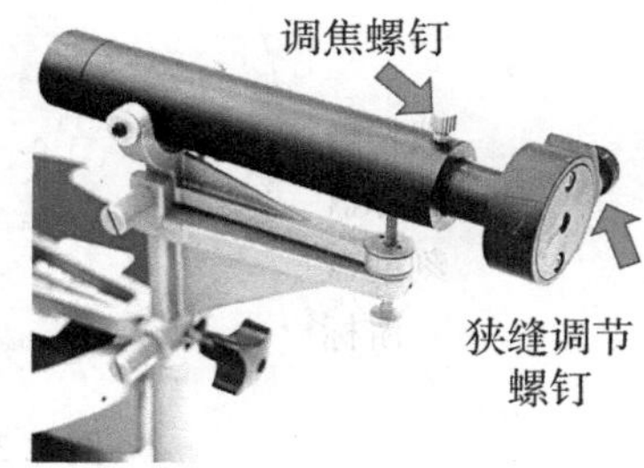

图 3.3.12 平行光管的调焦螺钉和狭缝调节螺钉

(2) 将狭缝旋转至水平位置，调节平行光管仰角螺钉，使狭缝对准分划板中央的水平线，如图 3.3.13（a）所示. 然后将狭缝转回竖直方向，使其与准线的竖线重合，如图 3.3.13（b）所示. 这样，平行光管的光轴将与望远镜光轴平行，同时也垂直于分光计转轴.

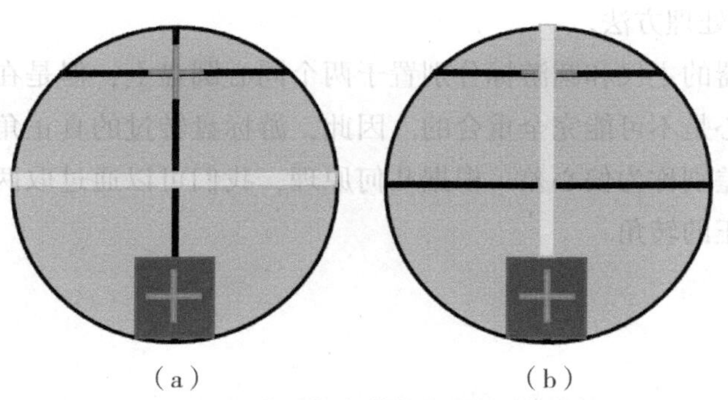

图 3.3.13 调节平行光管仰角螺钉看到的情况

（四）偏转角度测量

1. 角度读数的方法.

望远镜和载物平台的相对位置可以通过刻度盘上的读数确定. 刻度盘采用角游标的读数方法，类似于游标卡尺的读数方法. 实验室中分光计主尺的最小分度为0.5°，量程为0°~360°；副尺最小分度为1′，量程为0′~30′. 在读数时，首先需要将游标刻度的零点与主尺对齐，记录主尺上的数值. 如果游标的零点位于主尺两条线之间，则读取主尺上较小的数值. 接着，在游标刻度上找到与主尺任意一条线最接近的线，记录游标上的数值. 最后，将记录的主尺读数与游标读数相加，即可得到测量值.

图3.3.14中，游标刻度的零点位于主尺刻度22°30′和23°之间，因此记录22°30′；游标上与主尺刻度对的最齐的是13′的线，因此记录13′. 将两个记录相加，得到测量结果22°43′.

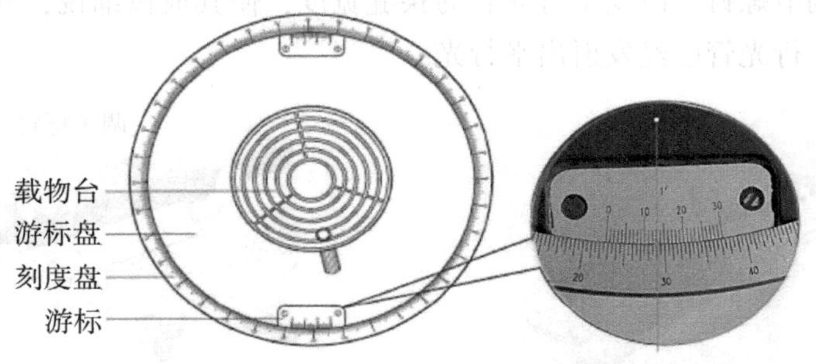

图3.3.14　游标角度读数

2. 偏转角度的测量方法.

在测角仪中，为了测得φ，需先读出夹住φ角两边的读数，即读出φ_1、φ_2，然后通过计算差值求得φ. 但是测角仪的主尺是沿圆周刻度的，转一周为360°. 注意：它们在360°上均只标注0°. 当φ角的两边正好跨0°线两侧（此种情况称为跨0读数），此时欲求φ角，应在较小数φ_2上加360°，再通过计算差值求得φ.

3. 偏心差的处理方法.

由于测角仪器的主尺和圆游标分别置于两个同心圆盘上，但是在机械加工装配过程中，它们的圆心是不可能完全重合的. 因此，游标盘转过的真正角度与读出角度会稍有差别，这种差别称为偏心差. 根据几何原理，我们可以通过取两侧刻度上的读数取平均来得出真正的转角.

二、组合式光学实验仪

组合式光学实验仪采用光学面包板作为平台，在其上可以搭建完成透镜焦距测量、偏振光测量、单缝衍射光强分布测量以及双棱镜干涉等实验. 该仪器具有调节方便、实验内容丰富、灵活性强等特点，可以有效地锻炼和提高学生光路搭建、动手、创造思维等能力，是基础物理实验和光学实验的理想仪器.

（一）组合式光学实验仪简介

组合式光学实验仪主要由光学面包板、实验主机、磁性开关底座、各种光学元件以及配件箱组成.

（二）组合式光学实验仪配件

1. 光源：半导体激光器，波长 650 nm，功率 2.0 mW 左右，直流工作电压 3 V，有可调焦镜头.

2. 起偏器 1 个，检偏器 1 个，1/4 波片 1 个，1/2 波片 1 个，其外转盘可 360° 自由转动和读数，分辨率 1°.

3. 凸透镜 1 个，焦距 8 cm 左右；凹透镜 1 个，焦距 10 cm 左右；带光阑凸透镜 1 个，焦距 150 mm 左右.

4. 带转盘的狭缝，缝宽 0.03~0.04 mm，转盘可以 360°转动，角度分辨率 1°.

5. 测微目镜：量程 0~6 mm，分度值 0.01 mm，放大倍率 20 倍.

6. 激光功率计，探测器采用硅光电池，感光面积 10 mm×10 mm. 测量范围 4 挡：2 mW 挡，分度值 0.001 mW；200 μW 挡，分度值 0.1 μW；20 μW 挡，分度值 0.01 μW；2 μW 挡，分度值 0.001 μW，有调零装置.

7. 光学面包板规格：外形尺寸 1 m×1 m，厚度 55 mm，板上有 M6 螺孔阵列，孔距 25 mm.

8. 磁性开关底座 7 个，外立柱高度 75 mm 左右，不锈钢立柱直径 12 mm.

9. 微调升降杆（配磁性底座）3 个，外立柱外直径 32 mm，外立柱高度 100 mm，不锈钢立柱直径 12 mm，微调升降范围 109~159 mm；

10. 水平微调立柱 2 个，一个微调范围 0~13 mm，分辨率 0.002 mm，精度 0.005 mm，最小刻度 0.01 mm；另一个微调范围 0~25 mm，分辨率 0.002 mm，精度 0.005 mm，最小刻度 0.01 mm.

（三）注意事项

1. 严禁直接用眼睛观察激光束，以免对视网膜造成损伤.
2. 不要用手指触摸元件光学面，如透镜和棱镜等.
3. 在实验过程中，应尽可能消除杂散光的影响.
4. 长期不使用光学元件时，应将其存放在配件箱中，同时在磁性开关底座底部涂抹一些油以防止生锈.
5. 清洁光学元件时，应使用专用纸或专用镜头布擦拭，以免损坏光学元件表面.

第二编　基础性与综合性实验

基础性实验是对物理学基本概念和定律的验证和实验探究，旨在让学生了解物理学的基础理论，学习基本仪器的使用、基本实验技能和基本测量方法以及数据处理方法，掌握实验科学的思想和方法. 综合性实验则涉及多个领域的知识，需要综合运用多种物理学知识和方法，探究复杂的物理现象或现实问题，提高学生对实验方法和实验技术的综合应用能力.

本部分涵盖了力学与热学实验、电磁学实验、光学实验、近代物理实验，通过这些实验探究，学生能够深入了解涉及的物理学概念和原理，掌握长度、质量、时间、温度、电压、电流、磁感应强度、光强、折射率、电子电荷等常用物理量的测量，了解比较法、转换法、放大法、补偿法、衍射法等常用的研究方法，掌握螺旋测微器、电桥、信号发生器、示波器、分光计、光谱仪等实验设备的使用方法，以及零位调整、光路共轴调整、视差消除、电路故障检测与排查等常用仪器调节手段.

第四章
力学与热学实验

实验 1 落球法测量液体黏滞系数

相互挤压接触的物体间产生相对运动或相对运动趋势时，接触面间会产生阻碍运动或运动趋势的摩擦力．在流体中，分子间也会产生阻碍相对运动的内摩擦力，这种性质称为黏滞性，相应的内摩擦力称为黏滞力．在现实中，黏滞性的影响非常普遍，比如水管里水的输送，血管里血液的流动，雨滴的下落等，规律都与流体黏滞性密切相关．黏滞系数是体现流体黏滞性强弱的特征参数．本实验通过对一个刚性小球在液体中的下落运动的观测，测量黏滞系数．本实验原理简洁，现象清晰，设计简单而适用范围广，是一个有代表性的物理实验设计的优秀案例．

一、实验目的

落球法测量黏滞系数

1．观察刚体小球在油中的运动，理解黏滞性对液体中的物体运动的作用；

2．掌握螺旋测微器、游标卡尺、比重计、温度计等基本仪器的使用；

3．掌握斯托克斯公式，并测量油的黏滞系数．

二、实验仪器

ZKY-NZ 变温黏滞系数实验仪、螺旋测微器、游标卡尺、比重计、秒表、温度计、米尺，以及不同尺寸的小球 2 个．

实验所用的黏滞系数、实验仪如图 4.1.1 所示．中间玻璃管筒盛放测量的油，管筒的壁上刻有均匀刻度，用来辅助观察、测量小球下落的距离．仪器底座有四个调平旋钮，用来调整管筒竖直摆放；通过管筒上方的落球小孔放入小球，小球沿管筒中轴竖直下落．

比重计是利用浮力原理制成的一种直接测量液体密度的器具. 在玻璃管的下端装有铅粒，用来调整比重计的测量范围和定标. 图 4.1.2 所示的比重计玻璃管的侧面标有分度值，刻度从 0.700～1.000，最小分度值为 0.005 g/cm^3，用于测量密度小于水的液体的密度. 比重计浸入液体中，不允许靠壁. 在重力与浮力相平衡时，比重计静止地浮在液体中. 这时，从标尺刻度值便可读出液体的密度.

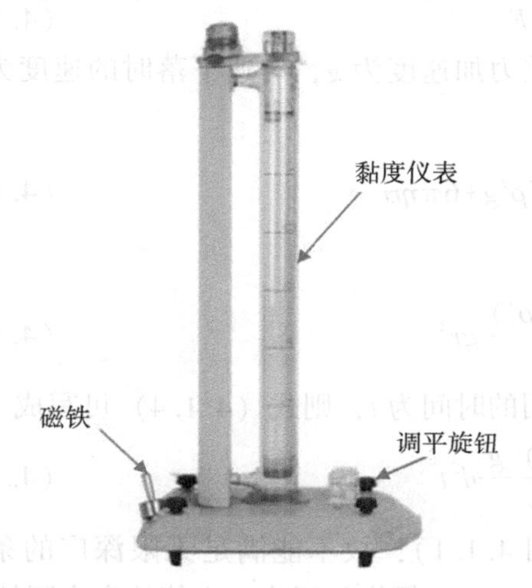

图 4.1.1　ZKY-NZ 变温黏滞系数实验仪

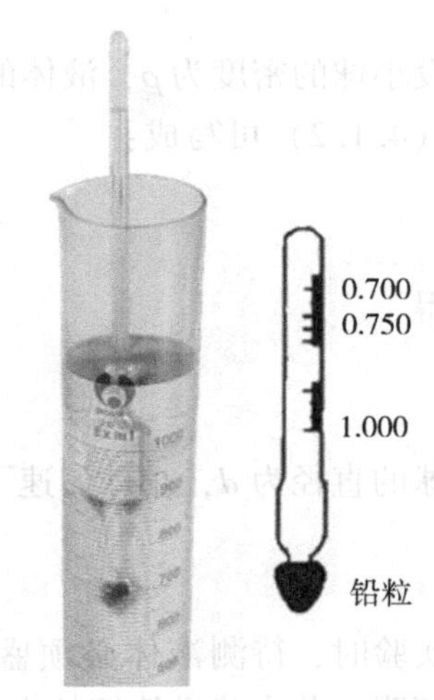

图 4.1.2　比重计

三、实验原理

如图 4.1.3 所示，如果半径为 r 的光滑金属小球在液体中以速度 v 运动，它将受到三个竖直方向的力. 如果液体无限深广，在小球下落速度 v 较小的情况下，其阻力为

$$F=6\pi\eta rv \tag{4.1.1}$$

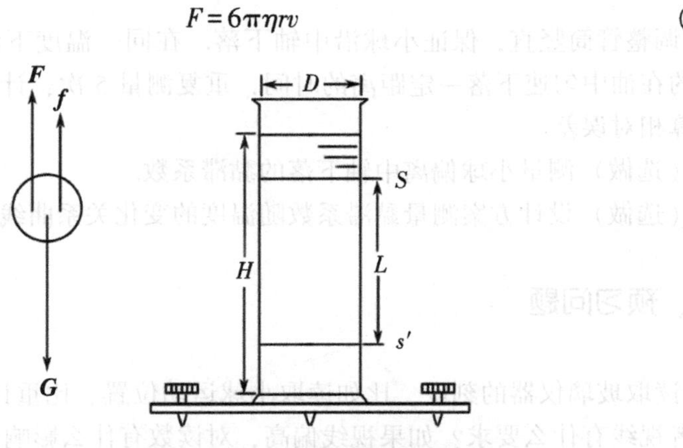

图 4.1.3　小球受力分析及测量装置的示意图

上式称为斯托克斯公式，其中 η 称为液体的黏滞系数，在国际单位制中 η 的单位是 Pa·s（帕斯卡·秒），在厘米克秒单位制（即 CGS 单位制）中 η 的单位是 g/（cm·s），或用专门的名称——泊，常用 P 表示，1 Pa·s = 10 P. 小球开始下落时，由于速度较小，所以阻力 F 也不大. 但是，随着下落速度的增大，阻力将随之增大. 当重力 G 与浮力 f 和阻力 F 达到平衡时，小球匀速下落. 有

$$G=f+F \tag{4.1.2}$$

设小球的密度为 ρ，液体的密度为 ρ'，重力加速度为 g，匀速下落时的速度为 v_t，则式（4.1.2）可写成：

$$\frac{4}{3}\pi r^3\rho g=\frac{4}{3}\pi r^3\rho' g+6\pi\eta r v_t \tag{4.1.3}$$

解之得

$$\eta=\frac{2(\rho-\rho')}{9v_t}gr^2 \tag{4.1.4}$$

设小球的直径为 d，小球匀速下落距离 L 所用的时间为 t，则式（4.1.4）可写成

$$\eta=\frac{(\rho-\rho')g}{18L}d^2t \tag{4.1.5}$$

实验时，待测液体必须盛于容器中（图 4.1.1），故不能满足无限深广的条件. 实验证明，若小球沿管筒的中轴下落，式（4.1.5）须作如下修正方能符合实际情况：

$$\eta=\frac{(\rho-\rho')g}{18L}d^2t\frac{1}{\left(1+2.4\frac{d}{D}\right)\left(1+1.6\frac{d}{H}\right)} \tag{4.1.6}$$

式中，D 为容器内径，H 为液柱高度. 测出式（4.1.6）等号右边各量，就可以求得黏滞系数 η.

四、实验内容

1. 调整管筒竖直，保证小球沿中轴下落. 在同一温度下测量 2 个不同尺寸的刚性小球的在油中匀速下落一定距离的时间，重复测量 5 次，计算该温度下油的黏滞系数，计算相对误差.

2. （选做）测量小球偏离中轴下落的黏滞系数.

3. （选做）设计方案测量黏滞系数随温度的变化关系曲线.

五、预习问题

1. 读取玻璃仪器的刻度，比如读取小球运动位置、比重计刻度和温度计刻度时，对观察者视线有什么要求？如果视线偏高，对读数有什么影响？

2. 如何判断小球做匀速运动？

六、实验步骤与数据记录

（一）仪器调整和相关参数测量

1. 借助于水平仪，调节仪器底盘上的调平旋钮（图 4.1.1），将黏滞系数实验仪液柱调至竖直位置. 从落球孔放入小球，确保小球沿液柱中轴下落，小球下落后用磁铁吸出小球.

2. 用比重计测量油的密度 ρ'，用钢尺测出小球匀速下落的距离 L、油柱深度 H，用游标卡尺测出管筒内径 D，小球的密度 ρ 由实验室给出.

（二）测量小球匀速下落时间

1. 用螺旋测微器测量小球的直径 d，重复 5 次，同时记录零点偏差 d_0.

2. 用温度计测量实验开始时的油温 T_1.

3. 用电子秒表测量小球经过距离 L 所需的时间 t，重复 5 次.

4. 用温度计测量实验结束时的油温 T_2，以实验开始前后的温度的平均值 T_{Ave} 为本次测量的温度.

更换另一小球，完成同样的测量.

表 4.1.1 黏滞系数实验测量数据

ρ'：________$\mathrm{g\cdot cm^{-3}}$；ρ：________$\mathrm{g\cdot cm^{-3}}$；L：________cm；H：________cm；D：________cm；
T_1：________℃；T_2：________℃；T_{Ave}：________℃；d_0：________mm

测量次数	1	2	3	4	5	平均值
d/cm						
t/s						

（三）数据处理

1. 将数据代入修正公式（4.1.6），求出液体的黏滞系数 η_1 和 η_2. 根据附录四黏滞系数随温度的变化数据读取实验温度下黏滞系数的理论值，根据理论值分别计算 2 个小球测量的相对误差，分析测量结果.

2. 根据式（4.1.5），计算黏滞系数 η_1 的不确定度，正确表示测量结果.

（四）（选做）略微倾斜下落实验

1. 调整调平旋钮，使管筒向一边略微倾斜，小球下落时明显偏离中轴而不触碰侧壁. 重复实验. 与中轴下落的测量结果对比，并简述偏差原因.

2. 设计方案研究小球直径、油温对黏滞系数的影响.

七、注意事项

1. 实验时液体中应无气泡；

2. 观察小球通过管筒标志线时，视线必须水平，以减小误差；

3. 实验所用蓖麻油黏滞系数与温度的关系如图 4. 1. 4 所示.

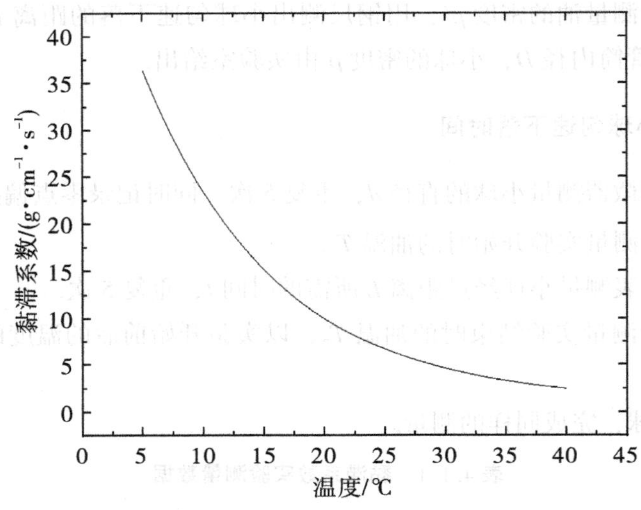

图 4. 1. 4 蓖麻油黏滞系数—温度关系图

八、思考题

1. 如果在液体的底部放置一个密度小于油的密度的小球. 当小球释放时，小球将在浮力作用下上浮，此方法称为升球法. 试推导理想情况下，升球法的黏滞系数计算公式.

2. 关于物体的下落快慢，亚里士多德曾经提出重的物体比轻的物体下落快；而伽利略曾做过一个理想的重力实验，证明在重力作用下重的物体和轻的物体下落速度一致. 请了解这段历史，并说明流体黏滞阻力对实验的影响. 如果在本实验中将 2 个小球粘住放入油中，对比单个小球下落，会出现什么现象？请解释现象的原理.

黏 性

黏性，描述的是流体抗拒形变的能力，是一个兼具“科学性”与“直观感受”的流体性质. 1686 年，牛顿提出了著名的“内摩擦定律”——流体的内摩擦力（即黏性力）的大小与流体的黏滞系数有关，并与流体的速度梯度和接触面积成正比，从而给出了黏性的科学定义. 大约两百年之后，英国物理学家雷诺通过经典的流体染色实验发现黏度更低的流体更容易趋向于某种混乱的、弯曲的流动，也就是我们后来熟知的湍流. 著名的物理学家索末菲在第四届国际数学大会上第一次明确以“雷诺数”命名了流体力学中最重要的无量纲数，而黏性系数便是雷诺数中的分母. 黏性的概念的日常应用范围非常广，不仅应用在液体、气体的运动中，还扩展到诸如流沙、冰川等地理运动；作为一个区分固体和流体的概念，更加扩展到了人文社会科学里面对稳固性和流动性的描述.

实验 2 伸长法测量杨氏模量

材料受外力作用时必然发生形变，在弹性范围内，其应力（单位面积上受力大小）和应变（相对形变）的比值称为弹性模量，这是衡量材料受力后形变大小的参数之一，是设计各种工程结构时选用材料的主要依据之一. 如果应力使物体长度发生拉伸或压缩形变，则对应的弹性模量称为杨氏模量. 杨氏模量的测量方法有动态法与静态法，本实验所用的伸长法是静态法的一种，常用的静态法还有梁弯曲法. 本实验用显微镜对微小形变量进行直接测量，并学习采用作图法进行数据处理.

一、实验目的

伸长法测量杨氏模量

1. 掌握用伸长法测量材料杨氏模量的原理和方法；
2. 掌握作图法处理数据的方法.

二、实验仪器

LY-2 型杨氏模量测量仪、螺旋测微器. 实验装置如图 4. 2. 1 所示.

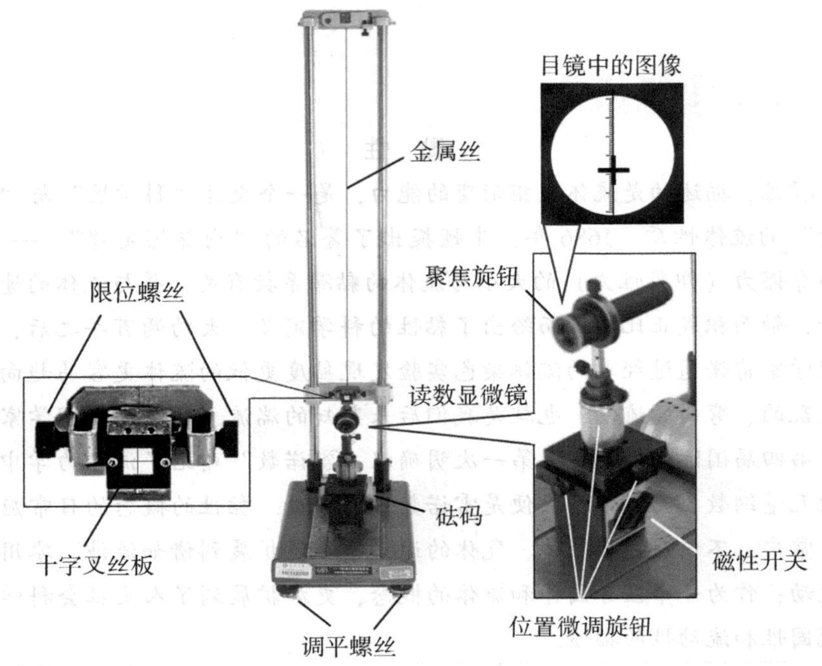

图 4.2.1　LY-2 型杨氏模量测量仪

三、实验原理

（一）杨氏模量

长度为 L、横截面为 S 的各处均匀的物体沿长度方向受力 F 作用时，会有长度变化 δL. 由胡克定律知，在弹性形变的范围内，相对形变量 $\delta L/L$（称应变）与单位面积上的作用力 F/S（应力）成正比，于是有

$$\frac{\delta L}{L}=\frac{1}{E}\cdot\frac{F}{S} \tag{4.2.1}$$

式中，E 称作杨氏模量. 由上式得

$$E=\frac{FL}{S\delta L} \tag{4.2.2}$$

（二）测量原理

如图 4.2.1 所示，在悬挂的金属丝下端连着十字叉丝板和砝码盘，当盘中加上质量为 m 的砝码时，金属丝所受的拉力增大，增量为

$$\delta F=mg \tag{4.2.3}$$

在这个力的作用下金属丝产生了 δL 的拉伸形变，十字叉丝随着金属丝的伸长同样下降 δL. δL 通过读数显微镜直接测量，刻度最小分度为 0.05 mm.

设金属丝的直径为 d，金属丝截面积 $S=\frac{1}{4}\pi d^2$，将 S 及式（4.2.3）代入式（4.2.2），得

$$E=\frac{4mgL}{\pi d^2\delta L} \tag{4.2.4}$$

测出 δL 即可得到杨氏模量 E.

四、实验内容

1. 使用拉伸法测量金属丝的杨氏模量；
2. 使用作图法处理数据.

五、预习问题

1. 如果金属丝在测量前存在局部扭曲，测量时可能出现什么现象？如何降低影响？
2. 如何快速找到十字叉丝？

六、实验步骤与数据记录

(一) 仪器调节

1. 调松十字叉丝板限位螺丝，调节底座上的调平螺钉，使十字叉丝板居中自由悬挂并且不旋转.

2. 移动读数显微镜，调整聚焦，使显微镜的刻度线和十字叉丝板的叉丝清楚对齐，十字叉丝初始偏离 0 刻度线 1~2 个刻度的位置.

(二) 测量金属丝的伸长量

在砝码盘上逐次加上 200 g 的砝码，共加 9 次. 记录对应的读数为 c_i（$i=0$，1，2，…，8，9，c_0 为初始位置）. 再将所加的砝码逐个减去，记下对应的读数为 c'_i（$i=1$，2，…，8，9），并将两对应读数 c_i 与 c'_i 求平均值，$\overline{c_i}=\frac{c_i+c'_i}{2}$（$i=8$，7，…，1，0），数据填入表 4.2.1.

（三）测量金属丝的直径

用螺旋测微器在金属丝的不同位置测量直径 d 共 5 次，求平均值，填入表 4.2.1.

表 4.2.1　金属丝杨氏模量测量数据

d/mm	零点修正	1	2	3	4	5	平均值

m_i/kg		加砝码 c_i/mm		减砝码 c'_i/mm		$\overline{c_i}=(c_i+c'_i)/2$ /mm		$\delta L=\overline{c_i}-\overline{c_0}$	
m_0		c_0		c'_0		$\overline{c_0}$			
m_1		c_1		c'_1		$\overline{c_1}$		δL_1	
m_2		c_2		c'_2		$\overline{c_2}$		δL_2	
m_3		c_3		c'_3		$\overline{c_3}$		δL_3	
m_4		c_4		c'_4		$\overline{c_4}$		δL_4	
m_5		c_5		c'_5		$\overline{c_5}$		δL_5	
m_6		c_6		c'_6		$\overline{c_6}$		δL_6	
m_7		c_7		c'_7		$\overline{c_7}$		δL_7	
m_8		c_8		c'_8		$\overline{c_8}$		δL_8	
m_9		c_9							

（四）数据处理

1. 由式（4.2.4）得

$$\delta L=\frac{4gL}{\pi d^2 E}m \qquad (4.2.5)$$

2. 以 m 为横坐标、δL 为纵坐标作图，并进行线性拟合，求斜率 k. 金属丝长度 L、本地重力加速度（如广州地区的重力加速度 $g\approx 9.788\ \mathrm{m/s^2}$）由实验室给出，根据

$$k=\frac{4gL}{\pi d^2 E}$$

求出杨氏模量 E.

七、注意事项

1. 测量时限位螺丝仅插入凹槽限制十字叉丝板的旋转运动，不能锁死；
2. 从显微镜目镜里观察，位于分划板上的刻度尺与十字叉丝的竖线平行，才能测量；
3. 测量金属丝直径时，需要在不同高度、不同方向进行测量.

八、思考题

1. 杨氏模量测量中，微小伸长量除了可以采用显微镜来进行测量外，还可以采用光杠杆的方法进行测量，请了解并说明其原理.

2. 为什么要分别测量加、减砝码时金属丝的伸长量，并用其平均值进行计算？

物理史话

杨氏模量与托马斯·杨

杨氏模量是由英国物理学家托马斯·杨（Thomas Young，1773—1829）（图4.2.2）首次引入的概念，用以描述固体在力的作用下的形变. 托马斯·杨在物理上有诸多建树，比如，设计了杨氏双缝干涉实验，为光的波动说奠定了基础；首次测量了7种光的波长，最先建立了三原色原理；提出了托马斯·杨方程描述表面张力与接触角的关系等. 当然，托马斯·杨的贡献并不局限于光波学说方面，他在生理学、艺术、机械、医学、语言、考古、保险等领域均有所涉猎，并且建树甚广，是和阿基米德、牛顿和欧拉等并肩的全才. 因此，托马斯·杨被誉为“the last man who knew everything”.

图4.2.2 托马斯·杨

实验3　弦上驻波特性实验

驻波是波的一种干涉现象，在管、弦、膜、板等多种振动中普遍存在. 驻波在声学、无线电学和光学等学科中都有重要的应用，可以借助于它来确定振动系统的固有频率，或测量波长等. 本实验介绍了一种利用驻波原理测量音叉频率的方法.

一、实验目的

1. 理解驻波的性质和形成条件；
2. 利用驻波法测量音叉的频率.

弦振动实验
研究驻波

二、实验仪器

电音叉、弦线、定滑轮、米尺、砝码、钩码和电子天平.

如图 4.3.1 所示，弦线的一端固定在音叉上，另一端跨过定滑轮，挂上砝码，使弦线具有一定的张力. 调节起振螺丝位置和簧片产生尖端放电，可以使音叉产生振动.

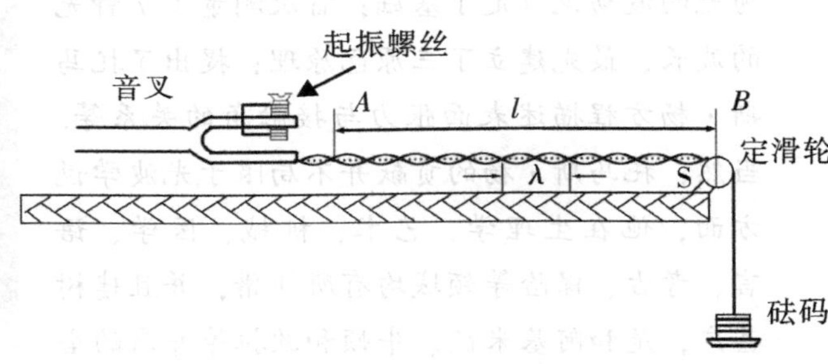

图 4.3.1　弦振动实验装置

三、实验原理

当音叉振动时，弦线也随之振动，形成了沿弦线传播的行波（横波），波的频率与音叉的频率相同. 当由音叉振动产生的波动传至弦线与定滑轮 S 的接触点 B 时，产生了反射，形成了反射波. 于是弦线上同时有前进波和反射波，这两列波的振动方向相同、频率相同、相差恒定，是满足相干条件的相干波，在波的重叠区将会发生波的干涉现象，即驻波. 当弦线长度为半波长的整数倍时，即

$$l=n\cdot\frac{\lambda}{2} \qquad (4.3.1)$$

弦线上形成的驻波振幅最大也最稳定.

观察弦线上的驻波，振动的幅度最大的地方称为波腹，振动的幅度为零的地方称为波节. 相邻两个波节（或波腹）之间的距离为半个驻波波长.

在一根绷紧的弦线上，若其张力为 T，弦线的线密度（即单位长度的线的质量）为 ρ，则沿弦线传播的横波应满足下述运动方程：

$$\frac{\partial^2 y}{\partial t^2}=\frac{T}{\rho}\frac{\partial^2 y}{\partial x^2} \tag{4.3.2}$$

式中，x 为波在传播方向（与弦线平行）上的位置坐标，y 为振动位移. 将上式与简谐波的波动方程

$$\frac{\partial^2 y}{\partial t^2}=V^2\frac{\partial^2 y}{\partial x^2} \tag{4.3.3}$$

比较可得

$$V^2=\frac{T}{\rho} \tag{4.3.4}$$

即

$$V=\sqrt{\frac{T}{\rho}} \tag{4.3.5}$$

由波动学知道，波的传播速度 V 与频率 υ 和波长 λ 之间有如下关系：

$$V=\lambda\upsilon \tag{4.3.6}$$

由式（4.3.1）、式（4.3.5）和式（4.3.6）可得振动频率为

$$\upsilon=\frac{n}{2l}\sqrt{\frac{T}{\rho}} \tag{4.3.7}$$

假设弦线的质量与砝码相比可忽略，滑轮的摩擦力也可忽略，则弦线所受张力为

$$T=Mg \tag{4.3.8}$$

式中，M 为所加砝码与钩码的总质量，g 为重力加速度. 弦线的线密度为

$$\rho=\frac{m}{L} \tag{4.3.9}$$

式中，m 为弦线的质量，L 为弦线的长度. 将式（4.3.8）、式（4.3.9）代入式（4.3.7），可得

$$\upsilon=\frac{n}{2l}\sqrt{\frac{MgL}{m}} \tag{4.3.10}$$

通过实验测量上式右边各量，就可求出音叉振动频率 υ.

四、实验内容

1. 利用驻波法测量音叉的频率；
2. （选做）利用驻波法测量介质弦线上振动的传播速度.

五、预习问题

测量时，驻波的个数 n 是多一些好还是少一些好？请通过实验观察解释.

六、实验步骤与数据记录

（一）驻波的产生

1. 用米尺量出弦线长度 L，用电子天平称出弦线的质量 m，记下音叉的标准频率 ν.

2. 用螺钉把弦线的一端固定在音叉的一个臂上，然后跨过定滑轮，在弦线的另一端悬挂钩码，调节定滑轮高度及方向使悬线与之相切，且使悬线与桌面平行.

3. 接通电音叉的电源，仔细调节起振螺丝使音叉获得最大的振幅.

4. 调节音叉到定滑轮间的距离，使弦线上形成振幅最大且稳定的驻波.

（二）音叉频率测量

1. 在钩码上挂上适当的砝码，调节音叉到定滑轮间的距离，使在弦线上形成振幅最大且稳定的驻波.

2. 用米尺测出与音叉相邻的第一个波节到定滑轮顶端的最后一个波节（即 n 个波腹）的长度 l. 为准确起见，l 值应测量 5 次，取平均值 $\bar{l}$ 每次都应较大幅度地移动音叉，并重新获得振幅较大且波形稳定、波数相同的驻波后再测量. 记下砝码与钩码的总质量 M.

3. 重复测量 3 组不同质量砝码下的驻波特性，计算音叉频率.

4. 选取一组较准确的音叉频率计算相对误差和不确定度，正确表示结果.

表 4.3.1　音叉频率测量数据

<table>
<tr><td>弦线长度 L/mm</td><td colspan="2"></td><td colspan="2">弦线质量 m/g</td><td></td><td>音叉频率 ν/Hz</td><td></td></tr>
<tr><td>砝码与钩码
总质量 M/g</td><td>波腹数量 n</td><td colspan="5">波腹长度 l/mm</td><td>$\bar{l}$/mm</td></tr>
<tr><td></td><td></td><td></td><td></td><td></td><td></td><td></td><td></td></tr>
<tr><td></td><td></td><td></td><td></td><td></td><td></td><td></td><td></td></tr>
<tr><td></td><td></td><td></td><td></td><td></td><td></td><td></td><td></td></tr>
</table>

（三）（选做）研究振动在不同介质弦线上的传播

1. 选取同一密度的弦线，改变张力，根据测量出来的频率，用驻波法测量波的传播速度；

2. 选取不同密度的弦线，固定弦线张力，用驻波法测量波的传播速度；

3. 总结波的传播速度与弦线张力、弦线密度的关系，并与理论值作比较.

七、注意事项

1. 调节音叉起振时，当起振螺丝快要接近簧片时，旋进速度要慢．在一个很小的调节范围内，音叉起振将由弱到强再变弱消失．

2. 实验时要注意保证弦线与定滑轮相切．

八、思考题

分析实验中哪些因素可能带来较大的误差？

物理史话

振动模式的发现

弦振动问题来自对琴弦振动的研究．比如小提琴演奏时，弓只接触弦的一小段，但为什么产生的振动却能传播到整根琴弦呢？微积分提出后，约翰·伯努利在1727年建立了一个由质点组成的无重量的弹性弦模型，得到弦的简谐振动方程．他的儿子丹尼尔·伯努利（Daniel Bernoulli，1700—1782）（图4.3.2）继续研究弦振动的时候提出了一个重要的观点："振动弦的许多模式能够同时存在"，认为"任何复杂的振动都可以分解成一系列谐振动之和"．在这一过程中，欧拉、达朗贝尔等著名的科学家也参与了探讨．这些研究影响了后来的傅里叶．他在《热的解析理论》里面用三角函数给出了任意周期函数的描述，即著名的傅里叶级数和傅里叶积分．这一重要的进展奠定了现代信号分析基础，也开创了傅里叶分析这一近代数学的重要分支．

图4.3.2　丹尼尔·伯努利

弦振动的问题是一个从艺术爱好催生科学研究的一个典型例子．在这一过程中，科学家们在深入观察、思考、争论、辩驳中产生火花，进而催生出新的思想，展现了科学交流对推动科学发展的重要意义．

实验4　空气中声速的测量

声学涉及的范围非常广，从大气、海洋、地壳等宏观世界，到分子、原子等微观世界，都有声波的传播. 声学研究的频段很宽，虽然人耳能听到声音的频率范围是 20 Hz~20 kHz，但是目前声学研究的超声和特超声频率可高达 10^{12} Hz，次声频率低至 10^{-4} Hz. 声波穿透能力极强，能穿透各种气体、液体、固体、等离子体等，利用声波与物质相互作用可以观测微观世界. 因此，声波可以成为水下战争的耳目，地球体温表，海洋温度场和流速场的透视机，灾害性天气的预报员等. 声学的应用，如医学上的超声检查和治疗、工业上的超声加工和处理、生活中的噪声防治、机器辨音、语言模拟、电话翻译和美声享受等，对我们日常生活产生了很大的影响. 声速是描述声波在介质中传播特性的基本物理量，本实验将采用多种方法测量空气中声波传播的声速.

一、实验目的

空气中声速的测量（上）

1. 了解信号发生器产生连续波、脉冲波，学会使用双踪示波器；
2. 掌握超声波在不同介质中传播速度的测量方法，学会逐差法数据处理；
3. 理解驻波和振动合成理论，加深对共振极值法、李萨如图形的认识；
4. 了解压电换能器的功能，培养综合使用仪器的能力.

二、实验仪器

综合声速测定仪的信号源、双踪数字示波器、压电陶瓷换能器2件（发送端、接收端）、鼓轮读数机构等.

（一）综合声速测定仪的信号源

控制界面包含三部分，具体功能分区如图 4.4.1 所示.

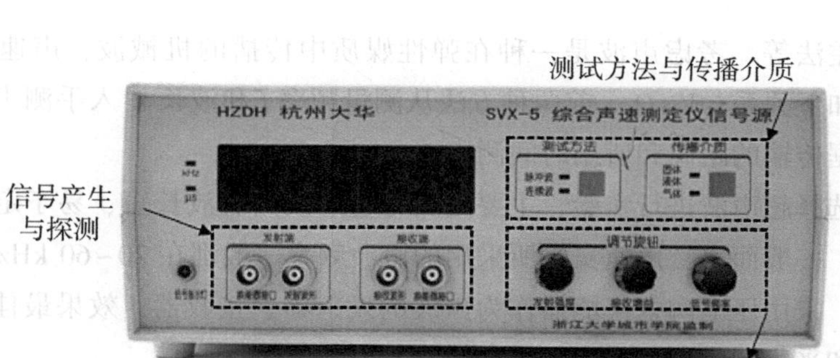

图 4.4.1　综合声速测定信号源装置

（二）压电陶瓷换能器

压电效应是指材料在机械能（应变或压力）作用下转换为电能的效应；逆压电效应是指在电场作用下，材料发生机械应变的效应．微观层面的原理如图 4.4.2（a）和（b）所示，在外界应变作用下，发生原子的正负电中心不重合引起极化，材料两端面出现电位差．本实验所用压电换能器为纵向（振动）换能器，由两只完全相同的压电陶瓷组成．实验中，通过低频信号发生器控制换能器，信号发生器的输出频率就是超声波频率，接收端为相同的压电换能器，能够将超声振动信号转换为相当频率电压信号．换能器结构图和实物图分别如图 4.4.2（c）和（d）所示．

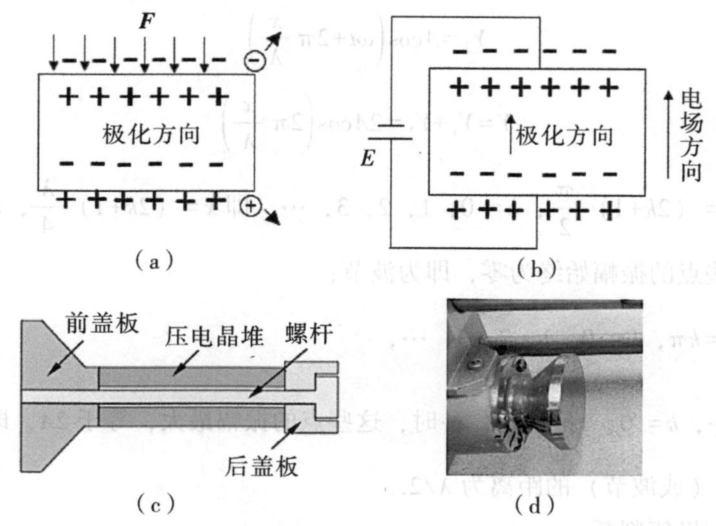

图 4.4.2　换能器工作原理、结构图和实物图

三、实验原理

空气中声速的测量方法有很多，主要包括干涉法（共振极值法或驻波法）、相位

比较法和时差法等. 考虑声波是一种在弹性媒质中传播的机械波，声速和声源的频率、波长有如下关系：$V=f\lambda$. 前两种方法从测量频率f和波长λ入手测声速. 对于脉冲波，则根据传输的距离和所用时间测声速：$V=L/t$.

本实验选择超声波进行实验，主要是因为超声波具有波长短、易于定向发射及抗干扰等优点. 一般而言，声速实验所采用的声波频率一般都在 20～60 kHz 之间. 在此频率范围内，采用压电陶瓷换能器作为声波的发射器、接收器，效果最佳，可以通过示波器观察和采集图像.

（一）干涉法（驻波法）

1. 驻波的产生.

将换能器的接收面与发射面保持严格平行，由发射器（发射换能器）发出的平面波，经空气传播到相距一定距离的接收器（接收换能器）. 入射波在接收面上被垂直反射回来，在发射面与反射面之间，往返的声波在空气中多次叠加，产生定域干涉.

设沿X轴正向传播的入射波和负向传播的反射波的波动方程分别为Y_1和Y_2，则可得叠加后的驻波方程为

$$Y_1=A\cos\left(\omega t-2\pi\frac{x}{\lambda}\right) \tag{4.4.1}$$

$$Y_2=A\cos\left(\omega t+2\pi\frac{x}{\lambda}\right) \tag{4.4.2}$$

$$Y=Y_1+Y_2=2A\cos\left(2\pi\frac{x}{\lambda}\right) \tag{4.4.3}$$

当$2\pi\frac{x}{\lambda}=(2k+1)\frac{\pi}{2}$，$k=0, 1, 2, 3, \cdots$，即$x=(2k+1)\frac{\lambda}{4}$，$k=0, 1, 2, 3, \cdots$时，这些点的振幅始终为零，即为波节；

当$2\pi\frac{x}{\lambda}=k\pi$，$k=0, 1, 2, 3, \cdots$，

即$x=k\frac{\lambda}{2}$，$k=0, 1, 2, 3, \cdots$时，这些点的振幅最大，等于$2A$，即为波腹.

相邻波腹（或波节）的距离为$\lambda/2$.

2. 声压与极值判断.

声波是纵波，根据波动理论，接收端在波节时，声压最大，转换后的电压也最大. 声压的极大值会随发送与接收端距离呈周期性变化，当相邻两声压极大值间的距离为$\lambda/2$整数倍时，接收端可连续看到两次波形极大值（V_{pp}最大）. 摇动鼓轮改变发射面与接收面之间距离，则在一系列特定的距离上，可测得接收信号幅值为极大值的位置.

任意两个相邻的极大值之间的距离为

$$\Delta L = L_{k+1} - L_k = (k+1)\frac{\lambda}{2} - k\frac{\lambda}{2} = \frac{\lambda}{2} \tag{4.4.4}$$

当发射端与接收端之间的距离 L 连续改变时，接收端信号幅度（V_{pp}）呈现周期性的变化，由标尺记录 ΔL 并测得声波波长 λ，由 $\lambda \cdot f$ 即可得声速.

（二）相位比较法

发射端产生超声波，经由介质传播一定距离 ΔL 到达接收端，此时发射端声波与接收端声波频率相同，但存在一定的相位差 $\Delta\varphi$.

$\Delta\varphi$ 和角频率 ω、传播时间 t 之间有如下关系：

$$\Delta\varphi = \omega t$$

同时 $\omega = \frac{2\pi}{T}$，$t = \frac{\Delta L}{V}$，$\lambda = TV$（T 为周期，V 为波速），由此发射波和接收波之间产生相位差 $\Delta\varphi$：

$$\Delta\varphi = 2\pi\frac{\Delta L}{\lambda} \tag{4.4.5}$$

实验时，通过改变发射器与接收器间的距离，可观察到相位的变化．当相位差改变 2π 时，相应的距离变化为一个波长．若将发射端和接收端波形分别接入示波器 CH1 和 CH2 通道，示波器处于李萨如图形模式．如图 4.4.3 所示．

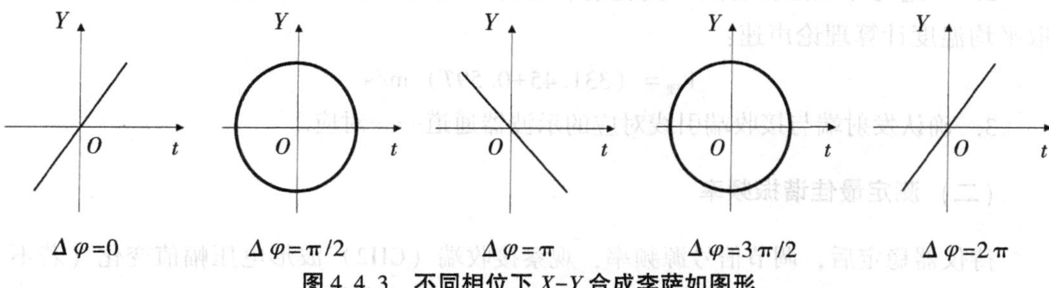

图 4.4.3　不同相位下 X-Y 合成李萨如图形

（三）时差法

信号源信号模式为脉冲波，声波在介质中的传输，经过时间 t 后，到达距离间隔 L 处的接收端．由运动定律可知，速度（V）与运动路程 L 和时间 t 有关，即

$$V = L/t$$

若测量出声波在介质中的传播距离，此实验中对应发射平面到接收平面之间距离，以及该距离对应的时间 t，即可算出当下介质中的声速.

四、实验内容

1. 使用相位法测量声速；
2. 使用干涉法测量声速；
3. 使用时差法测量声速.

五、预习问题

1. 如何判断声速测定仪的信号源是否处于最佳工作状态？
2. 驻波中各质点振动时振幅与位置有何关系？

六、实验步骤与数据记录

空气中声速的测量（下）

（一）仪器预热与声速理论值的确定

1. 开机预热仪器 10 min，确认信号源工作模式调节到“连续波”状态；

2. 声速与介质温度有关，实验前、后都要读取室温 T（℃），取平均温度计算理论声速：

$$V_{理}=(331.45+0.59T)\ \mathrm{m/s}$$

3. 确认发射端与接收端引线对应的示波器通道一一对应.

（二）测定最佳谐振频率

待仪器稳定后，调节信号源频率，观察接收端（CH2）波形电压幅值变化（若不稳定，可调节电压与时间增益，或直接自动设置）. 波形电压幅值达到最大时的频率即谐振频率点（若波形畸变，可适当调小发射波强度、接收增益旋钮）. 记录此时频率 f. 改变接收端位置. 重复上述调整，共 5 次，取平均值 $\overline{f_N}$，并将信号源频率调整到该值.

表 4.4.1　最佳工作效率

次数 i	1	2	3	4	5	平均频率 $\overline{f_N}$
f/kHz						

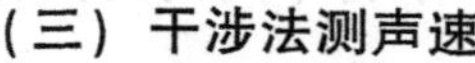

（三）干涉法测声速

关闭示波器 CH1 通道，仅保留 CH2 通道波形．按示波器【Auto setup】按键，让波形自适应稳定．连续转动微调鼓轮（必须沿着一个方向移动）改变接收端位置，在示波器上观察波形的幅值变化．测量相继出现 10 个极大值所对应的接收端位置读数，填表 4.4.2 使用逐差法处理数据．

表 4.4.2 干涉法

标尺读数/mm		相距 5 个 $\lambda/2$ 距离/mm
$X_1=$	$X_6=$	$\Delta X_1=$
$X_2=$	$X_7=$	$\Delta X_2=$
$X_3=$	$X_8=$	$\Delta X_3=$
$X_4=$	$X_9=$	$\Delta X_4=$
$X_5=$	$X_{10}=$	$\Delta X_5=$

（四）相位法测声速

适当调节示波器 X 轴和 Y 轴的灵敏度（单位 V/div），让波形在示波器界面合适显示，按下【Acquire】键，接着选择【X-Y 开启】键，利用李萨如图形观察相位差．连续调节接收端位置（必须沿着一个方向移动），测量相继出现 10 个斜率为正（或 10 个斜率为负）直线时相应的接收端位置，填表 4.4.3 用逐差法处理数据，计算波长．

表 4.4.3 相位法

标尺读数/mm		相距 5 个 λ 距离/mm
$X_1=$	$X_6=$	$\Delta X_1=$
$X_2=$	$X_7=$	$\Delta X_2=$
$X_3=$	$X_8=$	$\Delta X_3=$
$X_4=$	$X_9=$	$\Delta X_4=$
$X_5=$	$X_{10}=$	$\Delta X_5=$

（五）时差法测声速

调节信号源的工作模式为“脉冲波”．改变接收端的位置，观察并确认时间读数是否稳定，若不稳定，调节接收增益使其稳定．转动鼓轮调节接收端位置（必须沿着一个方向移动），均匀移动接收面位置为 10 mm，观察时间窗口的数字，等其稳定并及时记录. 重复操作，记录 10 组数据，用逐差法处理数据，求得平均的时间差值，由公式计算声速.

（六）数据处理计算相对误差

与理论声速做比较，分析误差来源.

七、注意事项

1. 换能器发射端与接收端间距勿太近，一般要 5 cm 以上，距离近时可把信号源面板上的发射强度减小，随着距离的增大可适当增大.

2. 常见波形失真的处理方法，逆时针旋转接收增益旋钮减少增益，同时减少发射强度（图 4.4.4）.

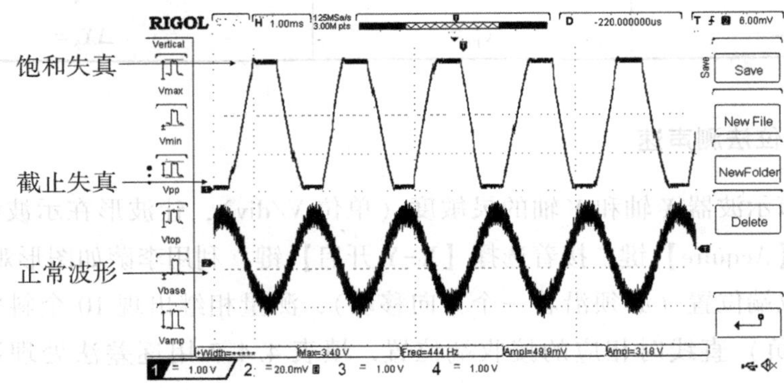

图 4.4.4 常见失真波形

(1) 饱和失真（底部失真）：失真是因工作点取得太高，输入负半周信号时，三极管进入饱和区而产生失真；

(2) 截止失真（顶部失真）：失真是因工作点取得太低，输入负半周信号时，三极管进入截止区而产生失真.

3. 信号源显示误码.

当出现波形失真或错误数字（FFFFFF 或 000003）时，需重新调节信号发生器发射端强度，减小接收增益，二者要配合调节，直至波形正常.

八、思考题

1. 为什么要用超声波来进行声速测量？其他波段机械波可替换吗？为什么？
2. 声速在不同传播介质，如固态、液态、气态中，温度依赖特性是怎样的？
3. 实验环境中有风对结果有什么影响？

声速的测量

中国古代就有很多声学应用的记载.《墨子·备穴篇》记载，守城者在城内墙脚下深井中放置一口特制的薄缸，缸口蒙一层薄牛皮，令听力聪敏的人伏在缸上，监听敌方动静. 如果敌方开凿地道，声波与缸体产生共振，可据此探得敌方所在方位及距离远近.

第一个从理论上推导出声速公式的是牛顿. 他在 1687 年出版的《自然哲学的数学原理》指出，声速取决于空气压力随密度的变化情况，并应用等温条件得出了声速的数值为 295 m/s，这比当时的测量值低了 20%. 数学家欧拉和拉格朗日都曾经进行过声速的推导，得出了和牛顿差不多的结果.

1802 年，拉普拉斯指出，声音在传播过程中，伴随着气体的轻微压缩和膨胀，温度会有变化，并不是个等温过程，而是一个绝热过程. 1823 年，拉普拉斯采用当时空气热特性的测量数据，计算出声速为 337.15 m/s，与当时的测量值 340.89 m/s 非常接近，因此拉普拉斯是公认的第一个正确推导出声速的科学家.

1942 年，宾夕法尼亚州立大学的研究者们使用声波干涉仪得出了一个标准大气压、0 ℃下的干空气中的声速为 331.45 m/s. 1984 年该数值修正为 331.29 m/s. 采用现代声速公式计算出的同等条件下的声速为 331.60 m/s，与实验值有千分之一的误差.

【课后拓展】

建议同学课后利用智能手机开展后续实验测量，下载“phyphox”APP（图 4.4.5）. 尝试测试声速（内含声速测试模块），并与实验室测试数值进行对比. 改变传输介质，重新测试和比较.

图 4.4.5

实验 5　刚体转动惯量的测定

转动是机械运动的一种基本形式. 转动惯量是物体转动时惯性大小的量度. 转动惯量除了与物体的质量有关，还与转轴的位置和质量分布（即形状、大小和密度分布）有关. 刚体是指在运动和受力作用中，内部各点的相对位置不变的理想物体. 匀质、规则的刚体的转动惯量容易进行定量描述．非匀质和不规则的刚体的转动惯量可通过类似的测量方法由实验测量得到．本实验使用转动惯量实验仪测量金属物体绕固定轴转动的转动惯量，并验证平行轴定理．

刚体转动惯量的测定（上）

一、实验目的

1. 理解转动定律，学习刚体转动惯量的测量方法；
2. 测量给定刚体的转动惯量，验证平行轴定理．

二、实验仪器

ZKY-ZS 转动惯量实验仪、待测圆环 1 个、圆柱体 2 个、砝码、细线、钩码等．

ZKY-ZS 转动惯量实验仪由转动系统和 ZKY-TD 智能计数计时仪构成，如图 4.5.1 所示．转动系统由载物盘和塔轮组成，载物盘两侧固定有 2 根遮光棒，遮光棒随转动系统一起扭动，依次通过光电门而遮光，2 个光电门将光信号转变成电信号分别送到 ZKY-TD 智能计数计时仪的输入端，以测量系统转动 n 周所用的时间．塔轮上有 5 个不同半径的绕线轮，绕线并挂上不同数量的砝码，以改变转动系统所受的力矩．

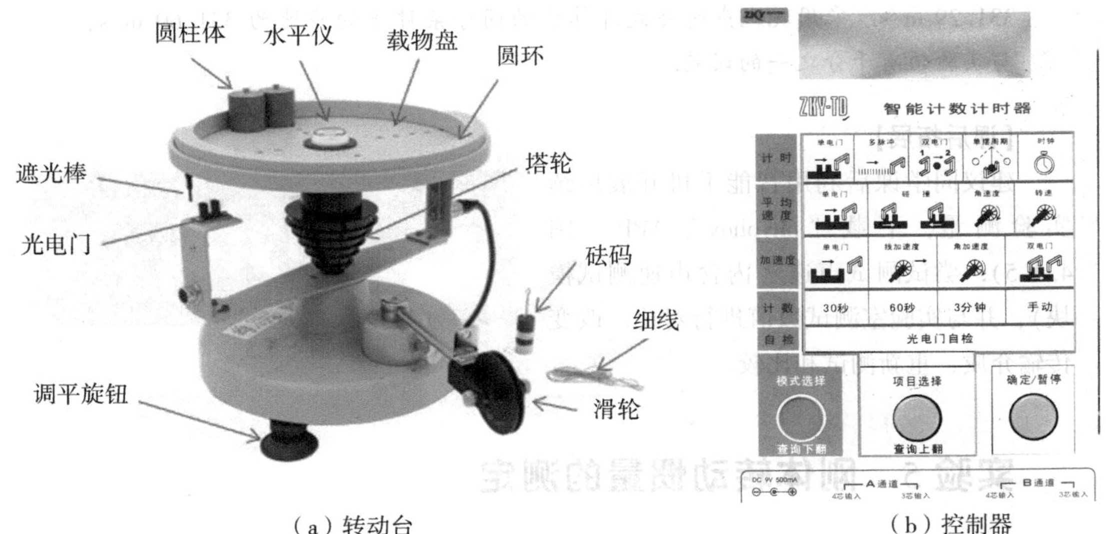

（a）转动台　（b）控制器

图 4.5.1　ZKY-ZS 转动惯量实验仪

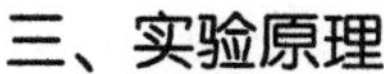

三、实验原理

（一）验证转动定律及测量物体转动惯量

根据转动定律，当刚体绕固定轴转动时有

$$M=Tr-M_{\mu}=I\beta \tag{4.5.1}$$

式中，M 为刚体所受的合外力矩，I 为刚体对转动轴的转动惯量，β 为角加速度．本实验中，刚体所受的外力矩有绳子给予的力矩 Tr 和转动轴受到的摩擦力矩 M_{μ}．其中 T 为绳子的张力，与轴垂直，r 为塔轮的绕线半径．

设砝码加钩码的质量为 m，忽略绳子的质量，并认为绳子的长度不变，若 m 以加速度 a 下落，则有

$$mg-T=ma \tag{4.5.2}$$

砝码由静止开始下落，若下落距离 h 所用的时间为 t，则有

$$h=\frac{1}{2}at^2 \tag{4.5.3}$$

$$a=r\beta \tag{4.5.4}$$

将式（4.5.2）~式（4.5.4）代入式（4.5.1）得

$$m(g-a)r-M_{\mu}=\frac{2hI}{rt^2} \tag{4.5.5}$$

在实验中若使 $a<g$，则有

$$mgr=M_{\mu}+\frac{2hI}{rt^2} \tag{4.5.6}$$

只要改变砝码的质量，依次测出在不同外力矩作用下 m 的下落时间 t，则由式（4.5.6）知 m 与 $\frac{1}{t^2}$ 呈线性关系：

$$m=\frac{M_{\mu}}{gr}+\frac{2hI}{gr^2}\frac{1}{t^2} \tag{4.5.7}$$

在实验中，绕线塔轮直径为 d，下落距离为塔轮绕轴旋转 4 圈的距离，由此可得

$$m=\frac{2M_{\mu}}{gd}+\frac{32\pi I}{gd}\frac{1}{t^2} \tag{4.5.8}$$

在直角坐标纸上作 $m-\frac{1}{t^2}$ 图，如得一直线，就证明转动定律是成立的，并由直线的斜率及截距，可分别求出相应物体的转动惯量 I 和摩擦力矩 M_{μ}．

（二）验证平行轴定理

刚体相对任意固定转轴的转动惯量 I_d，等于刚体对通过质心的平行轴的转动惯量 I_c 与 Mx^2 之和（M 为被测刚体的质量，x 为两平行轴之间的距离）．即 $I_d=I_c+Mx^2$，这就是平行轴定理.

本实验中，用 2 个相同的圆柱验证平行轴定理，每一圆柱绕自身转轴的转动惯量为 I_c，固定盘的转动惯量为 I_0，圆柱轴与固定轴的距离为 x，由平行轴定理得

$$I=I_0+2I_c+2m_cx^2 \tag{4.5.9}$$

设摩擦力矩可以忽略，将式（4.5.7）代入式（4.5.9），经整理后得

$$t^2=\frac{4hm_c}{mgr^2}x^2+\frac{2h(I_0+2I_c)}{mgr^2}=kx^2+c \tag{4.5.10}$$

式（4.5.10）说明 t^2 与 x^2 呈线性关系．在直角坐标纸上作 t^2-x^2 图，如果是一直线，就证明平行轴定理成立.

四、实验内容

1. 验证转动定律，测量圆环的转动惯量；
2. 验证平行轴定理.

五、预习问题

如果刚体初始转动速度不为 0，对实验结果会有什么影响？如何避免这一问题？

六、实验步骤与数据记录

刚体转动惯量的测定（下）

（一）仪器调整

1. 如图 4.5.1 所示，将水平仪放置在转盘中心，调节底座调平旋钮，使转动惯量实验仪处于水平状态；

2. 将细线系在钩码上，绕过滑轮，另一端卡在中间绕轮槽的卡口上，将细线紧密绕在绕轮槽中；

3. 选择中间的塔轮，调整滑轮高度及方位，使滑轮槽与选取的绕线塔轮槽等高，且细线与绕线塔轮相切；

4. 挡光片起始位置应恰好处于光电探头前，一运动即挡光；

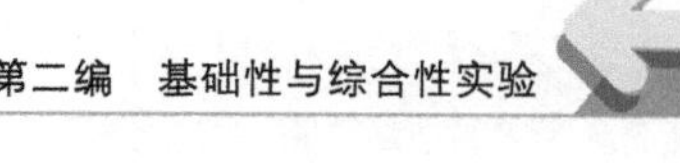

5. 调整智能计数计时器，模式选择“计时”，项目选择“多脉冲”.

（二）转动定律的验证及载物盘转动惯量的测量

1. 称量钩码和所有砝码的质量；

2. 将载物盘上所有负载取下，在钩码上放一个砝码，让砝码和钩码由静止下落，用智能计数计时仪记下载物盘转动 4 周所用的时间 t，测量 3 次，求平均值 $\bar{t}$；

3. 逐次增加砝码质量 4 次，重复上述测试；

4. 测量塔轮直径 d；

5. 以总质量 m 为纵坐标，$1/\bar{t}^2$ 为横坐标，作图验证转动定律，并根据公式（4.5.8）求得载物盘的转动惯量 I_1 和滑轮的摩擦力矩 M_μ.

以上数据记入表 4.5.1.

表 4.5.1　载物盘转动惯量的测量数据

塔轮直径 d/cm						
	钩码	砝码 1	砝码 2	砝码 3	砝码 4	砝码 5
质量/g						
总质量 m/g						
下落 4 圈时间/s	t_1					
	t_2					
	t_3					
	$\bar{t}$					
$(1/\bar{t}^2)$ /s^{-2}						

（三）圆环转动惯量的测量

1. 将质量为 $m_{环}$ 的圆环放置于载物盘上，测量方法同上. 由所得数据作图求得圆环与载物盘的转动惯量之和 I_2，则圆环的转动惯量为 $I_3 = I_2 - I_1$.

2. 测量圆环的质量 $m_{环}$、内环和外环的半径 $R_{内}$ 和 $R_{外}$，由圆环转动惯量理论公式

$$I_{理} = \frac{1}{2} m_{环} (R_{外}^2 + R_{内}^2) \tag{4.5.11}$$

得出圆环转动惯量的理论值，求测量值的相对误差.

以上数据记入表 4.5.2.

表 4.5.2 圆环转动惯量的测量数据

圆环质量 $m_{环}$/g						
圆环内径 $R_{内}$/cm						
圆环外径 $R_{外}$/cm						
		1	2	3	4	5
钩码总质量/g						
下落 4 圈时间/s	t_1					
	t_2					
	t_3					
	$\bar{t}$					
$(1/\bar{t}^2)$ /s^{-2}						

(四) 验证平行轴定理

1. 取下圆环，保留一个 10 g 左右的砝码，将两圆柱叠加起来放在载物盘中心插孔上，让砝码及钩码由静止开始下落，用智能计数计时仪记下载物盘转动 4 周所用的时间 t，测量 3 次，求平均值 $\bar{t}$.

2. 逐次对称地将两圆柱放在中心孔两侧的 1~5 个插孔上，重复上述测试.

3. 用游标卡尺依次测量出各孔中心到转轴中心的距离 x;

4. 以 t^2 为纵坐标、x^2 为横坐标作图，由所得结果验证平行轴定理（4.5.10），并说明转动惯量 I 随质量分布的变化规律.

以上数据记入表 4.5.3.

表 4.5.3 平行轴定理的验证数据

	距离 0	距离 1	距离 2	距离 3	距离 4	距离 5
孔近距/cm						
孔远距/cm						
孔心间距 x/cm						
x^2/cm^2						
t_1/s						
t_2/s						
t_3/s						
$\bar{t}$/s						
$\bar{t}^2$/s^2						

5. （选做）将两圆柱不对称地放在中心插孔的两侧，自行设计表格，测量圆盘转动4周所用的时间 t，计算不同位置时的转动惯量，与理论值进行比较，验证平行轴定理.

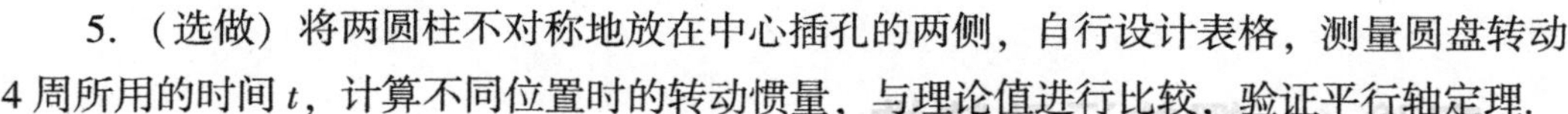

七、注意事项

1. 绕线时注意细线不能有结，需密排细线；

2. 释放砝码时，遮光棒应位于光电门前、一经释放就能挡光的位置，且手不可以给圆盘任何的切向力.

八、思考题

1. 实验中保证 $a \ll g$ 这一近似会对结果产生多大的影响？

2. 如何测定任意形状的物体绕特定轴转动时的转动惯量？

物理史话

莱昂哈德·欧拉

转动惯量由惠更斯在研究复摆运动时引入，随后由莱昂哈德·欧拉（Leonhard Euler，1707—1783）（图 4.5.2）命名. 欧拉是瑞士数学家和物理学家，是18世纪最杰出的科学家之一. 他不但在数学上作出伟大贡献，而且将数学分析方法用于力学. 欧拉先后出版了《力学或运动科学的分析解说》《刚体运动理论》等多部力学著作，并最先将微积分学应用于运动物体的力学. 欧拉引入了刚体的概念，提出了刚体运动力学方程组，导出了运动方程，同时推广到流体运动力学，他是刚体动力学和流体力学的奠基者.

图 4.5.2　莱昂哈德·欧拉

实验 6　摆的运动特性

振动是物体在一定的回复力作用下的往返运动，是机械运动的另一种基本形式. 简谐振动是最基础的振动模型，是我们理解声学、光学、电学和量子力学中波动现象的基础. 摆是一种非常简单的装置，在一定近似下，摆的振动展示出简谐振动的特性. 在单摆中，回复力来自重力的分力，因此通过对运动周期的测量，即可以精确地得到重力加速度.

一、实验目的

1. 理解单摆和复摆的原理；
2. 测定本地重力加速度；
3. 理解组合摆的周期与独立单摆周期的关系.

二、实验仪器

FB818 型力学综合实验仪（图 4.6.1）、FB213A 智能型数显计时计数毫秒仪（图 4.6.2）、米尺.

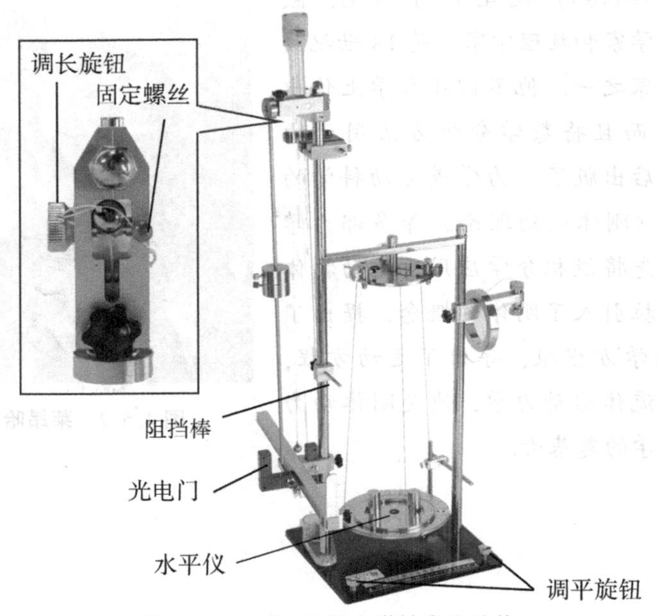

图 4.6.1　FB818 型力学综合实验仪

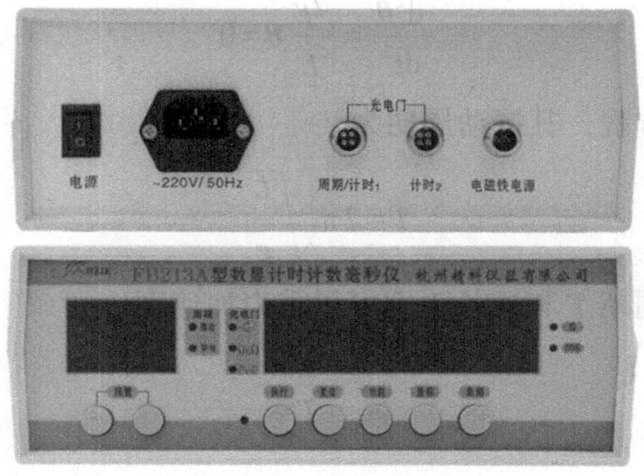

图 4.6.2　FB213A 智能型数显计时计数毫秒仪

三、实验原理

(一) 单摆

把一个金属小球挂在一根细长的线上（细线没有弹性），如图 4.6.3 所示，如果细线的质量比小球的质量小得多，那么，这个装置可以看作无质量的细长线系住一个质点，这样的装置就是单摆.

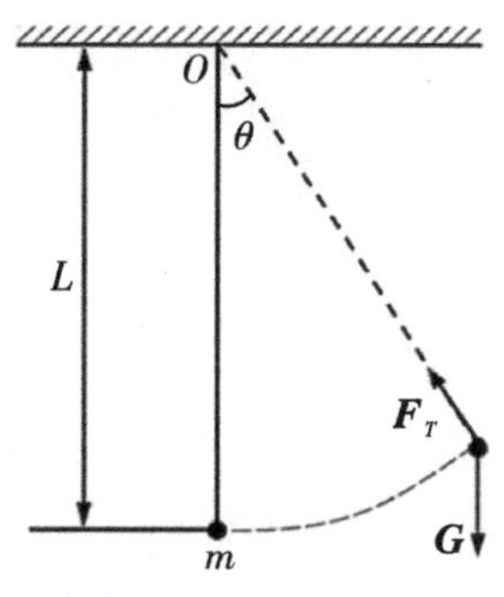

图 4.6.3　单摆的受力

单摆的运动过程中，在起始位置（最高点），球体受到指向径向的摆线的拉力和垂直向下的重力共同作用，其合力与摆线径向垂直，令球体做圆周运动. 球体在偏离平衡位置被释放时，具有最大的重力势能，在摆向平衡位置过程中，球体的速度大小不断增加，到达平衡位置时速度大小最大而重力势能完全转化为动能. 在重力势能和球体动能的交替转换中，形成球体的往复摆动.

在忽略空气阻力和浮力的情况下，单摆振动时能量守恒，可得质量为 m 的小球在 θ 处动能和势能之和为常数，即

$$\frac{1}{2}mL^2\frac{\mathrm{d}^2\theta}{\mathrm{d}t^2}+mgL(1-\cos\theta)=mgL(1-\cos\theta_{\mathrm{m}}) \tag{4.6.1}$$

$$\frac{\mathrm{d}^2\theta}{\mathrm{d}t^2}=\frac{2g}{L}(\cos\theta-\cos\theta_{\mathrm{m}}) \tag{4.6.2}$$

式中，L 为单摆摆长，θ 为摆角，g 为重力加速度，t 为时间，θ_{m} 为最高位置的摆角. 当摆角很小（$\theta_{\mathrm{m}}<5°$）时，上式近似为

$$\frac{d^2\theta}{dt^2}=\frac{2g}{L}\theta=0 \tag{4.6.3}$$

上述为简谐振动方程，其振动周期为

$$T=2\pi\sqrt{\frac{L}{g}} \tag{4.6.4}$$

由上式，测量出单摆周期 T 和摆长 L 即可得重力加速度：

$$g=\frac{4\pi^2 L}{T^2} \tag{4.6.5}$$

（二）组合摆

如图 4.6.4 所示，在单摆实验装置的立杆上，增加了一个阻挡棒，把阻挡棒固定在合适的位置，使阻挡棒刚好与静止的单摆悬挂线相切，这样就形成了一个组合式单摆．组合式单摆相当于两个不同长度的半单摆组合而成，它的振动周期是两个单摆半周期的叠加，即：

$$T=\pi\left(\sqrt{\frac{L_1}{g}}+\sqrt{\frac{L_2}{g}}\right) \tag{4.6.6}$$

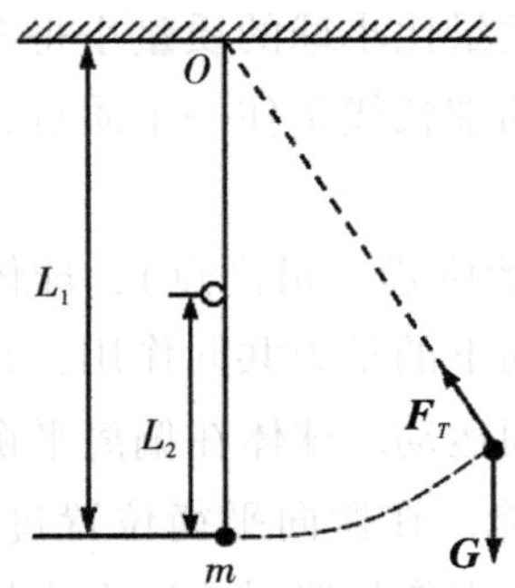

图 4.6.4　组合摆

（三）复摆

复摆是一刚体绕固定的水平轴在重力的作用下做微小摆动的动力运动体系．如图 4.6.5 所示，质量为 m_L 的刚体绕固定轴在竖直平面内做左右摆动．该物体的质心与轴 O 的距离为 h，θ 为其摆动角度．摆杆的质量为 m_0，长度为 L，若规定右转角为正，此时刚体和摆杆所受力矩 M 与角位移方向相反，即有

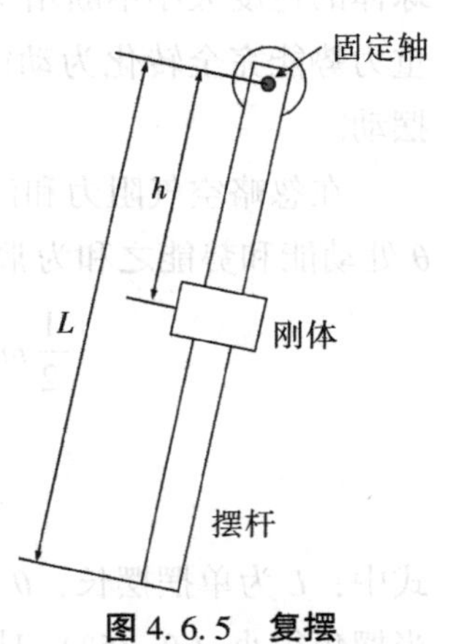

图 4.6.5　复摆

$$M=M_0+M_L=-\left(m_0gh+\frac{1}{2}m_LgL\right)\cdot\sin\theta \tag{4.6.7}$$

采用转动惯量，复摆又可描述为

$$M=I\cdot\ddot{\theta} \tag{4.6.8}$$

式中，I 为刚体和摆杆的转动惯量．由公式（4.6.7）和公式（4.6.8）可得：

$$\ddot{\theta}=-\omega^2\cdot\sin\theta \tag{4.6.9}$$

其中 $\omega^2=\dfrac{m_0gh+\frac{1}{2}m_LgL}{I}$．当 θ 很小（$\theta<5°$）时近似有

$$\ddot{\theta}=-\omega^2\theta \tag{4.6.10}$$

此方程说明该复摆在小角度下做简谐运动，该复摆振动周期为

$$T=2\pi\sqrt{\frac{I}{m_0gh+\frac{1}{2}m_LgL}} \tag{4.6.11}$$

设 I_c 为转轴过质心且与 O 轴平行时的转动惯量，那么根据平行轴定理可知

$$I=I_c+m_0h^2 \tag{4.6.12}$$

代入式（4.6.11）得

$$T=2\pi\sqrt{\frac{I_c+m_0h^2}{m_0gh+\frac{1}{2}m_LgL}} \tag{4.6.13}$$

根据上式可以得到重力加速度 g.

四、实验内容

1. 利用单摆测量本地重力加速度 g；
2. 研究单摆周期与摆长的关系；
3. 测量组合摆的周期；
4. 研究单摆周期与摆角的关系；
5. （选做）利用复摆测量本地重力加速度 g.

五、预习问题

1. 实验中要保证最大摆角<5°，如何利用限位器实现这一条件？
2. 小球有一定的半径宽度，光电门启动计数和完成计数代表了什么过程？

六、实验步骤与数据记录

（一）本地重力加速度 g 的测量

1. 调节图 4.6.1 仪器底座调平旋钮，利用水平仪，把仪器底座调节到水平状态；

2. 调节图 4.6.1 调长旋钮和固定螺丝，使摆线的长度 l 为 55 cm，把水平直尺放置到小球下方，使光电门正对静止小球的中心位置；

3. 分别测量摆线长度 l 和小球的直径 d 各 3 次，确定单摆的摆长 L；

4. 调节计时器，预置计时周期次数 10 次，最大摆角保证 $<5°$，测量单摆周期，重复测量 3 次；

5. 将数据代入式（4.6.4），计算本地的重力加速度.

以上数据记入表 4.6.1.

表 4.6.1 重力加速度的测量数据

	1	2	3	平均值	L/cm	T/s
l/cm						
d/cm						
$10T$/s						

（二）研究单摆周期与摆长的关系

1. 在上述实验基础上缩短摆线长度 l，每缩短 5 cm 测量一次单摆周期. 测量要求同上面实验要求. 共测量 5 个不同长度的单摆周期.

2. 采用摆长 L 为横坐标，周期的平方 T^2 为纵坐标，作图并拟合数据，根据斜率求出重力加速度 g.

以上数据记入表 4.6.2.

表 4.6.2 不同摆长的周期测量

	l/cm			L/cm	$10T$/s			T^2/s
	1	2	3		1	2	3	
55								
50								
45								
40								
35								

（三）测量组合摆的周期

1. 调整摆线长度为 55 cm，将阻挡棒中心固定在细线长度 35 cm 处，周期计数 10 次，重复测量 3 次.

2. 计算组合摆周期实验值和理论值，计算相对误差. 结合上一个实验数据，说明组合摆和两个独立单摆的周期关系.

以上数据记入表 4.6.3.

表 4.6.3　组合摆周期测量

	1	2	3	平均值
$10T$/s				

（四）研究单摆周期与摆角的关系

1. 将摆线长度固定在 55 cm，将限位器分别固定在不同的位置，从而改变初始摆角，测量不同位置处的单摆周期；

2. 作图说明单摆周期与摆角的关系，根据实验数据，说明摆角在什么范围内可以认为单摆做简谐振动.

以上数据记入表 4.6.4.

表 4.6.4　不同摆角单摆周期测量

位置/cm	摆角/（°）	$10T$/s			T/s
		1	2	3	
3					
5					
7					
9					
11					
13					
15					

（五）（选做）利用复摆测量本地重力加速度 g

1. 根据式（4.6.12），推导刚体位于摆杆 $L/2$ 位置时的重力加速度公式；

2. 根据上述公式，设计实验测量摆杆、摆杆和刚体的摆动周期，计算重力加速度，分析忽略摆杆质量的影响.

七、注意事项

1. 释放小球前要确认摆线是拉紧的，摆线没有打结；

2. 确保单摆是在竖直平面内摆动，而不是圆锥摆.

八、思考题

1. 试分析本实验的误差来源，并说明哪些误差属于系统误差，影响较大的有哪几个？

2. 如果摆动过程出现圆锥摆，测量得到的周期会有什么变化？

傅 科 摆

单摆最为著名的实验就是“傅科摆”. 历史上人们对地球一直存在“静止”和“转动”两种观点. 在哥白尼提出“日心说”后，在理论上人们逐渐接受了地球自转这一观点，可是如何用实验直观地证明地球自转成为一道难题.

1851年的1月3日，法国物理学家让-伯纳德-莱昂·傅科(Jean - Bernard - Léon Foucault，1819—1868)，用自己设计的傅科摆实验向前来观看的巴黎市民现场演示了地球在旋转. 傅科摆的巧妙之处在于采用了一个密度和质量足够大的金属摆锤来增大惯性并可以存储足够的摆动机械能，采用了67 m长的钢丝悬挂摆锤，使摆动周期延长；通过摆线非常小摩擦力的上端设计（万向节），使得地球自转几乎不会对傅科摆产生影响. 因此，只要我们给它一个恰当的初始作用，傅科摆将仅仅在一个固定的平面摆动. 在实验中，人们可以观察到摆动平面沿顺时针方向缓缓转动，摆动方向不断变化. 这种摆动方向的变化，正是由于观察者所在的地球沿着逆时针方向转动的结果，地球上的观察

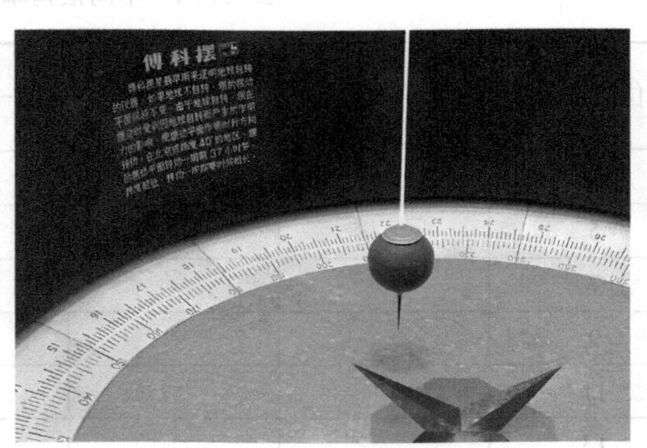

图4.6.6 北京天文馆里的傅科摆

者看到相对运动现象，从而有力地证明了地球在自转．在北京天文馆的大厅里也有一个傅科摆（图 4.4.6），到北京旅行的你可以去天文馆亲自感受一下“坐地日行八万里”的豪迈．

实验 7　受迫振动的研究

振动过程中除了自身回复力外没有外部力的作用，此时振动称为自由振动．自由振动的频率由物体自身决定，称为固有频率．如忽略摩擦力的单摆做的即是自由振动．如果存在外部阻力作用，振动的幅度将不断减少直至运动停止，此时振动称为阻尼振动．如果振动的过程中受到周期性的外力作用，此时振动称为受迫振动．物体在做受迫振动时，其振动频率由周期性的外力决定．当外力的作用频率和物体的固有频率接近时，物体的振动幅度将快速变大，产生“共振”现象．共振既是一种重要的科学现象，也是一种应用广泛的技术手段．比如，手机通过电磁波与天线的共振进行信号的放大接收，进而转换为音频和视频信号．又如，在医学上，利用核磁共振来进行体内器官的成像．受迫振动一直都是科学家和工程技术人员研究的重要对象．

一、实验目的

受迫振动

1．掌握阻尼振动和受迫振动的原理；
2．理解系统阻尼的作用及测量方法；
3．理解共振产生的条件；
4．掌握受迫振动相频特性和幅频特性测量方法．

二、实验仪器

波尔共振实验仪如图 4.7.1 所示．

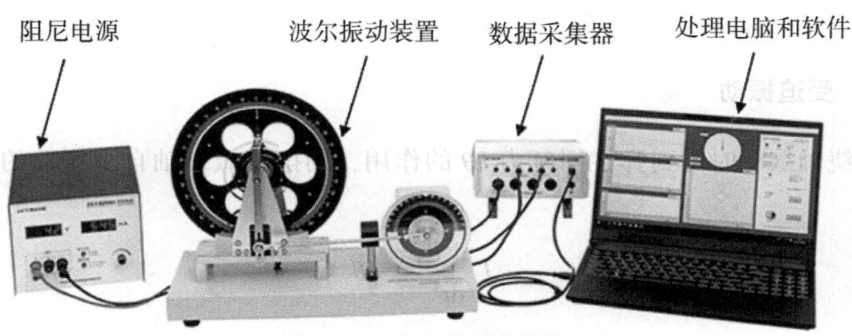

图 4.7.1　波尔共振实验仪

波尔振动装置部分如图 4.7.2 所示，铜质圆形摆轮安装在涡卷弹簧的一端，可绕转轴转动. 涡卷弹簧的另一端连接传动杆，而传动杆与右侧电极相连. 摆轮下方装有阻尼线圈. 摆轮上有一个角度指针，用于指示当前摆轮振幅角度. 摆轮外侧有一个刻度盘，可以读取摆轮的大致位置. 摆轮轴心位置安装有霍尔角度传感器，用以读取角度数据.

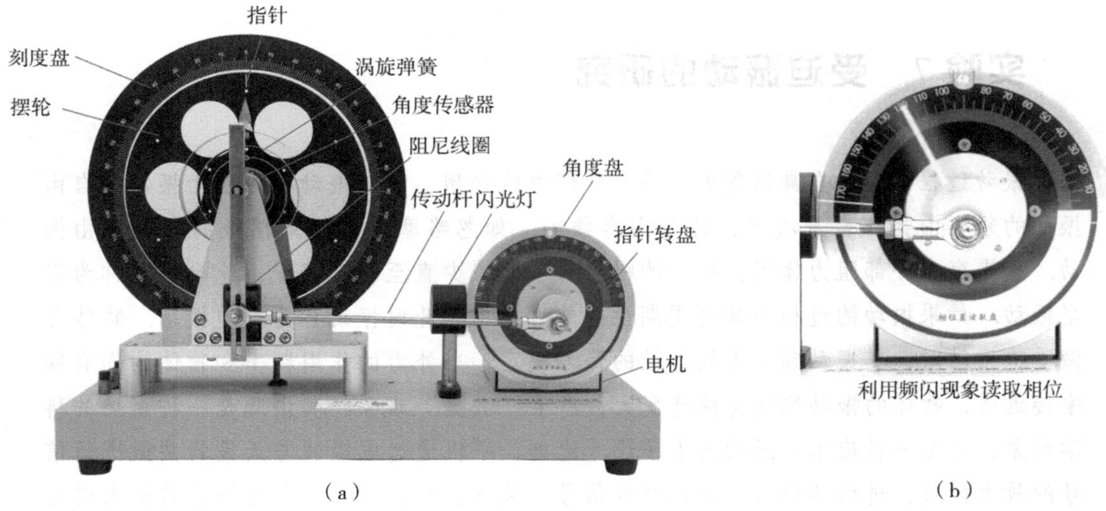

图 4.7.2　波尔振动装置

自由振动时，传动杆不动，涡卷弹簧对摆轮施加与角位移成正比的弹性回复力矩. 阻尼振动时，电流通过线圈会产生磁场，铜质摆轮在磁场中运动，会在摆轮中形成局部的涡电流，涡电流磁场与线圈磁场相互作用，形成与运动速度成正比的电磁阻尼力矩. 受迫振动时，电机带动传动杆产生外力矩，通过涡卷弹簧传递给摆轮，强迫摆轮做受迫振动. 摆轮与外力矩的相位差是利用电极旁的闪光灯来测量的. 闪光灯受指针转盘的角度传感器控制. 每当角度传感器经过零位时，将触发闪光灯，引起闪光. 受迫振动达到稳定状态时，在闪光灯的照射下可以看到角度指针好像一直“停在”某一刻度处，这一现象称为频闪现象. 从角度盘上直接读出摇杆相位超前于摆轮相位的数值，其负值为相位差 φ.

三、实验原理

(一) 受迫振动

摆轮绕轴摆动时受到弹性回复力 $k\theta$ 的作用，则摆轮做绕轴自由振动的运动方程可写为

$$J\frac{\mathrm{d}^2\theta}{\mathrm{d}t^2}=-k\theta \tag{4.7.1}$$

式中，θ 为角位移，k 为弹性力矩系数，J 为摆轮的转动惯量．运动方程的解为

$$\theta=\theta_0\cos\ (\omega_0 t+\alpha) \tag{4.7.2}$$

运动曲线如图 4.7.3 所示，摆轮以振幅 θ_0、角频率 ω_0 做简谐振动，ω_0 称为振动系统的固有频率，其值为

$$\omega=\sqrt{\frac{k}{J}} \tag{4.7.3}$$

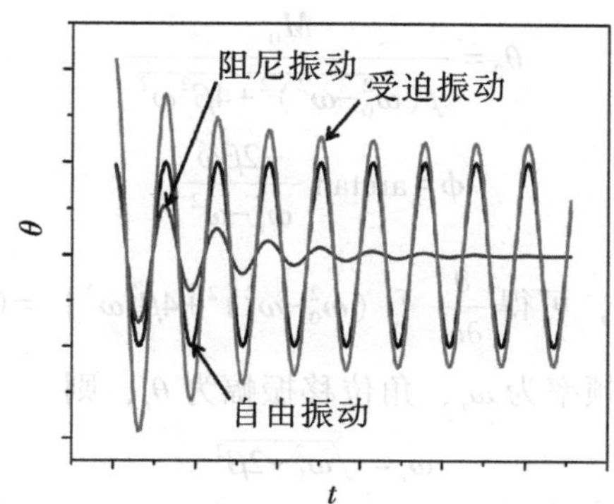

图 4.7.3　自由振动、阻尼振动和受迫振动曲线

如果转动过程中摆轮受到由摩擦力、电磁阻尼等产生的与运动方向相反的阻尼力矩的作用，阻尼力矩系数为 b，则摆轮运动方程可写为

$$J\frac{\mathrm{d}^2\theta}{\mathrm{d}t^2}=-k\theta-b\frac{\mathrm{d}\theta}{\mathrm{d}t} \tag{4.7.4}$$

此时摆轮将做阻尼振动．当阻尼力矩非常大时，物体将迅速回复到平衡位置，不产生振动（过阻尼或临界阻尼）．当阻尼力矩比较小时，物体做振幅逐渐减小的振动（欠阻尼），运动方程的解为

$$\theta=\theta_1 \mathrm{e}^{-\beta t}\cos\ (\omega_f t+\alpha) \tag{4.7.5}$$

式中，θ_1 是开始阻尼振动的初始角位移幅度，β 称为阻尼系数，定义为

$$\beta=\frac{b}{2J} \tag{4.7.6}$$

如图 4.7.3 所示，此时物体的振幅将随时间慢慢减小直至不再振动．如果对摆轮施加一个周期性的驱动力矩：

$$M=M_0\cos\ (\omega t) \tag{4.7.7}$$

运动方程改写为

$$J\frac{\mathrm{d}^2\theta}{\mathrm{d}t^2}=-k\theta-b\frac{\mathrm{d}\theta}{\mathrm{d}t}+M_0\cos\ (\omega t) \tag{4.7.8}$$

在欠阻尼条件下，方程的通解为

$$\theta=\theta_1 \mathrm{e}^{-\beta t}\cos\ (\omega_f t+\alpha)\ +\theta_2\cos\ (\omega t+\phi) \tag{4.7.9}$$

相比于式（4.7.5），上式增加了一个简谐振动项．观察图 4.7.3 的振动，可以发现随着时间的增加，第一项代表的阻尼振动逐渐减小并最终消失，最后物体趋向一个

稳定的振动，振动频率 ω 与驱动力频率相同.

（二）共振

上述受迫振动的稳定状态与初始的振动条件无关，只和系统的固有圆频率 ω_0 和阻尼系数 β、驱动力矩 M_0 和圆频率 ω 有关. 受迫振动稳定振幅 θ_2 和相位 ϕ 只随上述参数变化，分别为

$$\theta_2=\frac{M_0}{\sqrt{(\omega_0^2-\omega^2)^2+4\beta^2\omega^2}} \tag{4.7.10}$$

$$\phi=\arctan\frac{-2\beta\omega}{\omega_0^2-\omega^2} \tag{4.7.11}$$

根据极值条件 $\frac{\partial\theta_2}{\partial\omega}=0$，可得 $\frac{\partial}{\partial\omega}$ $[(\omega_0^2-\omega^2)^2+4\beta^2\omega^2]=0$，其解为 $\omega=\sqrt{\omega_0^2-2\beta^2}$. 定义振幅极大值对应的圆频率为 ω_r，角位移振幅为 θ_r，则

$$\omega_r=\sqrt{\omega_0^2-2\beta^2} \tag{4.7.12}$$

$$\theta_r=\frac{m_0}{2\beta\sqrt{\omega_0^2-2\beta^2}} \tag{4.7.13}$$

将式（4.7.10）~式（4.7.13）再作变换，得到如图 4.7.4 $\frac{\omega}{\omega_r}-\left(\frac{\theta}{\theta_r}\right)^2$ 和 $\frac{\omega}{\omega_r}-\phi$ 的关系，此即为相频和幅频特性曲线. 从曲线可以直观地看出，当驱动力的圆频率为 ω_r 时，振幅 θ_2 存在一个极大值，这一现象称为共振. 当阻尼较小时，共振频率趋近于自由振动频率 ω_0，但始终比 ω_0 小. 阻尼越小，振幅 θ_2 越大. 从相位图看，当 $\omega=\omega_0$ 时，相位为 $-\pi/2$. 阻尼越大，在自由频率附近相位变化越快.

$$\frac{\omega}{\omega_r}=\frac{\omega}{\sqrt{\omega_0^2-2\beta^2}} \tag{4.7.14}$$

$$\left(\frac{\theta}{\theta_r}\right)^2=\frac{4\beta^2(\omega_0^2-\beta^2)}{(\omega_0^2-\omega^2)^2+4\beta^2\omega^2} \tag{4.7.15}$$

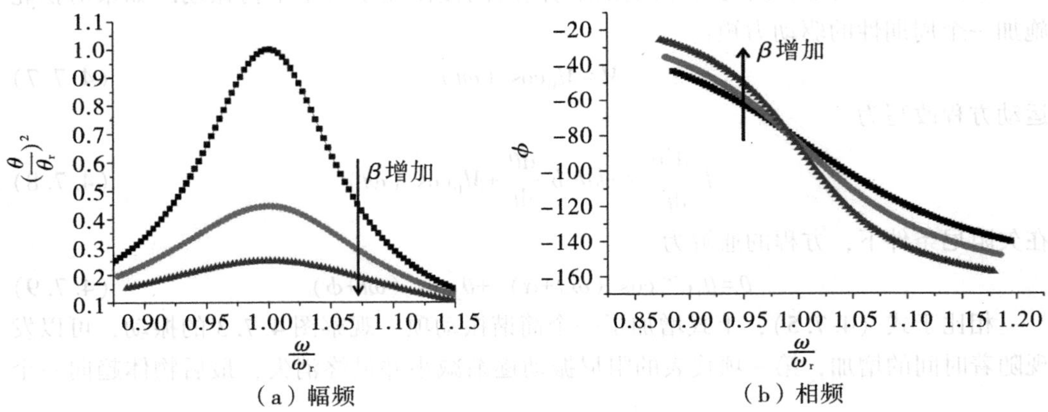

图 4.7.4 受迫振动的幅频和相频曲线

四、实验内容

波尔共振仪的使用

1. 测量自由振动中振幅 θ_0 与周期 T_0 的关系；
2. 测定阻尼系数 β；
3. 作受迫振动的幅频和相频特性曲线；
4. （选做）测量不同阻尼下的幅频和相频特性曲线.

五、预习问题

1. 本实验采用什么方法使阻尼力矩发生变化？试简述其原理.
2. 为什么在实验过程中不能任意改变阻尼系数？

六、实验步骤与数据记录

（一）传感器角度校正

角度传感器的测量结果与供给电压的定量关系需要进行定标. 具体步骤如下（图 4.7.5）：

1. 转动驱动轮角度盘，使其刻线指零，此时摆轮指针也应当指零，从软件连接数据采集器，点击“零点校正”按钮，可将采集到的当前电压值置为零.

2. 使摆轮向左转动 90°，点击“范围校正”；然后使摆轮向右转动 90°，再次点击“范围校正”，此时软件采集到的角度将会分别被置为 90°和−90°.

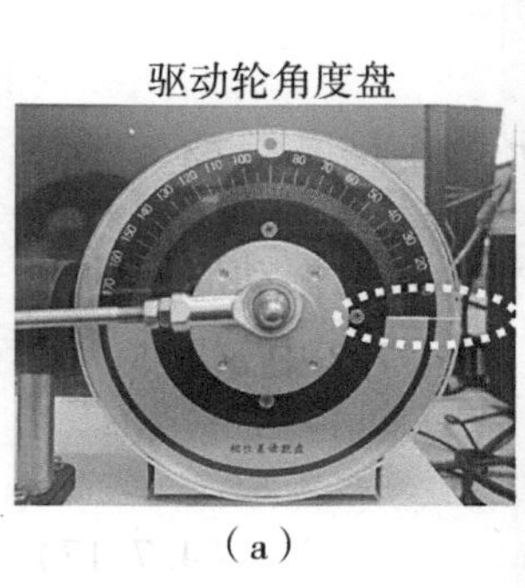

（a）

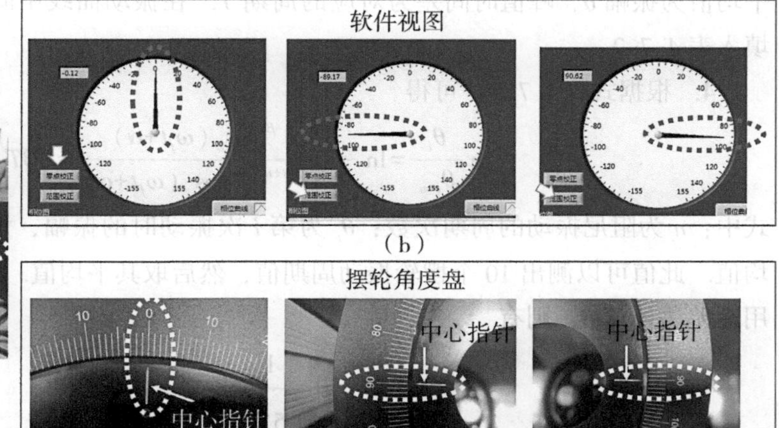

（c）

图 4.7.5　角度校正流程

（二）测量自由振动中振幅 θ_0 与周期 T_0 的关系

1. 将采样率调至 1 000 Hz，点“连接”开始数据采集.

2. 将摆轮拨至 135°~150°间某一位置，“开始记录”数据，再释放摆轮. 观察摆轮角度振幅的变化，等待摆轮的振幅小于 50°时，“停止记录”数据，导出数据. 从幅度谱的峰值位置估读出固有频率粗略值 $f_{0粗}$.

3. 使用 Origin 对导出的角度滤波数据作图. 取相邻两个峰值的平均值为自由振幅 θ_0，峰值时间差为对应的固有周期 T_0. 在初始位置至 50°幅度内均匀取 10 组数据，填入表 4.7.1.

4. 对表 4.7.1 数据作图并进行线性拟合，得到振幅 θ_0 与周期 T_0 的关系式.

表 4.7.1　自由振幅 θ_0 与自由周期 T_0 数据

	1	2	3	4	5	6	7	8	9	10
θ_0/（°）										
T_0/s										

（三）测定阻尼系数 β

1. 打开阻尼电源，调节阻尼电流约 600 mA，调节采样率为 100 Hz.

2. 将摆轮拨至 135°~150°间某一位置，“开始记录”数据，再释放摆轮，此时摆轮做衰减振动，记录 15~20 个周期，导出数据.

3. 使用 Origin 或其他作图软件对导出的角度滤波数据作图. 取相邻两个峰值的平均值为振幅 θ，峰值时间差为对应的周期 T. 在振动曲线中间取连续的 10 组数据，填入表 4.7.2.

4. 根据式（4.7.5）可得

$$\ln\frac{\theta_i}{\theta_{i+n}}=\ln\frac{\theta_1 e^{-\beta t}\cos(\omega_f t+\alpha)}{\theta_1 e^{-\beta(t+nT)}\cos(\omega_f t+\alpha)}=n\beta\overline{T} \tag{4.7.16}$$

式中：n 为阻尼振动的周期次数；θ_i 为第 i 次振动时的振幅，$\overline{T}$ 为阻尼振动周期的平均值. 此值可以测出 10 个摆轮振动周期值，然后取其平均值. 表 4.7.2 中 n 取 5，采用逐差法计算 β，则有

$$\beta=\frac{1}{5\overline{T}}\ln\frac{\theta_i}{\theta_{i+n}} \tag{4.7.17}$$

表 4.7.2　阻尼系数测量数据

次数	振幅/(°)	次数	振幅/(°)	$\ln\frac{\theta_i}{\theta_{i+5}}$
1		6		
2		7		
3		8		
4		9		
5		10		
$\ln\frac{\theta_i}{\theta_{i+5}}$平均值				
$10T=$　　　　;$\overline{T}=$				

（四）作受迫振动的幅频和相频特性曲线

1. 保持上述实验阻尼电流、采样率不变，启动电机，使摆轮做受迫振动.

2. 根据第一个实验中自由振动固有频率的粗略值$f_{0粗}$，采用下面公式估算共振时电机的转速$f_{转粗}$：

$$f_{转粗}=3.125\times10^{-4}f_{0粗} \tag{4.7.18}$$

3. 调节电机驱动频率到$f_{转粗}$附近后，继续微调驱动频率，观察摆轮振幅，找到振幅最大值对应的频率，此即共振频率f.

4. 在该频率左右对称各选取 5 组频率（频率间隔为 10 Hz；或者在共振频率附近选取较小频率间隔，在离共振频率较远的地方选取较大的频率间隔），每调整一个频率间隔，等待振幅稳定后，记录数据，读取振幅值θ.

5. 打开闪光灯开关，从驱动力角度盘读出此时对应的相位差ϕ.

6. 根据第一个实验获得的θ_0-T_0关系，计算幅度值θ对应的T_0数值，填入表 4.7.3.

7. 根据式（4.7.14）和式（4.7.15）计算$\frac{\omega}{\omega_r}$和$\left(\frac{\theta}{\theta_r}\right)^2$，作出相频和幅频曲线.

表 4.7.3 相频、幅频关系测量数据

驱动力矩频率 f/Hz	驱动力矩角频率 ω/Hz	幅值 θ/(°)	振幅 θ 对应自由周期 T_0/s	振幅 θ 对应角频率 ω/Hz	$\frac{\omega}{\omega_r}$	$\left(\frac{\theta}{\theta_r}\right)^2$	相位差测量值 $-\varphi$/(°)

（五）选做部分

改变阻尼电流数值到 800 mA、1 000 mA，测量不同阻尼下的幅频和相频特性的影响，说明阻尼对受迫振动的作用规律.

七、注意事项

1. 如果驱动轮的角度为零时，摆轮和驱动指针不同时指零，则可调节摇杆调节螺丝改变连杆位置或直接调节连杆长度，此部分需要专业人员调校.

2. 转动摆轮时用手指套在摆轮空心部分进行转动，勿按压摆轮转动，以免摆轮偏离轴的法向平面.

3. 理想情况下自由振动的周期与振幅无关. 实际情况下，涡卷弹簧的弹性力矩系数 k 随角度不同而有微小变化等因素，导致不同振幅时周期略有不同.

八、思考题

从原理上分析受迫振动的振幅和相位与哪些因素有关？

共振认识的发展

人们对共振从认识、理解到广泛应用经历了3个多世纪. 17世纪中叶，伽利略发现，一个人以特定的方式拉动一个摆钟，可以使钟摆产生巨大的运动，从而将6个人举到空中. 他记录了这个现象但做了错误的解释. 对这一运动的正确解释来自欧拉. 他给出了振动的微分方程并求解，得出了共振的情况. 尽管如此，直到19世纪，“共振”这一概念仅仅只用于解释一些声学现象. 到了19世纪60年代，研究人员在电学研究中也发现了共振现象. 威廉·汤姆孙发现了LC回路中的谐振现象. 安东·奥弗贝克首次在论文中给出了电学振荡中的共振曲线. 随后，赫兹将上述现象应用到了电磁波的传播，并由古列尔莫·马可尼实现了无线电通信. 工程上对共振的重视来自一系列痛苦的教训. 最典型的，如美国华盛顿州塔科马海峡大桥的垮塌. 该桥于1940年7月1日通车，4个月后被风摧毁，原因是风通过桥面形成涡流与大桥发生共振，产生的弯曲形态超过了设计阈值. 图4.7.6为吊桥发生形变时的照片. 所以，共振既能给人们的生活带来便利，也可能造成伤害. 这就需要我们更好地了解共振相关的知识，趋利避害，更好地利用物理知识为人类服务.

图4.7.6 塔科马海峡大桥

实验8　不良导体导热系数的测量

导热系数，又叫热导率，是反映材料热性能的重要物理量．热传导是热交换的三种基本形式（热传导、对流和辐射）之一，是工程热物理、材料科学、固体物理及能源、环保等各个研究领域的课题．材料的导热机理在很大程度上取决于它的微观结构，热量的传递依靠原子、分子围绕平衡位置的振动以及自由电子的迁移．在金属中电子流起支配作用，在绝缘体和大部分半导体中则以晶格振动起主导作用．因此，某种材料的导热系数不仅与构成材料的物质种类密切相关，而且还与材料的微观结构、温度、压力及杂质含量相联系．在科学实验和工程设计中，所用材料的导热系数都需要用实验的方法精确测定．测固体材料热导率的实验方法一般分为稳态法和非稳态法两类．

本实验采用的是稳态平板法测量材料的导热系数．通过对不良导体热导率的测量，让学生深入了解材料的热传导性能及其影响因素，为材料的研究和应用提供重要的参考依据．

一、实验目的

1. 观察热传导现象，理解傅里叶热传导定律；
2. 学习用稳态平板法测量不良导体的导热系数．

二、实验仪器

主仪器（图4.8.1），自耦调压器（图4.8.2），数字电压表（图4.8.3），杜瓦瓶（图4.8.4），游标卡尺（图4.8.5），电子秒表（图4.8.6）．

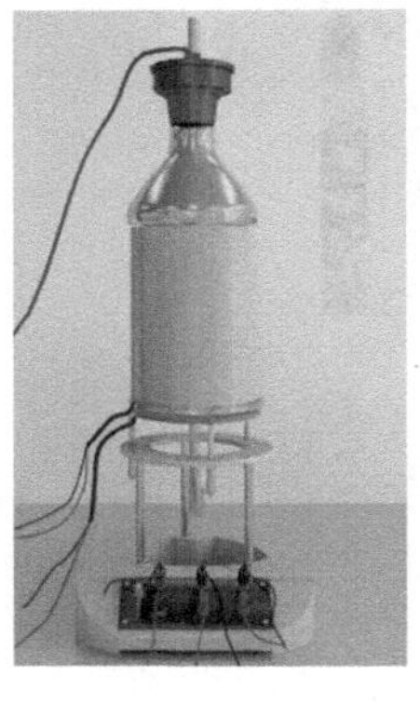

图4.8.1　主仪器

图4.8.2　自耦调压器

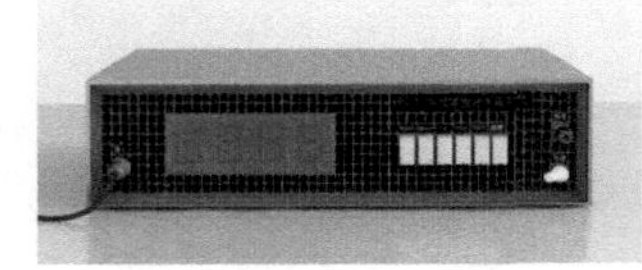

图4.8.3　数字电压表

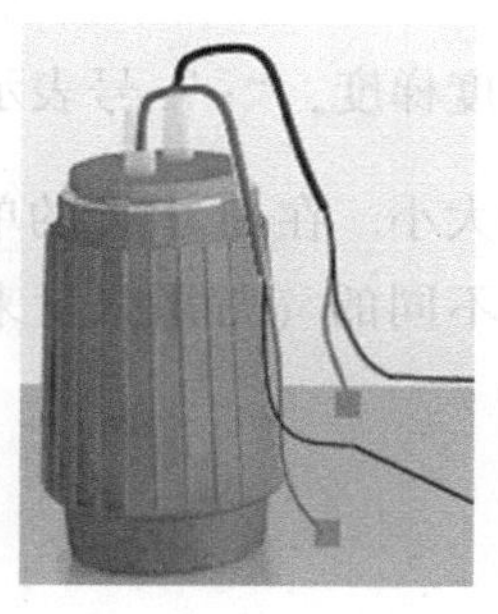
图 4.8.4　杜瓦瓶

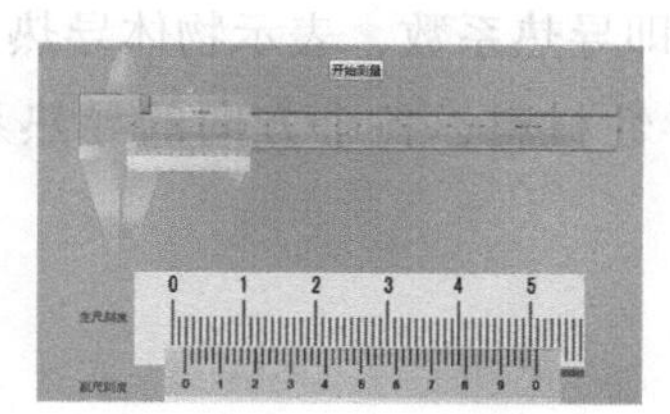
图 4.8.5　游标卡尺

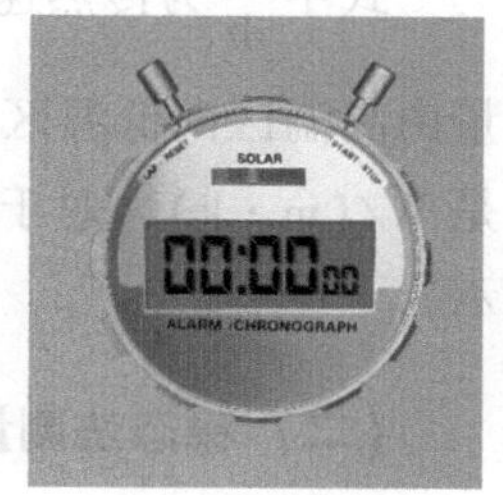

图 4.8.6　电子秒表

三、实验原理

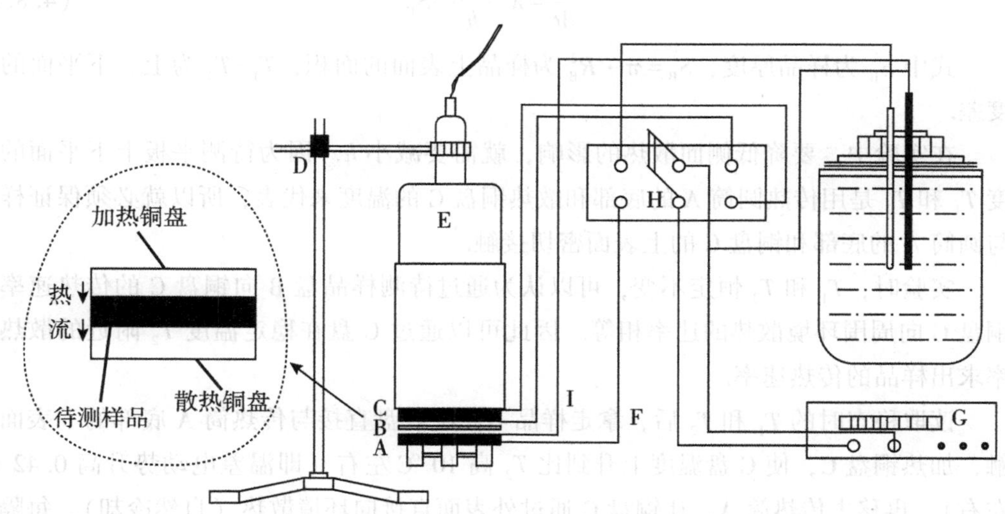

图 4.8.7　不良导体热导率测定装置原理图

（一）傅里叶热传导定律

1822 年法国科学家傅里叶建立了热传导理论，目前各种测量导热系数的方法都是建立在傅里叶热传导定律的基础之上的.

当物体内部有温度梯度存在时，就有热量从高温处传递到低温处，这种现象被称为热传导. 热传导定律指出，如果热量沿着 X 方向传导，在物体内部垂直于 X 的方向取一面积为 $\mathrm{d}S$ 的层面，则在单位时间内，从该层面温度较高的一侧向温度较低的一侧所传递的热量（即传热速率），与这一层的温度梯度和层面面积 $\mathrm{d}S$ 成正比

$$\frac{\mathrm{d}Q}{\mathrm{d}t}=-\lambda\frac{\mathrm{d}T}{\mathrm{d}x}\cdot\mathrm{d}S \tag{4.8.1}$$

式中$\frac{dQ}{dt}$为传热速率，$\frac{dT}{dx}$是与面积 dS 相垂直的方向上的温度梯度，“-”号表示热量由高温区向低温区域，λ 即导热系数，表示物体导热能力的大小．在 SI 中 λ 的单位是 W/(m·k)．对于各向异性材料，各个方向的导热系数是不同的（常用张量来表示）．

（二）稳态法测量原理

图 4.8.7 是不良导体热导率测定装置的原理图．设样品为一平板，样品厚度远小于其半径，当上下平面有稳定的温度 T_1 和 T_2（侧面散热可忽略），即稳态时，通过样品的传热速率为：

$$\frac{dQ}{dt}=\lambda\ \frac{T_1-T_2}{h_B}S_B \tag{4.8.2}$$

式中 h_B 为样品厚度，$S_B=\pi\cdot R_B^2$ 为样品上表面的面积，T_1-T_2 为上、下平面的温度差.

在实验中，要降低侧面散热的影响，就需要减小 h．因为待测平板上下平面的温度 T_1 和 T_2 是用传热圆筒 A 的底部和散热铜盘 C 的温度来代表，所以就必须保证样品与圆筒 A 的底部和铜盘 C 的上表面密切接触.

实验时，T_1 和 T_2 恒定不变，可以认为通过待测样品盘 B 向铜盘 C 的传热速率与铜盘 C 向周围环境散热的速率相等．因此可以通过 C 盘在稳定温度 T_2 附近的散热速率求出样品的传热速率.

读取稳态时的 T_1 和 T_2 后，拿走样品 B，让 C 盘直接与传热筒 A 底部的下表面接触，加热铜盘 C，使 C 盘温度上升到比 T_2 高 10 ℃左右（即温差电动势升高 0.42 mv 左右），再移去传热筒 A，让铜盘 C 通过外表面直接向环境散热（自然冷却），每隔一段时间记下相应的温度值，可求出 C 盘在 T_2 附近的冷却速率$\frac{dT}{dt}$.

对于铜盘 C，在稳态传热时，其散热的外表面积为 $\pi R_C^2+2\pi R_C h_C$，移去传热筒 A 后，C 盘的散热外表面积为 $2\pi R_C^2+2\pi R_C h_C=2\pi \mathrm{R}_C(R_C+h_C)$，考虑到物体的散热速率与它的散热面积成比例，所以有

$$\frac{dQ}{dt}=\frac{\pi R_C(R_C+2h_C)}{2\pi R_C(R_C+h_C)}\cdot\frac{dQ_{传}}{dt}=\frac{R_C+2h_C}{2R_C+2h_C}\cdot\frac{dQ_{传}}{dt} \tag{4.8.3}$$

式中 R_C 和 h_C 分别为 C 盘的半径和高度.

根据热容的定义，对温度均匀的物体

$$\frac{dQ_{传}}{dt}=mc\ \frac{dT}{dt} \tag{4.8.4}$$

对应铜盘 C，就有：

$$\frac{dQ_{传}}{dt}=m_{铜}\ c_{铜}\frac{dT}{dt} \tag{4.8.5}$$

其中 $m_{铜}$ 和 $c_{铜}$ 分别是 C 盘的质量和比热容，将此式代入式（4.8.3）中，有：

$$\frac{dQ}{dt}=m_{铜}\ c_{铜}\frac{R_C+2h_C}{2R_C+2h_C}\frac{dT}{dt} \tag{4.8.6}$$

比较式（4.8.6）和（4.8.2），便得出导热系数的公式：

$$\lambda=m_{铜}\ c_{铜}\ h_B\frac{R_C+2h_C}{2\pi R_B^2(T_1-T_2)(R_C+h_C)}\frac{dT}{dt} \tag{4.8.7}$$

本实验中采用热电偶来测量上、下铜板的温度. 一般来说，热电偶的温差电动势 ε 与它的两个接点得到温差（$T-T_0$）的关系相当复杂，在一级近似下有：

$$\varepsilon=\beta\ (T-T_0) \tag{4.8.8}$$

其中，T 为热端温度，T_0 是冷端温度，β 为常数. 将（4.8.8）式代入（4.8.7）式可得导热系数

$$\lambda=m_{铜}\ c_{铜}\ h_B\frac{R_C+2h_C}{2\pi R_B^2\ (\varepsilon_1-\varepsilon_2)\ (R_C+h_C)}\frac{d\varepsilon}{dt} \tag{4.8.9}$$

实验所用黄铜盘比热容为 370.8 J/（kg·℃），温差电动势的值，可直接从仪器上读出.

四、实验内容

1. 观察和认识传热现象、过程及其规律. 记录系统达到稳态时，橡胶盘上下表面的温度 T_1 和 T_2 所对应的温差电动势 ε_{01} 和 ε_{02}.

2. 分别用逐差法和作图法，求出冷却速率 $\frac{dT}{dt}$ 所对应的 $\frac{d\varepsilon}{dt}$，并求出样品的导热系数.

五、实验步骤与数据记录

1. 观察和认识传热现象、过程及其规律，记录系统达到稳态时的温差电动势 ε_1 和 ε_2.

（1）用游标卡尺测量铜盘和橡胶盘的直径及厚度，多次测量，并求出平均值，数据记录于表 4.8.1.

表 4.8.1　铜盘和橡胶盘直径及厚度的测量

	橡胶盘直径 d_B/cm	橡胶盘厚度 h_B/cm	铜盘直径 d_C/cm	铜盘厚度 h_C/cm
第 1 次				
第 2 次				
第 3 次				
第 4 次				
第 5 次				
平均值				

（2）熟悉各仪表的使用方法，按图 4.8.7 连接好仪器.

（3）接通自耦调压器电源，缓慢转动调压旋钮，使红外灯电压逐渐升高，为缩短达到稳定态的时间，可先将红外灯电压升到 200 V 左右，大约 5 min 之后，再降到 110 V 左右，然后每隔一段时间读一次温差电动势的值，若 10 min 内 ε_1 和 ε_2 的示值基本不变，则可以认为系统达到稳定状态. 记下稳态时的温差电动势 ε_{01} 和 ε_{02}.

A 铜盘稳态时的温差电动势 ε_{01} = ________ mv;

C 铜盘稳态时的温差电动势 ε_{02} = ________ mv.

2. 让散热铜盘自然散热，记录散热盘在稳定点前后温差电动势随时间变化的数据.

记录下稳定时的 ε_{01} 和 ε_{02} 之后，移去橡胶盘 B，让散热 C 盘与传热筒 A 的底部直接接触，加热 C 盘，使 C 盘的温度比 T_2 高约 10 ℃（即温差电动势升高 0.42 mv 左右），把调压器调节到零电压，断开电源，移去传热筒 A，让 C 盘自然冷却，每隔 30 s 记一次温差电动势 ε_2 的值，选择最接近 ε_2 前后的各 6 个数据，记录于表 4.8.2.

表 4.8.2　C 铜盘自然散热时温差电动势 ε_2 的测量

测量次数	1	2	3	4	5	6	7	8	9	10	11	12
ε_2/mv												

3. 用逐差法求出铜盘 C 冷却速率 $\frac{dT}{dt}$ 所对应的 $\frac{d\varepsilon}{dt}$，并求出样品的导热系数.

4. 绘出 $\varepsilon_2 - t$ 关系图，求出铜盘 C 冷却速率 $\frac{dT}{dt}$ 所对应的 $\frac{d\varepsilon}{dt}$，并求出样品的导热系数.

六、注意事项

加热 C 盘时，升高的温度请务必控制在 10 ℃左右（约 0.42 mv），不能偏差太大. 该操作过程动作要迅速.

七、思考题

1. 试分析实验中产生误差的主要因素以及实验中是如何减小误差的.

2. 傅里叶定律$\frac{dQ}{dt}$（传热速率）是不易测准的量，本实验如何巧妙地避开了这一难题？

傅里叶

图 4.8.8　傅里叶

让·巴普蒂斯·约瑟夫·傅里叶（Baron Jean Baptiste Joseph Fourier，1768—1830），法国欧塞尔人，著名数学家、物理学家.

傅里叶早在 1807 年就写成关于热传导的基本论文《热的传播》，向巴黎科学院呈交，但经拉格朗日、拉普拉斯和勒让德审阅后被科学院拒绝，1811 年又提交了经修改的论文，该文获科学院大奖，却未正式发表. 傅里叶在论文中推导出著名的热传导方程，并在求解该方程时发现解函数可以由三角函数构成的级数形式表示，从而提出任一函数都可以展成三角函数的无穷级数. 傅里叶级数（即三角级数）、傅里叶分析等理论均由此创始.

傅里叶由于对传热理论的贡献，于 1817 年当选为巴黎科学院院士. 1822 年，傅里叶终于出版了专著《热的解析理论》（*Théorie analytique de la Chaleur*，Didot，Paris，1822 年）. 这部经典著作将欧拉、伯努利等人在一些特殊情形下应用的三角级数方法发展成内容丰富的一般理论，三角级数后来就以傅里叶的名字命名. 傅里叶应用三角级数求解热传导方程，为了处理无穷区域的热传导问题又导出了当前所称的“傅里叶积分”，这一切都极大地推动了偏微分方程边值问题的研究. 然而傅里叶的工作意义远不止此，它迫使人们对函数概念作修正、推广，特别是引起了对不连续函数的探讨；三角级数收敛性问题更刺激了集合论的诞生. 因此，《热的解析理论》影响了整个 19 世纪分析严格化的进程. 傅里叶 1822 年成为科学院终身秘书.

第五章
电磁学实验

实验 9 惠斯通电桥测电阻

惠斯通电桥是惠斯通在 1843 年提出的，并因此被英国皇家学会授予奖章. 在 *An Account of Several New Instuments Processes for Determining the Constants of a Voltaic Circuit* 中惠斯通阐述了一个利用电位比较法测量电阻的方法，它不但灵敏、准确，而且便于将非电学量转化为阻抗变化. 借助现代运算放大器，人们使用惠斯通电桥将各种传感器连接到这些放大器电路，可以测量电阻、电容、电感、频率、压力、温度等许多物理量.

一、实验目的

惠斯通电桥测电阻

1. 了解惠斯通电桥的结构和测量原理；
2. 掌握自主搭建惠斯通电桥测量电阻的方法；
3. 学会使用箱式单臂电桥测中值电阻；
4. 了解单臂电桥测量中提高灵敏度的方法，学习不确定度计算方法.

二、实验仪器

直流稳压电源、检流计、变阻箱、待测电阻、箱式单臂电桥、滑线变阻器.

（一）箱式单臂电桥

箱式单臂电桥由集成电路面板和电阻箱组成，其实物照片如图 5.9.1（a）所示.

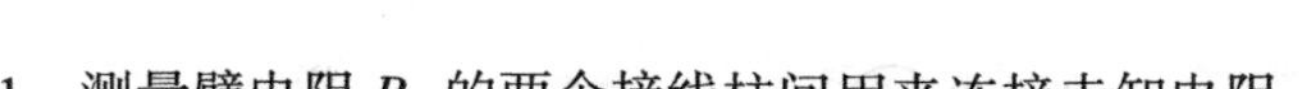

1. 测量臂电阻 R_x 的两个接线柱间用来连接未知电阻.

2. 比例臂旋钮：均为十进制式比值，如 10^{-3}，10^{-2}，10^{-1}，10^{0}，10，10^{2}，10^{3} 等. 旋转即可选择合适的比率.

3. “G”为检流计开关，若电流很小可按下，顺时针扭动可锁住，测量前应注意检流计的零点调节.

4. “B”为电源开关按钮，测量时先按住“B”，后碰触法按“G”. 测量完毕后，先松开“G”，再松开“B”.

（二）检流计

自组电桥实物图如图 5.9.1（b）所示. 检流计是一种重要的电学测量仪器，利用电流磁效应来测量微弱电流，精度可到纳安（nA）级别. 实验室提供磁电指针式或数字式检流计，用于判断电桥是否达到平衡状态. 正式接入电路前，要先调零. 为避免电流过大损坏检流计，一般建议先串联一个保护电阻，待到初步平衡后再去掉.

（a）

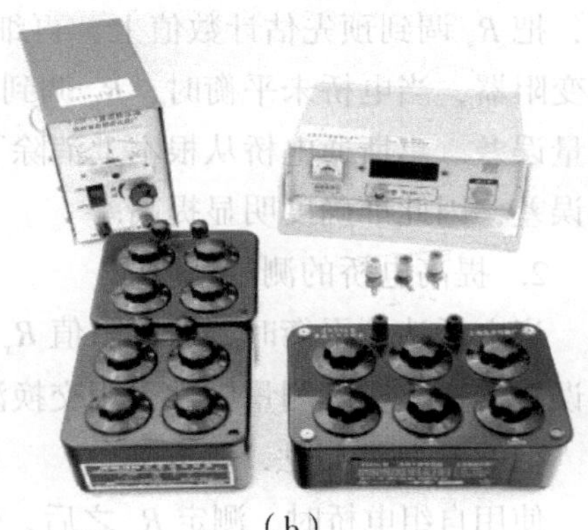
（b）

图 5.9.1 箱式单臂电桥

三、实验原理

（一）惠斯通电桥线路原理

1. 电桥原理.

惠斯通电桥又称为单臂电桥，是一种直流平衡电桥，电路如图 5.9.2 所示. 其中电阻 R_1 和 R_2，与未知电阻 R_x、可调电阻 R_s 构成了四个桥“臂”，检流计Ⓖ连通 BD 两端构成“桥”. 通常 R_1，R_2 称为比例臂，R_x，R_s 所在的桥臂分别称为测量臂和比较臂. 接通电源后，若 B、D 两点电位相等时，桥路中无电流通过，检流计Ⓖ值为零，此时称电桥达到平衡.

此时，$U_{AB}=U_{AD}$，$U_{BC}=U_{DC}$. 因检流计Ⓖ中无电流，所以

$$\frac{R_1}{R_x}=\frac{R_2}{R_s} \tag{5.9.1}$$

由上式可得

$$R_x=\frac{R_1}{R_2}R_s \tag{5.9.2}$$

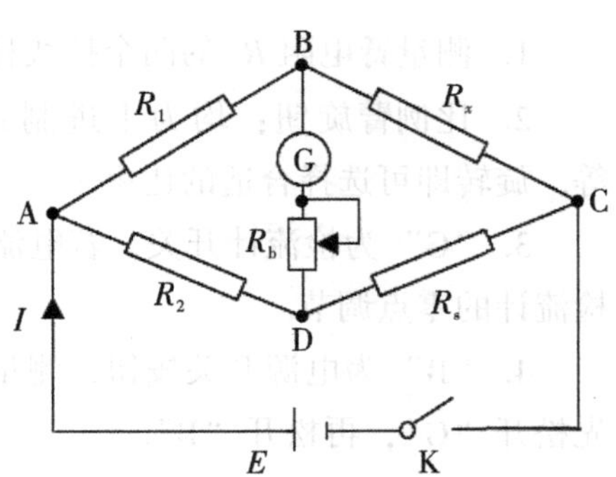

图 5.9.2 惠斯通电桥电路图

式中，R_1/R_2 称为比率或倍率. 显然，惠斯通电桥测电阻的原理是基于电压比较法. 式（5.9.2）就是惠斯通电桥的平衡条件.

调节电桥平衡的技巧，一般是根据未知电阻 R_x 的大小，选好比例臂（R_1，R_2）再调节比较臂 R_s. 在调节电桥平衡的过程中，应遵循"先粗测、后精测，先粗调、后细调"的原则. 即测量前，先用万用表粗略测 R_x 值，根据 R_x 大小，选择合适的比率，把 R_s 调到预先估计数值上，再细调 R_s 使得电桥平衡. 通常 BD 两端还会加入滑线变阻器，当电桥未平衡时，R_b 调到最大，保护检流计；平衡后调到最小，减小电桥测量误差. 惠斯通电桥从根本上消除了采用伏安法测电阻时因电表内阻接入带来的系统误差，因此准确度明显提高.

2. 提高电桥的测量精度.

当电桥达到平衡时，所测阻值 R_x 的准确度仅由 R_1，R_2，R_s 的准确度决定. 为减小误差传递，实际测量中常采用交换测量法提高测量精度.

（1）交换测量法.

使用自组电桥时，测定 R_x 之后，保持比例臂 R_1，R_2 不变，将比较臂 R_s 与测量臂 R_x 的位置对换，再调节 R_s 阻值使得电桥平衡（检流计Ⓖ趋于零）. 设此时 R_s 变为 R_s'，则

$$R_x=\frac{R_2}{R_1}R_s' \tag{5.9.3}$$

由式（5.9.2）和式（5.9.3），可得

$$R_x=\sqrt{R_sR_s'} \tag{5.9.4}$$

R_x 仅取决于比例臂 R_s 的准确度. 若比较臂选用准确度较高的标准电阻箱，则可显著减小系统误差.

（2）替代测量法.

使用箱式电桥测量 R_x 时，测量结果只有4位有效数字. 为提高测量精度，可先将未知电阻 R_x 接入测量臂，调节电桥达到平衡之后，用一个六转盘电阻箱替代 R_x，在保持其他各臂不变的条件下调节电阻箱，使电桥重新平衡，这时电阻箱读数即为 R_x 的测量值.

（二）电桥灵敏度 S

电桥平衡后，当比较臂阻值在 R_s 到 $R_s \pm \Delta R_s$ 范围内微小变动时，所引起检流计指针改变的分度数（格数）Δn 与 $\Delta R_s/R_s$ 的比值，定义为电桥灵敏度 S：

$$S=\frac{\Delta n}{\Delta R_s/R_s} \tag{5.9.5}$$

式中 S 的单位为“格”. S 越大，在 R_s 基础上增减 ΔR_s 能引起检流计Ⓖ指针偏转的格数就越多，电桥就越灵敏，对电桥平衡的判断就越容易，测量结果相对也更准确. 电桥灵敏度不仅与示零器本身的灵敏度有关，还和电源的电压、各桥臂电阻以及串联的限流电阻等线路结构（即电桥线路灵敏度）有关.

四、实验内容

1. 自主搭建电桥测未知电阻，计算其不确定度 U_{R_x}；
2. 用箱式单臂电桥测电阻及电桥灵敏度；
3. （选做）利用单臂电桥平衡特点，接入热敏电阻作为电桥一个桥臂，记录热敏电阻温度变化与非平衡电桥输出电压之间的关系.

五、预习问题

1. 箱式电桥中比例臂的选择原则是什么？
2. 自组装电桥测电阻时，分析下列 2 种情况故障产生原因：①检流计指针总是偏向一边；②检流计指针总是不偏转.

六、实验步骤与数据记录

（一）自组装单臂电桥测电阻

1. 选择万用表的合适电阻挡位，测量未知电阻 R_x 的粗略阻值.
2. 按照电路原理图接好电桥，根据 R_x 的粗略阻值选择合适的 R_1，R_2 和 R_s 初始值.
3. 闭合开关 K，对 R_s 进行“粗调”，按下检流计Ⓖ开关，观察检流计Ⓖ的示数正负，逐步改变 R_s 阻值（由大及小），直到检流计Ⓖ示数正负波动不明显，则此时“粗调”平衡完成.

4. 进一步地，逐步微调 R_s 直到检流计Ⓖ示数绝对值最小（尽可能趋向于零），则“细调”平衡，记下此时的 R_s 值. 建议上述步骤重复3次.

5. 断开电路，将 R_x 和 R_s 位置对调，测出 R_s'，利用公式（5.9.4）计算交换测量法测得的电阻值 R_x.

6. 计算不确定度 U_{R_x}.

7. 改变电压（2 V，4 V，6 V），重复测量电阻的阻值，分析电压变化对阻值是否有影响.

（二）箱式单臂电桥测电阻及电桥灵敏度

1. 检查箱式电桥电源键，将其切换到内接状态. 测量前对检流计进行零点调节.

2. 使用万用表获得的未知电阻粗略值，随后将其接在箱式电桥的“R_X”接线柱两端. 根据未知电阻数值大小，选择合适比例臂 K，务必保证 R_s 能有4位有效数字.

3. 电桥平衡调节：按下检流计“B”和“G”开关，观察检流计指针的左右偏转，逐步改变 R_s 阻值，直到检流计指针正负波动不明显.

4. 正式测定时，可以将“B”和“G”按钮顺时针往下旋转直至锁住. 仔细调节比例臂旋钮使检流计指针为零，得到 $R_x=KR_s$.

5. 在“细调”平衡基础上，调节 R_s 使得检流计指针偏离零点5小格左右，记下此时的偏转格数 n 及比较臂的阻值 R_s'，计算电桥灵敏度 S.

6. 测试完毕后，应先松“G”旋钮，再松“B”旋钮.

7. 替代法. 重新调节电桥平衡后，使用电阻箱替换 R_x，不改变箱式桥的设置，调节电阻箱阻值直至电桥重新平衡. 此时，电阻箱的读数应与 R_x 相同.

（三）数据记录与处理（该部分一般课后完成）

1. 自组装电桥实验.

（1）记录多组数据，计算其平均电阻值. 根据公式计算A类不确定度. 分析讨论上述误差来源.

（2）计算电桥灵敏度交换法引入的不确定度 $R_x=\sqrt{R_sR_s'}$.

（3）计算 B 类不确定度，最后计算合成不确定度 U_{R_x}.

在自组电桥实验中，电阻箱的仪器误差用下式估算：

$$\Delta R_s \approx R_s \times \sum a\%$$

式中，a 代表各挡位最大相对百分偏差.

数据记录参考表格如表 5.9.1 所示.

表 5.9.1　自组电桥数据记录表（预习报告参考）

R_x 粗略值/Ω				
比率 R_1/R_2				
电桥平衡时 R_s/Ω				
提高精度方法 R_s'	交换测量法			
最终测得 R_x/Ω				

2. 箱式电桥.

QJ23A 型箱式单臂电桥的基本误差极限（仪器误差）为

$$E_{\lim}=\pm a\%\left(R_s+R_N/10\right)K$$

式中：a 为电桥的准确度等级（在箱式电桥的铭牌上查得）；K 为缩放因子，取电桥的比率；R_N 为基准值，简化处理近似取为 5 000 Ω.

基于上述公式，计算箱式电桥的 B 类不确定度.

表 5.9.2　箱式电桥数据记录表（预习报告参考）

R_x 粗略值/Ω		
比率 K		
电桥平衡时 R_s/Ω		
提高精度方法 R_s'	替代测量法	
最终测得 R_x/Ω		
偏转的格数 n		
指针偏转后 R_s'/Ω		

（四）选做部分

1. 探究电桥灵敏度与线路元件参量之间的依赖关系.

（1）改用万用表的不同电压量程做自组装电桥的检流计；

（2）改变电源电压和比率 R_1/R_2；

（3）交换电源与检流计的位置.

2. 非平衡电桥与传感器配合使用.

利用单臂电桥调节平衡特点，若是外界环境变化，例如温度改变，会导致阻值变化，试接入热敏电阻作为电桥一个桥臂，分析热敏电阻所处环境温度与非平衡电桥输出电压之间的关系.

七、注意事项

（一）操作技巧与提示

1. 实验前先旋转各个转盘，检查盘内弹簧触点的接触性能是否完好.

2. 调节电桥平衡应遵循“先粗测、后精测，先粗调、后细调”的原则.

3. 使用箱式单臂电桥时，应避免 B、G 按钮长时间锁住.

4. 细调过程中，若改变 R_s 的低位旋转转盘 1 个步进值而检流计无反应，说明电桥灵敏度过低. 提高灵敏度后，若使这一个旋转盘由 0 变化到 9（即不到 1 个步进值），检流计示数仍无变化，则 R_s 的有效数字不能记录到此位.

（二）实验过程可能出现的故障

1. 检流计指针不偏转（排除检流计自身损坏的可能性）.

出现此种情况，说明桥路没有电流通过，其原因可能是电源回路不通，或者桥支路不通. 检查故障方法：先用万用表检查电源有无输出，然后接通回路，再检查电源与桥臂的两个连接点之间有无电压，最后分别检查电桥支路上的导线、开关等是否完好（注意检流计不能直接用万用表电阻挡检查）.

2. 检流计指针偏向一边.

出现此种情况，原因可能有 3 种：

原因 1：比例系数（倍率）K 值选择不当，改变 K 值，故障即消失.

原因 2：四个桥臂中有个桥臂断开.

原因 3：四个桥臂中某两个相对的桥臂同时断开.

八、思考题

1. 为什么要测量电桥的灵敏度？电桥的灵敏度与哪些因素有关？

2. 电桥的灵敏度是否越高越好？为什么？

3. 如果取桥臂电阻相等，调节 R_s 从 0 到最大，检流计指针始终偏向零点的一侧，这说明了什么问题？应该如何调节才能使电桥平衡？

九、实验拓展

非平衡电桥

查尔斯·惠斯通

查尔斯·惠斯通（Charles Wheatstone，1802—1875）（图 5.9.3）出生于英国格洛斯特，小时候的惠斯通害羞且敏感，喜欢阅读书籍.

图 5.9.3　查尔斯·惠斯通

惠斯通自 1836 年起便成为英国皇家学会的一员，在 1868 年完成自动电报机的发明. 在这之前他曾获骑士级的荣誉勋章，更有分别来自国内外不同单位的 34 个荣誉证明了他的学术声望：分别在 1859 年、1873 年当选瑞典皇家科学院与法国科学院的外国会员；1873 年被法国促进国家工业协会授予安培奖章；1875 年成为英国土木工程师学会的荣誉会员.

实验 10　双臂电桥测低电阻

双臂电桥是基于惠斯通电桥原理改进而成的一种精密电阻测量仪器，也被称为开尔文电桥. 它由四个电阻和电源组成电桥电路，通过调节电桥中的电阻值，使电桥达到平衡状态，从而精确测量未知电阻的阻值. 在测量低值电阻（阻值小于 1 Ω）时，导线本身以及连接点处引入的附加电阻（通常大于 0.1 Ω）不能忽略. 双臂电桥采用四端接法，将电流端和电压端分开连接，能够有效消除导线和连接点引入的附加电阻对测量结果的影响，因此常用于低值电阻的精确测量，为电子工程、通信工程、物理学等领域的实验研究提供了重要的测量方法和可靠的数据支持.

一、实验目的

1. 了解四端接法的特点；
2. 掌握双臂电桥的工作原理；
3. 用双臂电桥测量金属材料（铜、铝）的电阻率.

二、实验仪器

本实验所使用仪器有 QJ36 型双臂电桥（0.02 级）（图 5.10.1）、JWY 型直流稳压电源（5 A　15 V）（图 5.10.2）、电流表（5 A）（图 5.10.3）、直流复射式检流计（AC15/4 或 6 型）（图 5.10.4）、、双刀双掷换向开关（图 5.10.5）、低电阻测试架（待测铜、铝棒各一根）（图 5.10.6）、0.001 标准电阻（0.01 级）（图 5.10.7）、R_P 电阻（图 5.10.8）、超低电阻（小于 0.001）、连接线、千分尺、导线等.

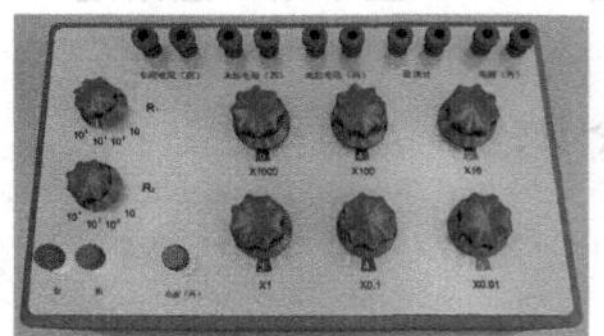

图 5.10.1　QJ36 型双臂电桥(0.02 级)

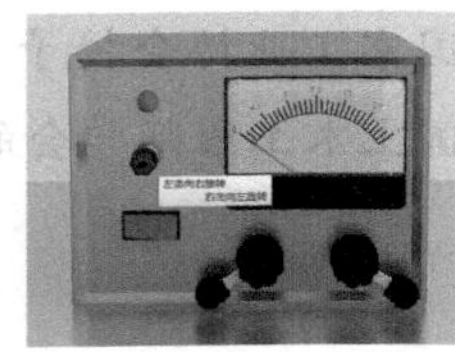

图 5.10.2　直流稳压电源

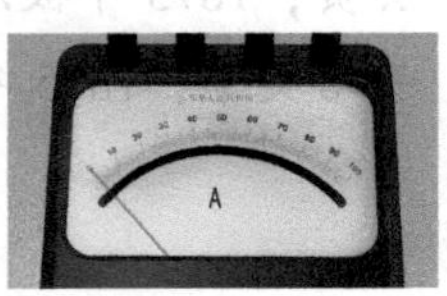

图 5.10.3　电流表

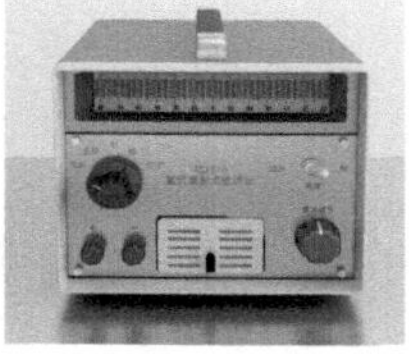

图 5.10.4　检流计

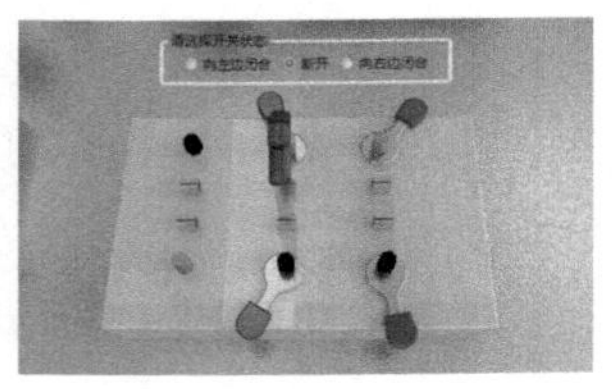

图 5.10.5　双刀双掷换向开关

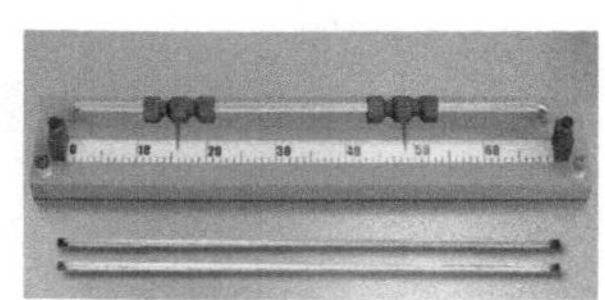

图 5.10.6　低电阻测试架

图 5.10.7　标准电阻

图 5.10.8　R_P 电阻

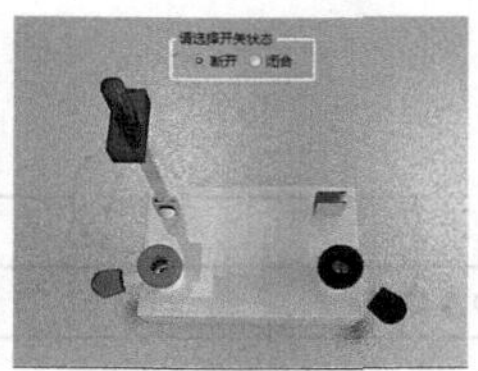

图 5.10.9　普通电路开关

三、实验原理

（一）四端接法的应用

当使用电流表、毫伏表按照欧姆定律测量低值电阻时，测量电路中不可避免地会存在接触电阻. 图 5.10.10 所示测量金属棒电阻的电路中，若考虑电流表、毫伏表与待测电阻之间的接触电阻，则等效电路图如图 5.10.11 所示. 其中，R_x 是待测电阻，而 R_{i1}、R_{i2}、R_{i3} 和 R_{i4} 分别代表各接触点的接触电阻. 由于毫伏表的内阻 R_g 远大于接触电阻 R_{i3} 和 R_{i4}，因此毫伏表测量时接触电阻的影响可以忽略不计. 然而，欧姆定律 $R=\dfrac{U}{I}$ 得到的电阻实际上是 $R_x+R_{i1}+R_{i2}$，当待测电阻值小于 1 Ω 时，接触电阻的影响不可忽略.

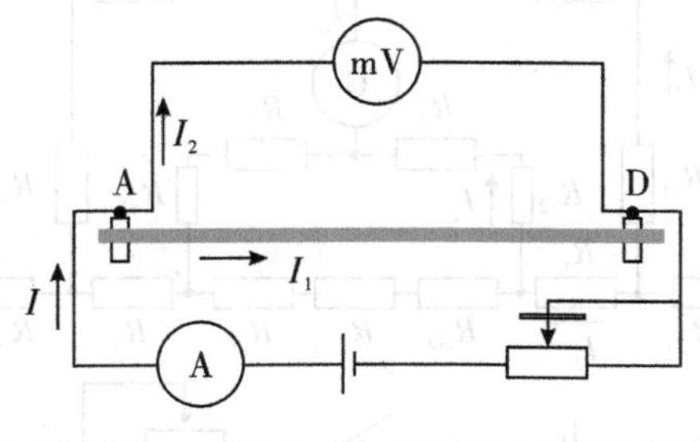

图 5.10.10　测量电阻的电路图

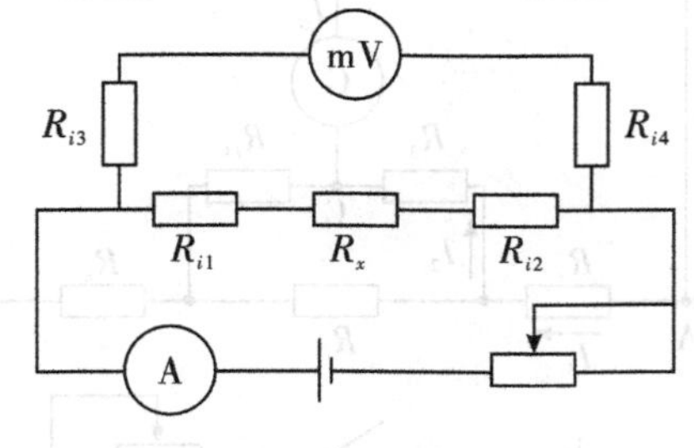

图 5.10.11　等效电路

为了消除接触电阻对测量结果的影响，采用图 5.10.12 的接线方式，将 R_x 以四端接法方式连接（等效电路如图 5.10.13 所示），此时毫伏表直接测得 R_x 两端的电压降，电流表测量通过 R_x 的电流，通过欧姆定律可以准确计算出 R_x 的数值.

许多低值标准电阻采用四端接法设计，其中 A、D 端接入电流测量回路，称为电流端；B、C 端接入电压测量回路，称为电压端. 这种设计可以有效减少导线电阻和接触电阻对测量结果的影响，提高低值电阻测量的准确性.

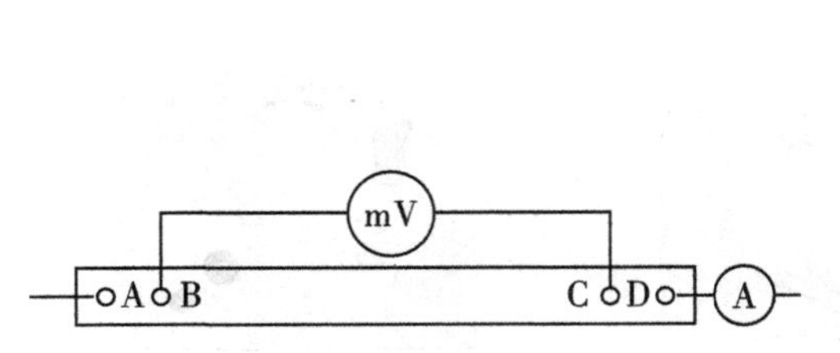

图 5.10.12　四端接法电路图

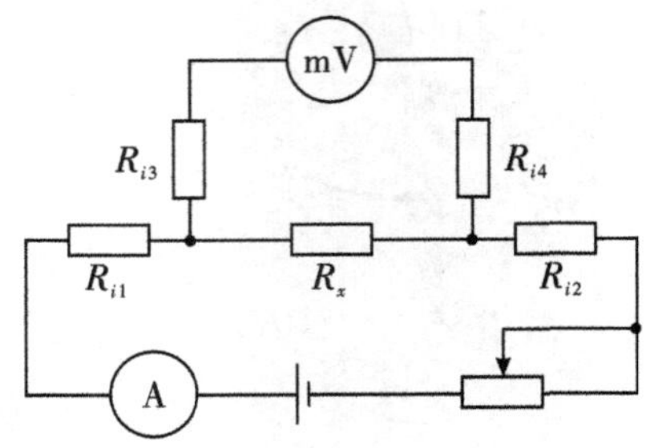

图 5.10.13　四端接法等效电路

（二）双臂电桥

在使用电桥测量低值电阻的实验中，为了提高测量精度，待测电阻和标准电阻均采用四端接法. 在单臂电桥的基础上，通过在检流计支路中引入两个较高阻值的电阻 R_2 和 R_3（如图 5.10.14 所示），单臂电桥被改进为双臂电桥. 电阻 R_2 和 R_3 构成了双臂电桥的“内臂”.

图 5.10.15 所示是双臂电桥的等效电路. 其中，标准电阻 R_n 和待测电阻 R_x 均为四端电阻. 标准电阻 R_n 的电流端接触电阻为 R_{in1} 和 R_{in2}，待测电阻 R_x 的电流端接触电阻为 R_{ix1} 和 R_{ix2}，连接到双臂电桥的电流测量回路中. 标准电阻 R_n 的电压端接触电阻为 R_{n1} 和 R_{n2}，待测电阻 R_x 的电压端接触电阻为 R_{x1} 和 R_{x2}，连接到双臂电桥的电压测量回路中. 由于这些接触电阻与较大电阻 R_1、R_2、R_3 和 R 串联，因此其影响可以忽略不计.

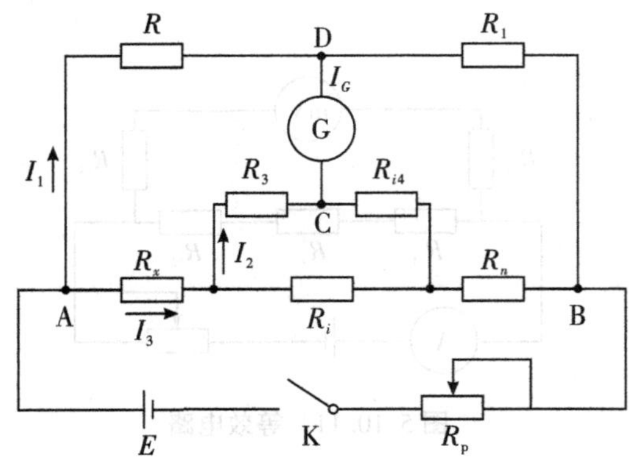

图 5.10.14　双臂电桥电路

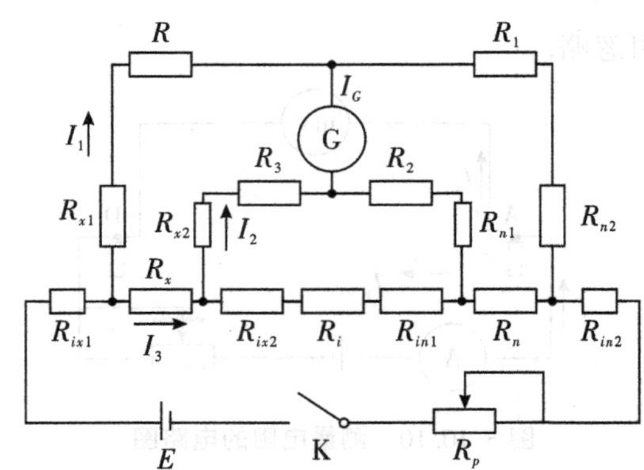

图 5.10.15　双臂电桥等效电路

根据图 5.10.14 和图 5.10.15，当电桥平衡时，通过检流计 G 的电流 $I_G=0$，C 点和 D 点的电位相等. 根据基尔霍夫定律，可以得到以下方程组（5.10.1）.

$$\begin{cases} I_1 R = I_3 R_x + I_2 R_3 \\ I_1 R_1 = I_3 R_n + I_2 R_2 \\ (I_3 - I_2)\ R_i = I_2\ (R_3 + R_2) \end{cases} \tag{5.10.1}$$

解方程组得

$$R_x = \frac{R}{R_1} R_n + \frac{R \cdot R_i}{R_3 + R_2 + R_i}\left(\frac{R_2}{R_1} - \frac{R_3}{R}\right) \tag{5.10.2}$$

通过联动转换开关，同时调节 R_1、R_2、R_3、R，使得

$$\frac{R_2}{R_1} = \frac{R_3}{R} \tag{5.10.3}$$

成立，此时（5.10.2）式中第二项为零，因此有

$$R_x = \frac{R}{R_1} R_n \tag{5.10.4}$$

实际上，即使使用了联动转换开关，也很难完全实现方程（5.10.3）的精确平衡．为了减小方程（5.10.2）中第二项的影响，可以使用尽量粗的导线以减小导线电阻 R_i 的阻值（$R_i < 0.001\ \Omega$），使（5.10.2）式中的第二项尽可能小，与第一项相比可以忽略不计，以满足方程（5.10.4）．

（三）电阻率

电阻率（用符号 ρ 表示）是反映材料对电流阻碍作用的固有属性，与材料的种类有关，并且会受到温度的影响．在温度变化范围较小时，几乎所有金属的电阻率都随温度呈线性变化，基于这一特性，可以制成电阻温度计．此外，某些合金的电阻率受温度影响极小，因此常被用作标准电阻．

根据电阻公式 $R_x = \rho \dfrac{L}{S}$，可推导出电阻的计算公式

$$\rho = R_x \frac{S}{L} \tag{5.10.5}$$

其中 L 表示电阻长度，S 表示电阻横截面积．如果金属棒的横截面为圆形，直径为 D，电阻率的计算公式可以进一步改写为

$$\rho = \frac{\pi D^2}{4L} R_x \tag{5.10.6}$$

四、实验内容

1．用双臂电桥测量一定长度的铜棒和铝棒的电阻值；

2．测量铜棒和铝棒的电阻率 ρ．

五、预习问题

1. 测量低电阻为什么要用四端接线法？
2. 试比较双臂电桥与单臂电桥在线路结构上的不同.

六、实验步骤与数据记录

（一）用双臂电桥测量铜棒和铝棒的电阻

1. 连接电路.

实验中，主界面如图 5.10.16 所示，将鼠标指针放置在特定仪器上并双击，可以查看该仪器的放大视图. 以 QJ36 型双臂电桥为例，双击后可仔细观察其标准电阻、未知电阻、检流计等接线柱的位置和连接方式. 在实验开始前，需将电桥中的电阻 R_1、R_2 调节至 1 000 Ω，并确保电阻 R 的“粗”“细”调节按钮处于弹起状态. 接下来，双击检流计打开其电源，并依次在“×1”和“×0.1”挡位进行调零，最后将档位重新调回到“×1”挡. 随后，双击待测电阻架的界面，将铜棒拖入测试架中，并将滑块间距离调节至 50.0 cm. 按照图 5.10.17 连接线路.

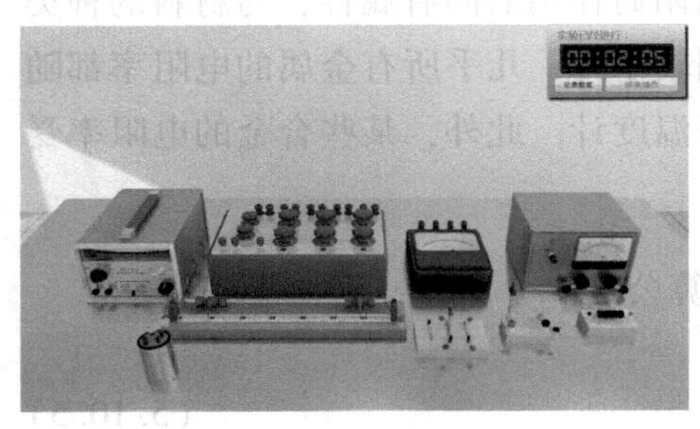

5.10.16 主窗口

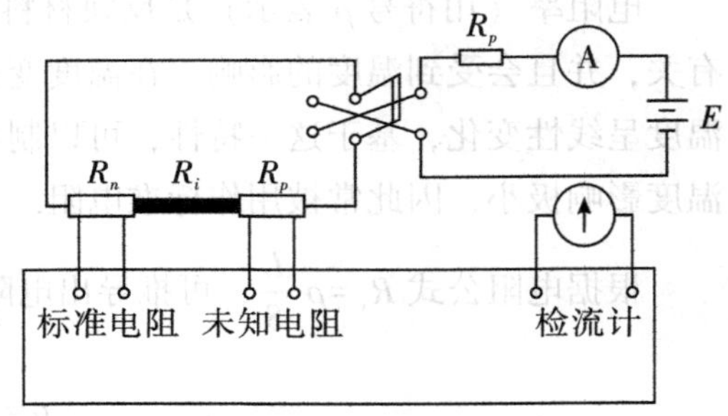

图 5.10.17 实验电路图

2. 测量铜棒的电阻.

在实验操作中，双击电源并打开，双击单刀开关将其关闭，双击双刀开关将其扳向左侧，按下电阻 R 的“粗”调节按钮，并调节阻值较大的旋钮，使检流计的指示值接近 0. 随后，弹起“粗”按钮，按下“细”按钮，调节 R 较小旋钮，使检流计的指示值精确为零，此时电桥达到平衡状态，记录此时电阻 R 的数值.

接着，将双刀开关扳向右侧，重复上述操作，通过细调电阻 R 使电桥再次达到平衡，并记录此时的 R 值. 重复上述过程 3 次，记录数据于表 5.10.1，根据数据，由公式（5.10.4）计算铜棒的电阻值.

表 5.10.1　测量长度为 50.0 cm 的铜棒的电阻

测量次数	1	2	3
向左/Ω			
向右/Ω			

电桥 R 的阻值的平均值为______Ω；

铜棒的电阻值为______Ω.

3. 测量铝棒的电阻.

断开开关，双击待测电阻架，换上铝棒，然后重复步骤 2 的过程，数据记录于表 5.10.2，根据数据计算铝棒的电阻值.

表 5.10.2　测量长度为 50.0 cm 的铝棒的电阻

测量次数	1	2	3
向左/Ω			
向右/Ω			

电桥 R 的阻值的平均值为______Ω；

铝棒的电阻值为______Ω.

（二）测量铜棒和铝棒的电阻率 ρ

首先，测量铜棒和铝棒横截面的直径. 将螺旋测微计拉到桌面，分别将铜棒和铝棒放置在螺旋测微计中进行测量，数据记录于表 5.10.3. 接着将铜棒和铝棒的电阻值及截面直径代入公式（5.10.6），计算铜棒和铝棒的电阻率.

表 5.10.3　测量铜棒和铝棒横截面的直径

测量次数	1	2	3	平均值
铜棒/mm				
铝棒/mm				

铜棒的电阻率为________Ω · m；

铝棒的电阻率为________Ω · m.

七、注意事项

1. 金属棒安装在测试架刀口下面，端头顶到位螺丝拧紧；

2. 检流计在“×1”和“×0.1”挡进行调零、测量，不工作时拨到短路挡进行保护.

八、思考题

1. 如果将标准电阻与待测电阻的电流头与电压头互换，对测量结果有影响吗？为什么？

2. 在测量时，如果被测低电阻的电压头的接线导线细长，对测量结果有无影响？如果是电流头接线导线细长是否对结果有影响？为什么？

物理史话

威廉·汤姆孙

威廉·汤姆孙（William Thomson），即后来的开尔文勋爵，是英国著名的数学物理学家和工程师（1824—1907）．他是热力学的开创者之一，对热力学第一定律和第二定律的建立做出了重大贡献，因此被誉为现代热力学之父．为了纪念他的杰出贡献，绝对温度的单位被命名为开尔文（Kelvin，K）．

5.10.18 威廉·汤姆孙

在电学测量领域，开尔文勋爵也有重要贡献．1862 年，他在使用单臂电桥测量低值电阻时发现，引线电阻和连接点的接触电阻会对测量结果产生显著误差，这些附加电阻可能远大于被测电阻值．为了解决这一问题，他提出了一种改进的桥路设计，将单臂电桥发展为双臂电桥，这种电桥被称为汤姆孙电桥．随着汤姆孙被封为开尔文勋爵，该电桥也被命名为开尔文电桥，并一直沿用至今．

实验 11　霍尔效应测磁场

置于磁场中的载流导体，如果其电流方向与磁场方向垂直，则在垂直于电流和磁场的方向会产生一个附加的横向电场．这个现象是霍尔于 1879 年发现的，故称霍尔效应．霍尔效应是导电材料中电流与磁场相互作用而产生电动势的效应．由于金属的霍尔效应太弱，霍尔效应刚开始未得到实际应用．随着半导体材料和制造工艺的发展，霍尔效应逐渐显著，被广泛用于非电量的测量、

霍尔效应（上）

电动控制、电磁测量等方面. 1980 年，德国物理学家冯·克利青在超低温和强磁场条件下发现量子霍尔电阻呈现整数量子化，即整数量子霍尔效应，获得 1985 年诺贝尔物理学奖. 1982 年，华裔物理学家崔琦又发现分数量子霍尔效应，获得 1998 年诺贝尔物理学奖. 2013 年，中国科学院薛其坤院士团队发现了不需要外加磁场的反常量子霍尔效应. 目前，对量子霍尔效应的研究更加深入，并取得了重要成就.

一、实验目的

1. 了解霍尔效应产生的物理过程，掌握霍尔电压测量的基本原理与方法；
2. 验证霍尔电压与励磁电流（磁感应强度）及霍尔元件工作电流的正比关系；
3. 掌握霍尔效应测量磁场强度的方法，测绘螺线管中心轴线的磁感应强度分布.

二、实验仪器

DH4512 型霍尔效应测试仪，测试线 6 根，如图 5. 11. 1 所示.

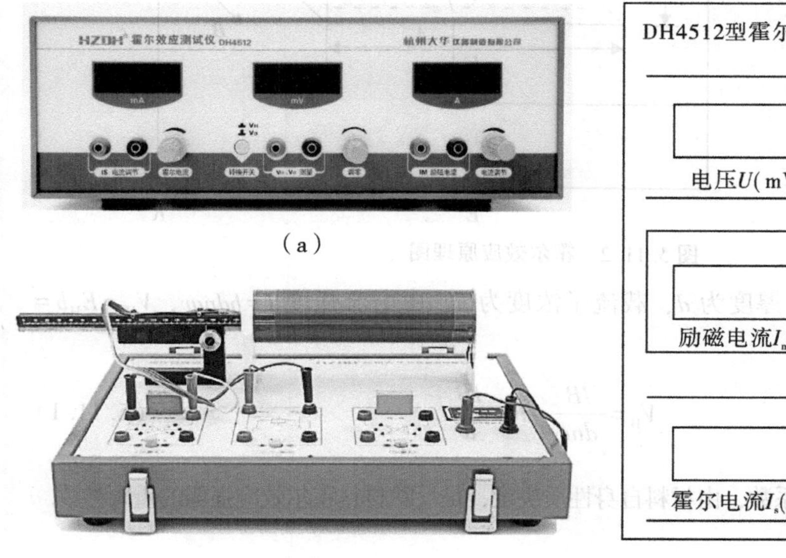

（a）

（b）

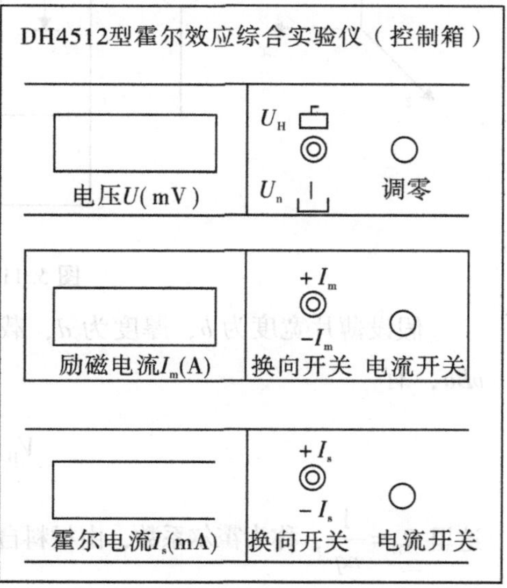

（c）

图 5. 11. 1　DH4512 型霍尔效应测试仪

三、实验原理

霍尔效应从本质上讲是运动的带电粒子在磁场中受洛伦兹力的作用而产生偏转的现象. 当带电粒子（电子或空穴）被约束在固体材料中，这种偏转就导致在垂直电流

霍尔效应（下）

和磁场方向上产生正、负电荷的不同侧面的积累，从而形成附加的横向电场．如图 5.11.2 所示，将导体或半导体制成的薄片置于磁场中，在其水平方向通工作电流 I_S，在 z 方向（垂直于纸面向外）加磁场 B，薄片内定向移动的载流子受到洛伦兹力的大小为 $f_B=qvB$，其中 q 为载流子电量，v 为载流子迁移速度，B 为磁感应强度．在洛伦兹力作用下，载流子将向薄片两侧面 A 和 A'积聚，产生电位差 V_H，形成电场 E_H．当载流子带正电时，A'侧和 A 侧分别积累正电荷和负电荷，A'的电势高于 A（当载流子带负电时，则情况相反）．电场 E_H 将对载流子施加与洛伦兹力方向相反的电场力 $f_E=qE_H$，随着积累电荷逐渐增加，f_E 逐渐增大，当 $f_E=f_B$ 时，载流子在两个侧面 A 和 A'的积聚达到动态平衡，V_H 和 E_H 都稳定下来，V_H 即为霍尔电压．此时，$f_B=qvB=f_E=qE_H$，$E_H=vB$.

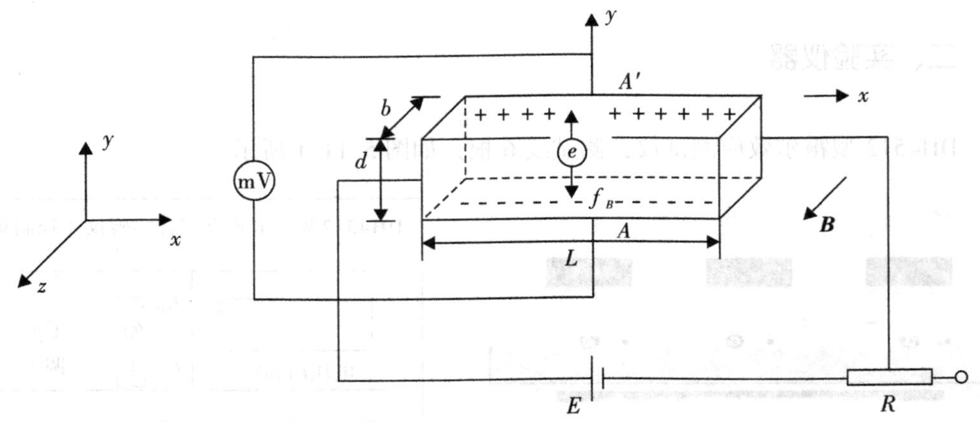

图 5.11.2　霍尔效应原理图

假设薄片宽度为 b，厚度为 d，载流子浓度为 n，由电流强度 $I=bdnqv$，$V_H=E_Hb=vBb$，有

$$V_H=\frac{IB}{dnq}=R_H\frac{IB}{d} \tag{5.11.1}$$

这里 $R_H=\frac{1}{nq}$，称为霍尔系数，由材料自身性质决定，是反映材料霍尔效应强弱的重要参数.

根据材料电导率 $\sigma=nq\mu$，还可以得到：$R_H=\frac{\mu}{\sigma}=\mu\rho$ 或 $\mu=R_H\sigma$，其中，μ 为载流子迁移率，即单位电场下载流子的运动速度．一般电子迁移率大于空穴迁移率，因此制作霍尔元件时大多采用 N 型半导体材料.

当霍尔元件的材料和厚度确定时，设 $K_H=\frac{R_H}{d}=\frac{1}{nqd}$，则有 $V_H=K_HI_SB$，其中，K_H 称为元件灵敏度，表示霍尔元件在单位磁场强度和单位工作电流下的霍尔电压大小，其单位是mV/(mA·T)，一般要求K_H越大越好．金属载流子浓度n很高，导致R_H和K_H都不大，因此金属不适宜制作霍尔元件．此外，元件越薄，则K_H越大，所以制作器件时往往采用减小厚度d的方法来增加灵敏度．但不能认为d越小越好，因为这样元件的输入和输出电阻会增加，不利于霍尔元件的应用．霍尔元件上一般会标注材料类型、K_H、最大工作电流、几何尺寸等参数．

当工作电流I_S确定时，霍尔电压V_H与磁感应强度B成正比．若I_S、K_H已知，只要测出霍尔电压V_H，即可算出磁感应强度B的大小，公式如下：

$$B=\frac{V_H}{K_H I_S} \tag{5.11.2}$$

这就是霍尔效应测磁场强度的基本理论依据．

通电导线产生磁场，磁场强弱与导线中电流成正比，利用霍尔元件测出磁场强度，即可求得通电导线中的电流值．这种方法不需要断开待测电流，不消耗待测电流功率，对被测回路没有影响，特别适用于检测数千至数万安培的强大直流电流．

霍尔效应也是研究半导体材料的重要手段．利用霍尔效应可以判断材料导电类型，测定载流子浓度及载流子迁移率等重要参数．若已知载流子类型（电子或空穴），则由霍尔电压V_H的正负可判定磁场方向；反之，若已知磁场方向，则可判定载流子类型．已知电流、磁场强度、霍尔电压，还可以研究载流子浓度与温度的变化规律．

由于霍尔电场建立所需的时间很短（10^{-14}~10^{-12} s），因此霍尔元件使用交流电或者直流电皆可．使用交流电时，得到的霍尔电压也是交变的，式（5.11.2）中的I_S、V_H应理解为有效值．

应当注意的是，当磁感应强度B与元件平面法线成一角度时，作用在元件上的有效磁场是其法线方向上的分量$B\cos\theta$，此时：

$$V_H=K_H I_S B\cos\theta \tag{5.11.3}$$

所以，一般在使用时应调整元件两平面方位，使V_H达到最大，即$\theta=0$.

（一）实验系统误差及其消除

测量霍尔电压V_H时，不可避免地会产生一些副效应，由此产生的附加电势叠加在霍尔电压上，形成测量系统误差．这些副效应主要包括如下四个：

1．不等位电势V_0.

由于制造工艺的限制，两个霍尔电极不可能绝对对称地焊在霍尔元件两侧、霍尔元件电阻率不均匀、工作电流电极的端面接触不良，都可能造成霍尔电极不处在同一等势面上．此时，即使不加磁场，霍尔电压电极间也存在电

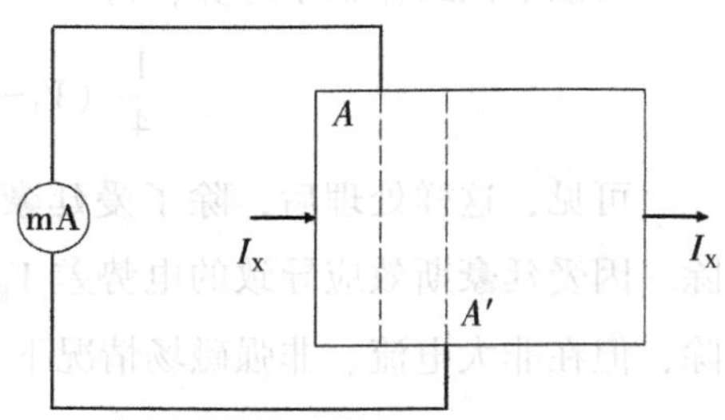

图 5.11.3　不等位电势示意图

势差，称为不等位电势，$V_0=I_SR_0$，其中，R_0 是两等势面间的电阻. 由此可见，在 R_0 确定的情况下，V_0 与 I_S 的大小成正比，且其正负只与控制电流的方向有关，与磁场方向无关.

2. 爱廷豪森效应.

由于流过霍尔元件的载流子迁移速率服从统计分布规律，有快有慢，在磁场作用下，慢速载流子和快速载流子受到的洛伦兹力大小不同，在洛伦兹力和霍尔电场的共同作用下，它们会向 Y 轴的正向或反向两侧偏转，这些载流子的动能将转化为热能，使两侧温度升高的程度不同，从而造成了 Y 方向两侧的温差. 由于霍尔元件材料与电极材料不同，电极与元件之间形成温差电偶，产生温差电动势 V_E，$V_E\propto I_SB$. 这一效应称为爱廷豪森效应，V_E 的大小及正负与 I_S、B 的大小和方向有关，这同 V_H 与 I_S、B 的关系相同，所以不能在测量中消除.

3. 能斯特效应.

由于工作电流的两个电极与霍尔元件的接触电阻不同，电流通过时将产生不同的焦耳热，使两电极间产生温差电动势，此电动势又会产生温差电流 Q（热电流），热电流在磁场作用下偏转，最终在 Y 方向产生附加的电势差 V_N，$V_N\propto QB$. V_N 的符号只与 B 的方向有关. 这一效应称为能斯特效应.

4. 里吉-勒迪克效应.

如上所述，霍尔元件在 X 方向有温度梯度，产生热电流 Q 通过元件，在此过程中，热电流受磁场作用，在 Y 方向又会产生类似爱廷豪森效应的温差电动势 V_R，$V_R\propto QB$，其符号与 B 的方向有关，与 I_S 的方向无关.

为减少或消除以上效应导致的附加电势差，利用这些附加电势差与霍尔元件工作电流 I_S 与磁感应强度 B（即对应的励磁电流 I_M）的关系，适宜采用对电流和磁场换向的对称测量法：

当（$+I_S$，$+I_M$）时测量，$V_1=V_H+V_0+V_E+V_N+V_R$；

当（$+I_S$，$-I_M$）时测量，$V_2=-V_H+V_0-V_E+V_N+V_R$；

当（$-I_S$，$-I_M$）时测量，$V_3=V_H-V_0+V_E-V_N-V_R$；

当（$-I_S$，$+I_M$）时测量，$V_4=-V_H-V_0-V_E-V_N-V_R$.

对以上四式作如下运算，得

$$\frac{1}{4}(V_1-V_2+V_3-V_4)=V_H+V_E \tag{5.11.4}$$

可见，这样处理后，除了爱廷豪斯效应以外的其他附效应产生的电势差全部消除. 因爱廷豪斯效应导致的电势差 V_E、霍尔电压 V_H、I_S 及 B 的方向相同，故无法消除，但在非大电流、非强磁场情况下，$V_E\ll V_H$，因而可忽略不计，由此可得

$$V_H \approx V_H + V_E = \frac{1}{4}(V_1 - V_2 + V_3 - V_4)$$

一般情况下，当 V_H 较大时，V_1 和 V_3 为正值，V_2 和 V_4 为负值，则有

$$V_H \approx \frac{1}{4}(|V_1| + |V_2| + |V_3| + |V_4|) \tag{5.11.5}$$

（二）载流长直螺线管内的磁感应强度

螺线管是由绕在圆柱体上的导线构成的. 密绕的螺线管，可以看成是一列有共同轴线的圆形电流的并排组合，因此，一个载流长直螺线管轴线上某点的磁感应强度可以从对各圆形电流在轴线上该点所产生的磁感应强度进行积分得到.

根据电磁学毕奥-萨伐尔定律，当线圈通以电流 I_M 时，管内轴线上 P 点的磁感应强度为

$$B_P = \frac{\mu_0 N I_M}{2}(\cos\beta_2 - \cos\beta_1) \tag{5.11.6}$$

式中，μ_0 为真空磁导率，$\mu_0 = 4\pi\times10^{-7}$ H/m；N 为螺线管单位长度的线圈匝数；β_1、β_2 为 P 点到螺线管两端矢径与轴线的夹角，由 P 点位置、螺线管半径 R 和螺线管长度 L 决定.

如果螺线管可视为无限长，即当 $L \gg R$ 时，由式（5.11.6）可得

$$B = \mu_0 N I_M \tag{5.11.7}$$

对于轴线上的两个端点，则有

$$B = \frac{\mu_0 N I_M}{2} \tag{5.11.8}$$

对载流长直螺线管而言，其内腔中部磁力线是平行于轴线的直线系，接近两端口时，这些直线变为从两端口离散的曲线，说明其内部的磁场在很大一个范围内是近视均匀的，仅在靠近两端口处，磁感应强度才显著下降，呈现明显的不均匀性，如图 5.11.4 所示.

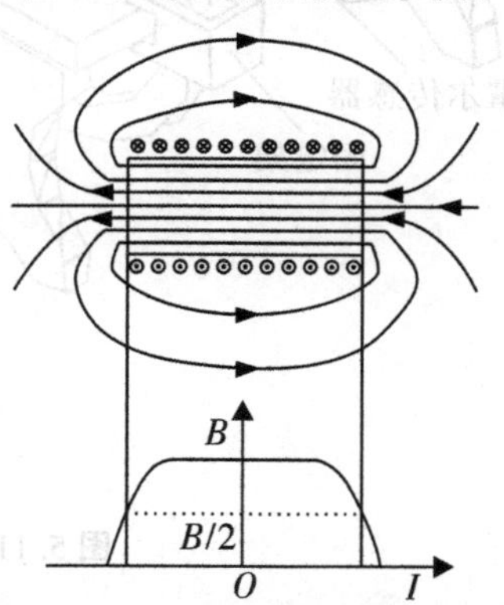

图 5.11.4　螺线管磁场分布图

（三）亥姆霍兹线圈的磁感应强度

根据毕奥-萨伐尔定律，载流线圈在轴线（通过圆心并与线圈平面垂直的直线）上某点的磁感应强度为

$$B = \frac{\mu_0 R^2}{2(R^2 + x^2)^{\frac{3}{2}}} N I \tag{5.11.9}$$

式中，μ_0 为真空磁导率，$\mu_0=4\pi\times10^{-7}$ H/m；R 为线圈半径；N 为线圈匝数；x 为圆心到该点的距离；I 为通过线圈的电流强度. 因此，线圈圆心处的磁感应强度 B_0 为

$$B_0=\frac{\mu_0}{2R}NI \tag{5.11.10}$$

亥姆霍兹线圈是一对彼此平行、参数相同、相互串联或并联的共轴圆形线圈，如图 5.11.5 所示. 两线圈内的电流方向一致、大小相同，线圈之间的距离正好等于圆形线圈的半径 R. 这种线圈能在其公共轴线中点附近产生较广的均匀磁场区，在生产和科研中具有较高的实用价值，也常用于弱磁场的计量标准.

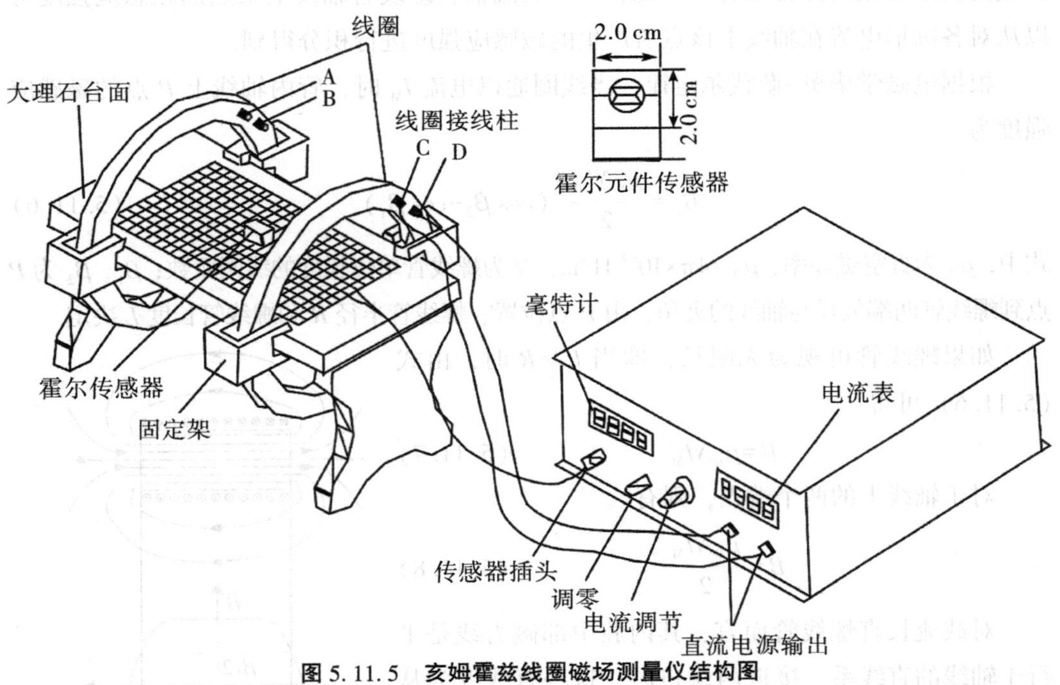

图 5.11.5 **亥姆霍兹线圈磁场测量仪结构图**

其磁场合成如图 5.11.6 所示. 通电线圈产生磁场，当两个通电线圈的电流方向一样时，它们产生的磁场方向也一致，两线圈之间就形成均匀磁场；当两个通电线圈的电流方向不同时，两线圈之间的磁场应为零.

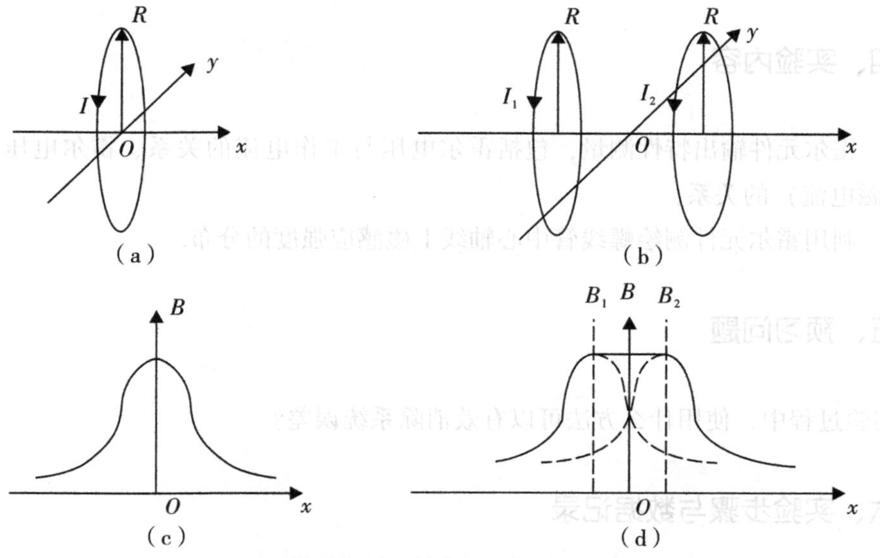

图 5.11.6　单线圈和亥姆霍兹线圈轴线上的磁场分布曲线

设 x 为亥姆霍兹线圈中轴线上某点离中心点 O 处的距离，则该处的磁感应强度为

$$B=\frac{1}{2}\mu_0 NIR^2\left\{\left[R^2+\left(\frac{R}{2}+x\right)^2\right]^{-\frac{3}{2}}+\left[R^2+\left(\frac{R}{2}-x\right)^2\right]^{\frac{3}{2}}\right\} \tag{5.11.11}$$

因此，亥姆霍兹线圈轴线上中心点处的磁感应强度为

$$B_0=\frac{\mu_0}{2R}NI\times\frac{8}{5^{\frac{3}{2}}} \tag{5.11.12}$$

例如，若 $I=0.5$ A，$N=500$，$R=0.110$ m，单个线圈中心处的磁感应强度为

$$B_0=\frac{\mu_0}{R}NI=\frac{4\pi\times10^{-7}\times500\times0.5}{2\times0.11}\ \mathrm{T}\approx1.43\ \mathrm{T}$$

两个线圈组成亥姆霍兹线圈时，轴线中心处的磁感应强度为

$$B_0=\frac{\mu_0}{R}NI\times\frac{8}{5^{\frac{3}{2}}}=\frac{4\pi\times10^{-7}\times500\times0.5}{0.11}\times\frac{8}{5^{\frac{3}{2}}}\ \mathrm{mT}\approx2.04\ \mathrm{mT}$$

DH4512 型霍尔效应测试仪包含的双线圈技术参数如下：线圈匝数 1 400 匝（单个），有效直径 72 mm；两线圈中心间距 52 mm.

表 5.11.1 为双圆线圈的励磁电流与中心磁感应强度对应关系.

表 5.11.1　双圆线圈中励磁电流与磁感应强度的关系

励磁电流/A	0.10	0.20	0.30	0.40	0.50
中心磁感应强度/mT	2.25	4.50	6.75	9.00	11.25

四、实验内容

1. 霍尔元件输出特性测量，包括霍尔电压与工作电流的关系、霍尔电压与磁场（即励磁电流）的关系；

2. 利用霍尔元件测绘螺线管中心轴线上磁感应强度的分布.

五、预习问题

实验过程中，使用什么方法可以有效消除系统误差？

六、实验步骤与数据记录

（一）接好仪器线路

按图 5.11.5 接好仪器线路，将霍尔元件调节到螺线管轴线中心.

（二）霍尔元件输出特性测量

1. 霍尔电压与工作电流的关系.

调节 $I_M = 0.500$ A（调节范围为 0~1 A），测试过程中保持不变. 按表 5.11.2 所列数据依次调节 I_S，用对称测量法测出 V_1、V_2、V_3 和 V_4. 根据测量数据，绘制 V_H-I_S 曲线，验证霍尔电压与工作电流的线性关系.

表 5.11.2　霍尔电压与工作电流的关系

I_M/A	I_S/mA	V_1/mV	V_2/mV	V_3/mV	V_4/mV	V_H/mV
0.500	0.50					
0.500	1.00					
0.500	1.50					
0.500	2.00					
0.500	2.50					
0.500	3.00					

2. 霍尔电压与磁场（即励磁电流）的关系.

调节 $I_S = 3.0$ mA（调节范围为 0~3 mA），测试过程中保持不变. 按表 5.11.3 所列数据依次调节 I_M，用对称测量法测出 V_1、V_2、V_3 和 V_4. 根据测量数据，绘制 V_H-I_M 曲线，验证霍尔电压与励磁电流的线性关系.

表 5.11.3　霍尔电压与励磁电流的关系

I_S/mA	I_M/A	V_1/mV	V_2/mV	V_3/mV	V_4/mV	V_H/mV
3.00	0.10					
3.00	0.20					
3.00	0.30					
3.00	0.40					
3.00	0.50					

（三）利用霍尔元件测绘螺线管轴线上磁感应强度的分布

调节 I_M = 0.500 A，调节 I_S = 3.00 mA，测试过程中保持不变. 利用螺线管拉杆上的标尺，调节旋钮将霍尔元件从螺线管一端端口外 2 cm 进入螺线管，移动至另一端端口外 2 cm 处，每次移动步长为 1 cm. 每一位置均采用对称测量法测得霍尔电压 V_H，在此基础上计算出磁感应强度 B 的大小，填入表 5.11.4 中，并绘制 B-X 曲线，设定 X 零点为螺线管左端端口外 2 cm 处. 将实验测量值与螺线管中心轴线的磁感应强度理论值进行比较，并计算相对误差.

表 5.11.4　螺线管轴线上磁感应强度的分布

I_S/mA	I_M/A	X/cm	V_1/mV	V_2/mV	V_3/mV	V_4/mV	V_H/mV	B/mT
3.00	0.500	0.00						
3.00	0.500	1.00						
3.00	0.500	2.00						
3.00	0.500	3.00						
3.00	0.500	4.00						
3.00	0.500	5.00						
3.00	0.500	6.00						
3.00	0.500	7.00						
3.00	0.500	8.00						
3.00	0.500	9.00						
3.00	0.500	⋮						

七、注意事项

1. 霍尔元件易碎，引线也易断，操作时应小心；
2. 励磁电流与工作电流差异很大，切不可接错；
3. 螺线管不宜长时间通电，否则会过热或影响测量精度.

八、思考题

1. 若螺线管绕制时，单位长度匝数不相同，会对结果产生什么影响？
2. 如何测量出霍尔元件的灵敏度 K_H？
3. 利用霍尔元件可以读取磁盘记录的信息，说明其原理.

物理史话

霍尔与霍尔效应

1879 年，美国约翰·霍普金斯大学 24 岁的学生霍尔（Hall，1855—1938）发现了霍尔效应，当时他是著名教授罗兰（1848—1901）的研究生. 霍尔在阅读麦克斯韦《电和磁》一书相关章节时产生了质疑. 在获得导师的支持后，他利用一个金属圆盘进行了初步实验，但没有观测到任何现象. 随后，在罗兰教授的建议下，霍尔用金箔代替金属圆盘，成功观测到磁作用的效果. 当然，现在很容易理解其成功的原因——金箔比圆盘薄得多，而霍尔电压与样品厚度成反比.

1880 年，霍尔以霍尔效应作为学位论文获得博士学位，发表了题为《论磁铁对电流的新作用》的论文. 科学界称之为“过去 50 年中电学方面最重要的发现”. 英国著名物理学家开尔文（开氏热标的创立者）评价“霍尔的发现可与法拉第相比拟”.

实验 12　非线性元件的伏安特性

在电子元件两端施加直流电压，元件中就会有电流通过. 元件所通过的电流与两端的电压之间的关系称为元件的伏安特性. 一个金属单体，在温度没有显著变化时，其电阻是恒定的，电压-电流关系曲线呈线性，如图 5.12.1（a）所示，元件称为线性元件；反之，电阻不是恒定的称为非线性元件，如图 5.12.1（b）所示，例如半导体二极管、晶体管. 本实验以二极管作为研究对象开展非线性电阻元件实验. 这类非线性元件通常只允许电流向单一方向流过，因而具有整流（rectifying）功能.

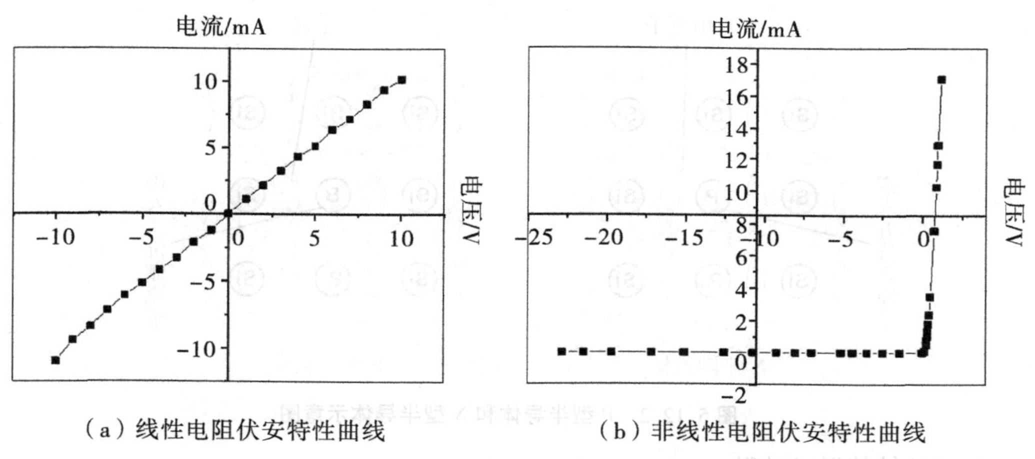

（a）线性电阻伏安特性曲线　（b）非线性电阻伏安特性曲线

图 5.12.1　电阻伏安特性曲线

一、实验目的

1. 掌握伏安法研究二极管的伏安特性；
2. 了解二极管的单向导电特性，学会由实验规律曲线获取二极管关键特性参数；
3. 正确选择测量电路以减小伏安法测量中的系统误差.

二、实验仪器

待测二极管、电阻、电流表、电压表、滑线变阻器、可编程直流电源.

三、实验原理

（一）PN 结的形成

1. P 型半导体和 N 型半导体.

P 型半导体是空穴浓度远大于自由电子浓度的杂质半导体. 空穴主要由杂质原子提供，自由电子由热激发形成. 如含有适量+3 价元素硼、铟、镓等的锗（Ge）或硅（Si）半导体. N 型半导体又称为电子型半导体，是自由电子浓度远大于空穴浓度的杂质半导体. 如含有适量+5 价元素磷、砷、锑等的 Ge 或 Si 等半导体.

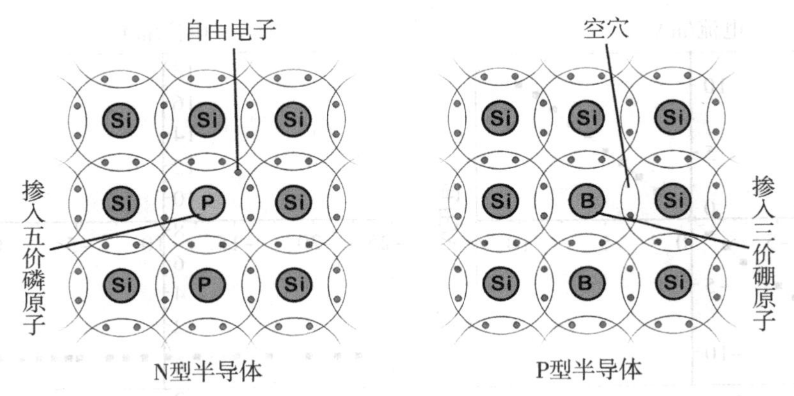

图 5.12.2　P 型半导体和 N 型半导体示意图

2. PN 结的形成过程.

当 P 型和 N 型半导体接触后，二者会在接触界面形成接触结. 交界面两侧存在着两种载流子的浓度差. N 区多数载流子（电子）越过界面向 P 区扩散，在 N 区一侧留下不能移动的正离子；同样，在 P 区一侧留下不能移动的负离子. 这些不能移动的带电离子组成空间电荷区，形成了由 N 区指向 P 区的内建电场. 随着扩散的进行，空间电荷区加宽，内建电场增强，促使少数载流子（简称少子）定向运动产生漂移，阻碍多数载流子（简称多子）进一步扩散. 当扩散运动与漂移运动达到动态平衡时，形成稳定空间电荷区，即 PN 结，如图 5.12.3 所示.

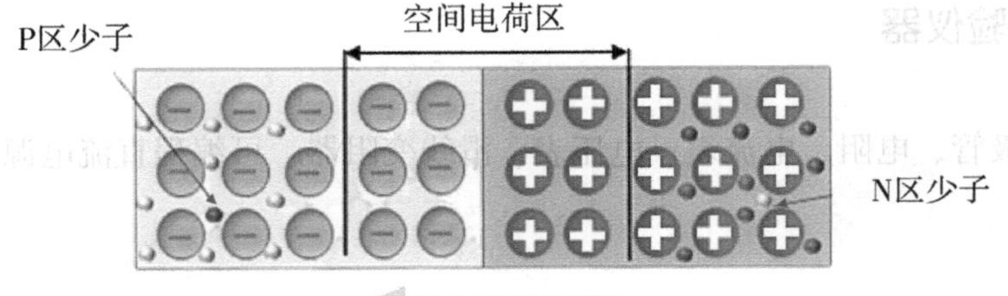

图 5.12.3　PN 结的形成

3. PN 结的单向导电性和反向击穿特性.

在无光照、加热、电场等外界物理场激发因素条件下，扩散运动与漂移运动处于动态平衡，通过 PN 结的总电流为零. 当正向偏置时（P 接正，N 接负），PN 结空间电荷区被压缩，正向偏置电压几乎全部加在 PN 结两端. 外电场抵消内建电场，原有动态平衡被打破，扩散运动大于漂移运动，回路形成较大正向电流. 反之，当反向偏置时，漂移运动大于扩散运动，通过 PN 结电流很小，主要由少数载流子形成的漂移电流贡献，即反向电流. 当外加电压在一定范围内变化时，反向电流很快就不再增加了，几乎不随外加电压的变化而变化，即反向电流饱和（I_R）. 电流只能沿一个方向流过 PN 结，此现象称为单向导电性. 然而，反向电压大到一定数值时，PN 结电阻会突然变得很小，反向电流会骤然增大，二极管失去单向导电特性，即 PN 结反向击穿（“热击穿”）. 开始击穿时的临界电压称为反向击穿电压. 因此，实际实验中要时刻注意不要超过该电压数值，保持二极管在安全范围内工作.

（二）二极管的伏安特性

半导体二极管主要是依靠 PN 结工作的，用专用符号 表示. 图 5. 12. 4 所示为二极管的动态电阻 R_d（$R_d=\Delta U_D/\Delta I_D$）的变化规律：

1. 当正向电压较小时，电流较小，二极管内阻较大.

2. 当正向电压加大到某一数值 U_D 时，正向电流明显增大，随着电压增加，电流急剧增大，二极管电阻变得很小，二极管呈导通状态. U_D 称为二极管的正向导通电压. 伏安曲线的反向延长与横轴的交点即为 U_D.（硅二极管，U_D 为 0.6~0.8 V；锗二极管，U_D 为 0.2~0.4 V）

3. 当反向电压较小时，电流也较小，此时二极管呈高阻状态，即截止状态.

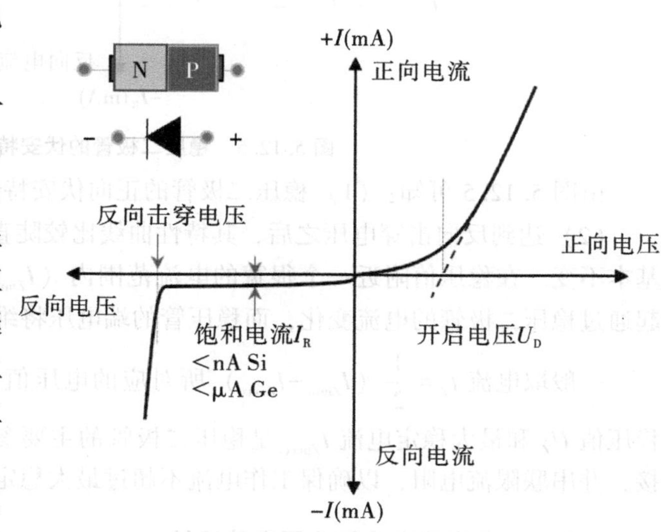

图 5. 12. 4　二极管伏安特性曲线

4. 随着反向电压增大，电流趋近于饱和电流 I_R. 反向饱和电流 I_R 越小，意味着二极管的单向导电性就越好. [硅二极管，I_R 为纳安（nA）级；锗二极管，I_R 为微安（μA）级]

5. 当反向电压超过某一数值 U_B 时，电流急剧增大，电阻趋近于零. PN 结被反向击穿，U_B 称作反向击穿电压.

(三) 稳压二极管及稳压特性

稳压二极管又称齐纳二极管(Zener diode)与普通二极管不同,它是工作在反向击穿区,利用击穿电流可控时的端电压基本恒定的特性来实现其稳压功能. 稳压管的反向击穿是可逆的,即去掉反向电压,稳压管又恢复正常. 但如果反向电流超过其允许范围,稳压管同样会因热击穿而损坏. 稳压二极管的符号、伏安特性曲线如图 5. 12. 5 所示.

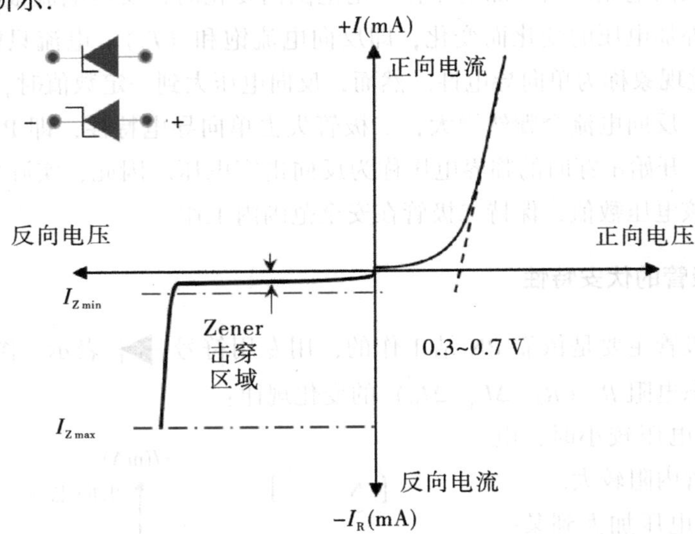

图 5. 12. 5 稳压二极管的伏安特性曲线

由图 5. 12. 5 可知:(1) 稳压二极管的正向伏安特性曲线与普通二极管的类似.

(2) 达到反向击穿电压之后,其特性曲线比较陡直,即反向电流变化而反向电压基本不变. 在稳压值附近一个很宽的电流范围内($I_{Z\min}-I_{Z\max}$),改变外加电压,仅引起通过稳压二极管的电流变化,而稳压管的端电压将维持恒定.

一般取电流 $I_Z=\frac{1}{2}(I_{Z\min}-I_{Z\max})$ 所对应的电压值 U_Z 作为稳压二极管的稳压值. 稳压值 U_Z 和最大稳定电流 $I_{Z\max}$ 是稳压二极管的主要参数. 稳压二极管在工作时应反接,并串联限流电阻,以确保工作电流不超过最大稳定电流 $I_{Z\max}$.

(四) 电表连接方法与分压电路设计

通常测量二极管伏安特性时电表连接方法有两种:电流表外接、电流表内接. 由于电表内阻的影响,两种接法均会引入一定的系统误差(或接入误差).

1. 电流表内接时,由于电流表内阻 R_A 不为零,所以 $U=I(R_A+R_x)$,二极管内阻测量值(R_A+R_x)大于实际值 R_x. 测量的绝对误差为 R_A,相对误差 $\Delta R_x/R_x=R_A/R_x$.

2. 电流表外接时,$I=I_V+I_x=U\left(\frac{1}{R_V}+\frac{1}{R_x}\right)$,由于电压表内阻 R_V 不是无限大,所

以二极管内阻的测量值 $R_x \cdot \dfrac{R_V}{R_x+R_V}$ 会小于实际值 R_x.

因为电流表内接和外接都有测量误差，测量时一般是先把接法造成的误差计算出来，然后选用测量误差较小的接法．若 $R_x/R_V > R_A/R_x$，则选用电流表内接，反之则选用电流表外接.

相比之下，电压表“活接法”是一种更简便实用的连接方式，如表 5.12.1 所示，只将电流表串联接电路，测量电压时才将电压表并接在二极管两端.

表 5.12.1　电表内外接对比及适用情况

	内接法	外接法
电路图	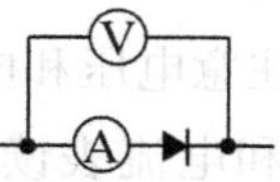	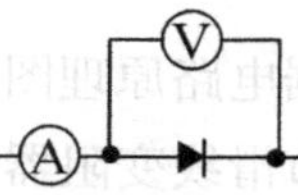
误差原因	电流表的分压 $U_{测}=U_x+U_A$	电压表的分流 $I_{测}=I_x+I_V$
电阻测量值	$R_{测}=\dfrac{U_{测}}{I_{测}}=R_x+R_A>R_x$ 测量值大于真实值	$R_{测}=\dfrac{U_{测}}{I_{测}}=\dfrac{R_xR_V}{R_x+R_V}<R_x$ 测量值小于真实值
适用条件	$R_A \leqslant R_x$，测大电阻	$R_A \geqslant R_x$，测小电阻

四、实验内容

1. 使用多用电表测量二极管的基本参数；
2. 二极管正向、反向伏安特性测量.

五、预习问题

1. 实验前为什么需要将滑线变阻器滑动端置于中间位置？
2. 如何提高二极管伏安特性测量的准确性？
3. 若二极管两端的电压增加后，电流却没增加，其可能的原因是什么？

六、实验步骤与数据记录

（一）二极管压降测量和正/反向阻值确定

1. 观察二极管引脚，使用万用表的二极管专用挡来判别二极管的正负极，注意记录对应引脚的颜色；

2. 使用电阻专用挡，测量并记录正负极引线下的正向压降、正/反向电阻大小；

3. 根据正向压降，判定和注明是硅二极管或锗二极管.

（二）二极管正向伏安特性测量

1. 基于电路原理图连接电路，设定合适的电表量程挡位.

2. 为避免电流过大，测量前将滑线变阻器滑片调整居于中间位置.

3. 改变滑线变阻器滑片位置，同步记录电压表和电流表读数. 正向测试限制条件（2 V，20 mA）.

（三）二极管反向伏安特性测量

1. 根据电路原理图连接电路，记录数据时注意电压和电流符号转换.

2. 调节滑线变阻器位置，同步记录电压表和电流表读数. 本实验反向测试限制条件（20 V，200 μA）.

3. 避免二极管长时间在高电压下工作，造成“热击穿”.

表 5. 12. 2 为本实验数据记录参考表格（注意 0 点附近数据不能缺少，变化快的区间要多记录数据）.

表 5. 12. 2 正向伏安特性曲线（10~12 个点）数据

	1	2	3	4	5	6	7	8	9	10	11
U/V											
I/A											

（四）数据处理与作图分析

1. 使用软件作图，在同一坐标系中画出二极管的正/反向伏安特性曲线.

2. 由伏安特性曲线获取二极管的正向导通电压 U_D，并与使用二极管的专用挡所得到的测量结果进行比较. 描述该特征数值的特点及意义.

（五）（选做）稳压二极管的伏安特性

1. 改变电流表量程挡位，计算出电流表量程改变引起的仪器误差.

2. 由伏安特性曲线求出稳压二极管的正向导通电压和稳压值，并与普通二极管的伏安特性曲线进行对比分析.

七、注意事项

1. 不得在电路通电情况下使用万用表专用挡位测试二极管.

2. 正式实验前，可以滑动滑线变阻器滑片，定性观察电压和电流的大致变化范围，确定电流表量程. 通电前将滑线变阻器滑片置于中间位置，开关处于断开状态.

3. 实验中可能遇到的问题及解决办法.

（1）若电源电压值无法输出，很可能过载，需调节功率；

（2）若电压无法升高，请检查电流旋钮是否太低，适当调节.

八、思考题

1. 电流表内接法和电流表外接法有何不同？

2. 实验的主要误差来自哪里？如何进一步提高实验的测量精度？

3. 改变电流表量程，估算对测量结果的影响.

二极管

半导体产业是目前世界上发展最快、最具影响力的产业之一，不仅带来了世界经济与技术的飞速发展，而且也带来了整个社会的深刻变革.

1873 年，弗雷德里克·格思里（Frederick Guthrie）发现当白热化的接地金属接近带正电的验电器时，验电器的电会被引走. 1880 年，托马斯·爱迪生利用密封了金属板的特殊玻璃外壳灯泡证实，当板被连接到正电源时，发光灯丝会有一种“无形的电流”穿过真空与金属板连接. 这表明了电流只能向一个方向流动. 20 年后，约翰·弗莱明发现了这一效应的实用价值，1904 年 11 月 16 日，第一个真正的热离子二极管——弗莱明管，被发明并在英国获得了专利.

1906 年，德佛瑞斯特在二极管的灯丝和板极之间巧妙地加了一个栅板，从而发明了第一只真空三极管. 真空管三极有三个元件，由一个栅极和两个被栅极分开的电极构成. 密封空间内部为真空，以防止元件烧毁并易于电子的移动. 真空三极管不仅反应更为灵敏，而且集检波、放大和振荡三种功能于一体. 因此，许多人都将真空三极管的发明看作电子工业诞生真正的起点.

真空三极管使得收音机、电视和其他消费类电子产品成为可能，它也是世界上第一台电子计算机的大脑.

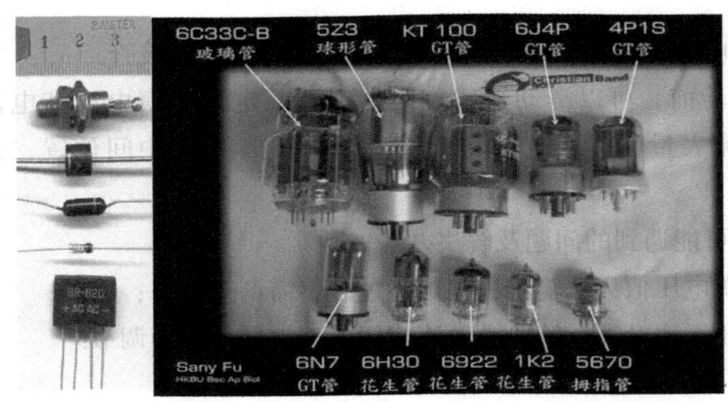

图 5.12.6　半导体二极管和真空二极管

实验 13　PN 结温度特性及伏安特性研究

PN 结是半导体器件的基础结构，其特性和性能对于半导体器件的工作和性能具有重要影响. PN 结的温度特性和伏安特性是研究 PN 结性能的两个重要方面. 通过研究 PN 结的温度特性和伏安特性，我们可以深入了解 PN 结的工作原理和性能特点，以及温度、光照等外部条件对其性能的影响. 这些研究成果可以为半导体器件的设计和制造提供重要的理论依据和实践指导，有助于优化器件性能、提高器件可靠性、推动半导体技术的发展和应用.

一、实验目的

1. 了解 PN 结正向电压随温度变化的基本规律.
2. 测量 PN 结正向伏安特性曲线.
3. 测量恒流条件下 PN 结正向电压随温度变化的关系曲线.
4. 确定 PN 结的测温灵敏度和被测 PN 结材料的禁带宽度.

二、实验仪器

PN 结正向特性综合实验仪（图 5.13.1）、温度传感实验装置（图 5.13.2）、样品室（图 5.13.3）、Pt100 温度传感器（图 5.13.4）、PN 结集成温度传感器（图 5.13.5）.

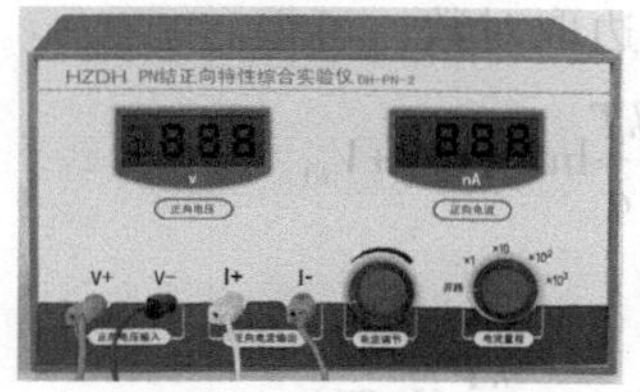

图 5.13.1　PN 结正向特性综合实验仪仿真仪器

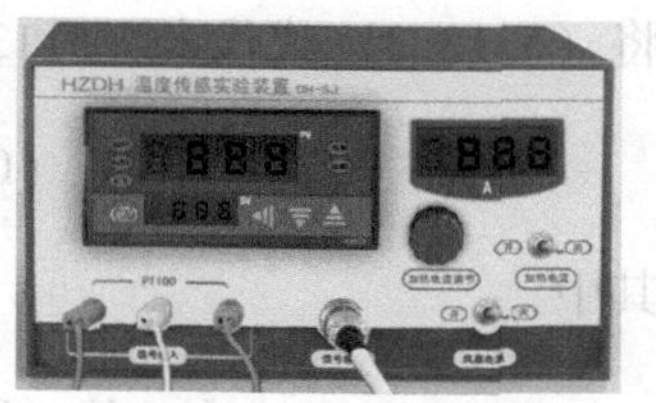

图 5.13.2　温度传感实验装置仿真仪器

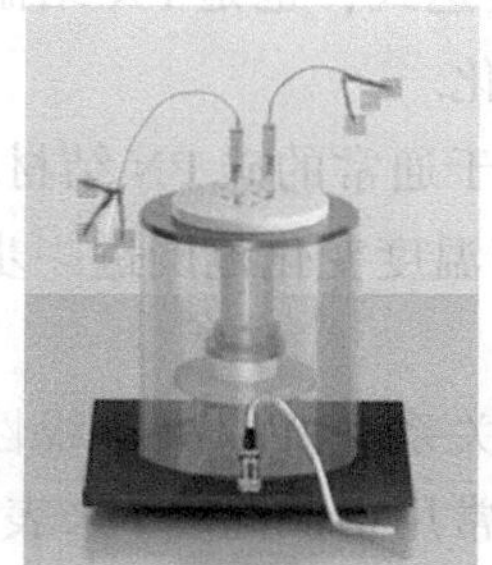

图 5.13.3　样品室仿真仪器

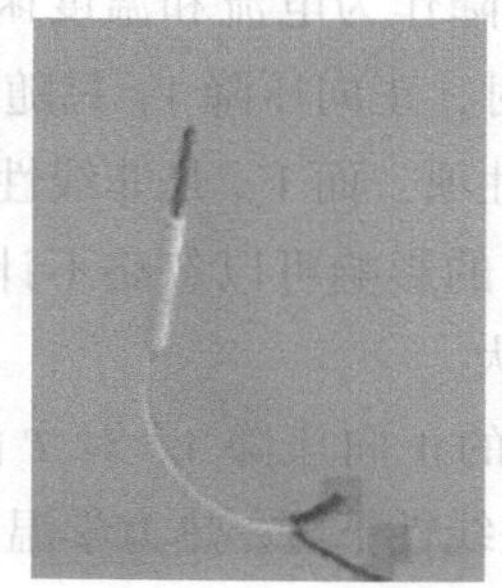

图 5.13.4　Pt100 温度传感器仿真仪器

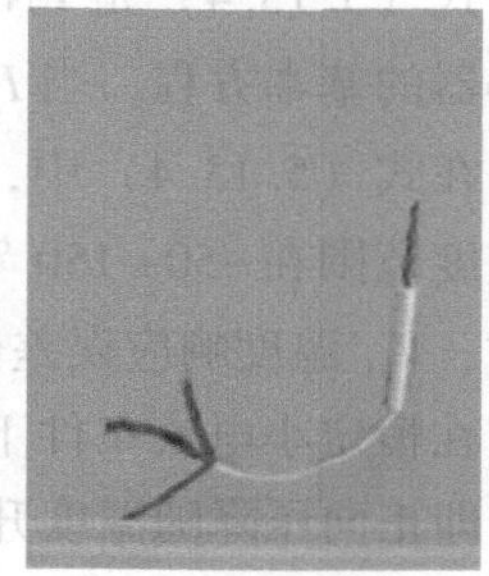

图 5.13.5　PN 结集成温度传感器仿真仪器

三、实验原理

（一）PN 结温度传感器的基本方程

根据半导体物理的理论，理想 PN 结的正向电流 I_F 和正向电压 V_F，存在如下近似关系

$$I_F = I_s\left[\exp\left(\frac{qV_F}{kT}\right) - 1\right] \tag{5.13.1}$$

式中 I_F 是通过 PN 结的正向电流，I_S 是反向饱和电流（在温度恒定时为常数），T 是热力学温度，q 是电子的电荷量，V_F 为 PN 结正向压降. 在常温下，$\exp\left(\frac{qV_F}{kT}\right) \gg 1$，因此可以简化为

$$I_F = I_S\exp\left(\frac{qV_F}{kT}\right) \tag{5.13.2}$$

I_S 与 PN 结材料的禁带宽度、温度等因素有关，其表达式为

$$I_S = CT^r\exp\left[-\frac{qV_g\ (0)}{kT}\right] \tag{5.13.3}$$

其中 C 是与 PN 结面积、掺质浓度等有关的常数，r 也是常数，$V_g(0)$ 为绝对零度时 PN 结材料的导带底与价带顶的电势差.

将（5.13.3）式代入（5.13.2）式，并对两边取对数，可得

$$V_F=V_g(0)-\left(\frac{k}{q}\ln\frac{C}{I_F}\right)T-\frac{kT}{q}\ln T^r=V_1+V_{n1} \tag{5.13.4}$$

其中

$$V_1=V_g(0)-\left(\frac{k}{q}\ln\frac{C}{I_F}\right),\quad V_{n1}=-\frac{kT}{q}(\ln T^r) \tag{5.13.5}$$

式（5.13.4）是 PN 结正向压降作为电流和温度函数的表达式，也是 PN 结温度传感器的基本方程. 当 I_F 为常数时，正向压降 V_F 只随温度变化.

在式（5.13.4）中，V_1 是线性项，而 V_{n1} 是非线性项. 对于通常的硅 PN 结材料，在温度范围在-50～150 ℃时，V_{n1} 的影响可以忽略不计. 但当温度变化范围进一步扩大时，V_{n1} 温度响应误差会逐渐增大.

在恒定小电流条件下，PN 结的正向压降 V_F 对 T 的依赖关系主要取决于线性项 V_1，即正向压降随温度升高几乎呈线性下降. 热力学温度 T 通常用摄氏温度 t 来表示，二者的关系为 $T=273.15+t$.

（二）PN 的禁带宽度

由式（5.13.4）和式（5.13.5）可得 PN 结正向压降 V_F 与热力学温度 T 关系的近似关系式

$$V_F=V_1=V_g(0)-\left(\frac{k}{q}\ln\frac{C}{I_F}\right)T=V_g(0)+ST \tag{5.13.6}$$

式中 S（单位为 mV/℃）表示 PN 结温度传感器灵敏度. 通过实验方法测量 V_F-T 的变化关系曲线，其斜率 $\Delta V_F/\Delta T$ 即为灵敏度 S.

根据式（5.13.6）可知

$$V_g(0)=V_F-ST \tag{5.13.7}$$

从而可以求出温度 0 K 时半导体材料的近似禁带宽度 $E_g(0)=qV_g(0)$. 硅材料的 $E_g(0)$ 约为 1.21 eV.

必须指出，上述结论仅适用于杂质全部电离、本征激发可以忽略的温度区间（对于通常的硅二极管来说，温度范围为-50～150 ℃）. 如果温度低于或高于上述范围时，由于杂质电离因子减小或本征载流子迅速增加，V_F-T 关系将产生新的非线性. 对于给定的 PN 结，即使在杂质导电和非本征激发温度范围内，由于非线性项 V_{n1} 的影响，其线性度亦随温度的高低而有所不同. 由 $\frac{d^2V_{n1}}{dT^2}=\frac{1}{T}$ 可知，$\frac{dV_{n1}}{dT}$ 的变化与 T 成反比，所以 V_F-T 的线性度在高温端优于低温端.

（三）求玻耳兹曼常数的测量

由式（5.13.2）可知，在保持 T 不变的情况下，只要分别在不同电流 I_{F1}、I_{F2} 下测得相应的 V_{F1}、V_{F2} 就可求得玻耳兹曼常数 k.

$$k=\frac{q}{T}\ln\frac{I_{F2}}{I_{F1}}(V_{F1}-V_{F2}) \tag{5.13.8}$$

这种方法由于只测量两组数据，故而操作简单便捷，但随机误差较大. 为了提高测量的精度，通常根据式（5.13.2）指数函数的曲线回归，求得 k 值. 将（5.13.2）式进行了变量代换

$$I_F=A\exp\ (BV_F)$$

$$A=I_S$$

$$B=q/kT$$

以 I_F 和正向压降 V_F 为变量，根据测得的数据进行指数函数的曲线回归，求得 A、B 值，进而求出反向饱和电流和玻耳兹曼常数 k.

在实际测量中，二极管的正向 I_F-V_F 关系虽然能较好满足指数关系，但求得的常数 k 往往偏小. 这是因为通过二极管的电流不只是扩散电流，还有其他电流. 一般它包括三个部分：

（1）扩散电流，它严格遵循式（5.13.2）；

（2）耗尽层复合电流，它正比于 $\exp\left(\frac{qV_F}{2kT}\right)$；

（3）表面电流，它是由 Si 和 SiO_2 界面中杂质引起的，其值正比于 $\exp\left(\frac{qV_F}{mkT}\right)$，一般 $m>2$.

因此，为了验证（5.13.2）式及求出准确的玻耳兹曼常数，不宜采用硅二极管，而采用硅三极管接成共基极线路，因为此时集电极与基极短接，集电极电流中仅仅是扩散电流，不包括主要在出现的基极复合电流.

四、实验内容

1. 在恒定温度条件下，测量正向电压随正向电流的变化关系，绘制伏安特性曲线.
2. 在恒定电流条件下，测绘 PN 结正向压降随温度的变化曲线，确定其灵敏度.
3. 计算玻尔兹曼常数 k.
4. 求被测 PN 结正向压降随温度变化的灵敏度 S（mV/℃）.
5. 估算被测 PN 结材料的禁带宽度.

五、预习问题

测量PN结上的电压随温度变化曲线时，正向电流 I_F 一般选小于100 μA，不宜太大，为什么？

六、实验步骤与数据记录

(一) 主窗口介绍

成功进入实验场景窗体，实验场景的主窗口如图5.13.6组所示.

图5.13.6　PN结物理特性测试实验主场景图

(二) 放置PN结和Pt100温度传感器到样品室中

用鼠标依次拖动Pt100电阻和PN结放置到样品室上，当鼠标松开时，仪器被插入到样品室插孔中. 如图5.13.7所示.

图5.13.7

（三）实验连线

当鼠标移动到实验仪器接线柱的上方，拖动鼠标，便会产生“导线”，当鼠标移动到另一个接线柱的时候，松开鼠标，两个接线柱之间便产生一条导线，连线成功；如果松开鼠标的时候，鼠标不是在某个接线柱上，画出的导线将会被自动销毁，此次连线失败．如图 5. 13. 8 所示．

图 5. 13. 8

根据电路图连接好电路，然后在数据表格中点击“连线”模块下的“确定状态”按钮，保存连线状态．

（四）测量 PN 结正向伏安特性 I_F-V_F 曲线

1. 设置实验温度．

在主场景中双击打开温度传感实验装置；在仪器背面视图中点击电源开关，打开电源；点击“SET”按钮，设置温度值为 30 ℃．打开加热电流开关，并选择合适的加热电流给样品室进行加热；待温度恒定后开始实验．

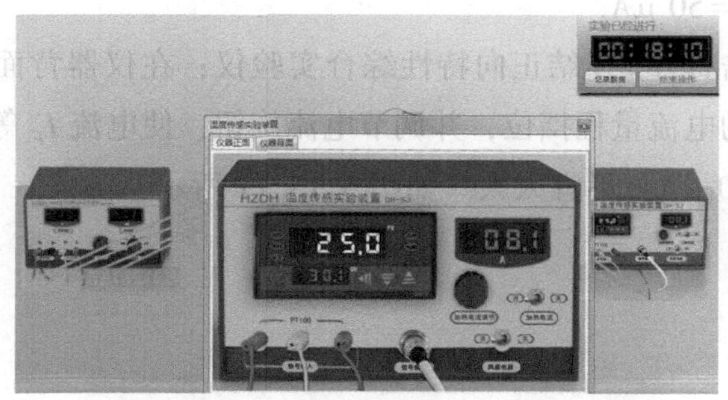

图 5. 13. 9

2. 绘制 30 ℃时的 PN 结正向伏安特性 I_F-V_F 曲线．

在主场景中双击打开 PN 结正向特性综合实验仪，在仪器背面点击电源开关，打开电源；选择合适的电流量程挡位，并调节电流旋钮，使 I_F 逐渐增大，正向压降 V_F 将随之增大．要求 V_F 在 0. 450～0. 540 V 范围内每变化 0. 005 V 记录对应的 I_F，绘制

$I_F - V_F$ 曲线. 数据记录于表 5.13.1.

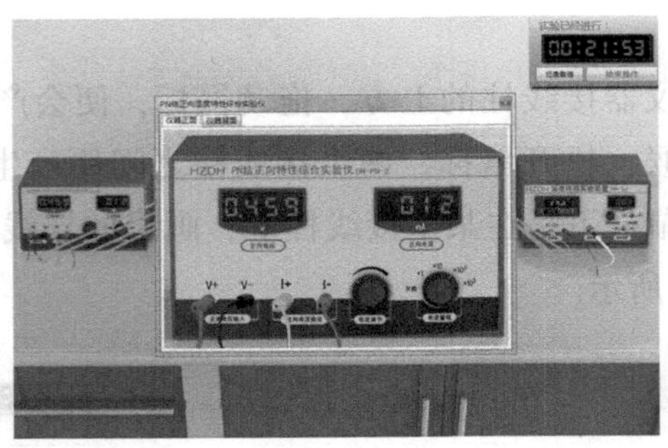

图 5.13.10

表 5.13.1 PN 结正向伏安特性 $I_F - V_F$ 曲线

V_F/V	0.450	0.455	0.460	0.465	0.470	0.475	0.480	0.485	0.490
I_F/μA									
V_F/V	0.495	0.500	0.505	0.510	0.515	0.520	0.525	0.530	0.535
I_F/μA									

3. 计算玻耳兹曼常数 k.

根据测量结果，根据指数函数的曲线回归计算玻耳兹曼常数 k，并与公认值 1.38×10^{-23} J/K 比较，计算误差.

（五）测绘 PN 结正向压降 V_F 随温度的变化曲线

1. 调节电流 $I_F = 50$ μA.

在主场景中双击打开 PN 结正向特性综合实验仪；在仪器背面点击电源开关，打开电源；选择合适的电流量程挡位，并调节电流旋钮，使电流 I_F 等于 50 μA（正向电流 I_F 一般选小于 100 μA，不宜太大. 如图 5.13.11 所示：

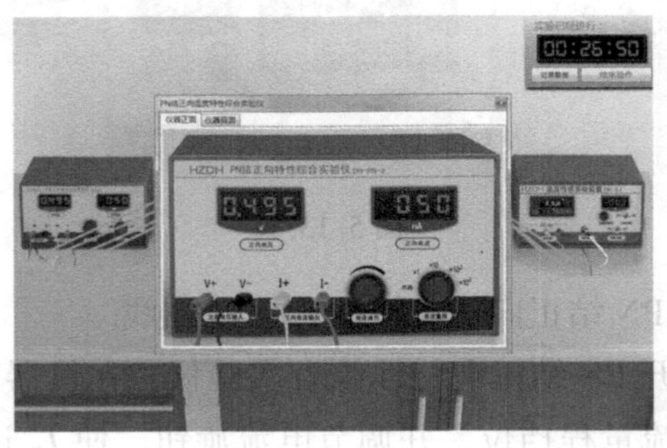

图 5.13.11

2. 在恒定电流 $I_F = 50\ \mu A$ 条件下，测绘 PN 结正向压降 V_F 随温度的变化曲线.

要求在 30~80 ℃温度范围（温度不宜太高）内每隔 5 ℃测量一个点，记录对应的 V_F. 升温过程和降温过程各测一遍，数据记录于表 5.13.2.

图 5.13.12

表 5.13.2　PN 结正向压降 V_F 随温度的变化曲线

温度值/℃	30.0	35.0	40.0	45.0	50.0	55.0	60.0	65.0	70.0	75.0
升温 V_F/V										
降温 V_F/V										
V_F 平均值/V										

3. 计算灵敏度 S 和禁带宽度 $E_g(0)$.

根据每一组测得的实验数据，由公式（5.13.6）求被测 PN 结正向压降随温度变化的灵敏度 S（mV/℃）；并根据式（5.13.7），估算被测 PN 结材料的禁带宽度.

七、思考题

1. 测量 PN 结上的电压随温度变化曲线时，在 30~80 ℃温度范围（温度不宜太高）内每隔 5 ℃测量一个点，为什么要求对 V_F 升温过程和降温过程各测一遍？

2. 电流型集成电路温度传感器有哪些特性？它比半导体热敏电阻、热电偶有哪些优点？

奥尔与 PN 结的发现

贝尔实验室的罗素·奥尔（Russell Ohl）是一名电化学家，20 世纪 30 年代中期，奥尔在贝尔实验室研究硅整流器，试图改进其作为雷达探测器的性能. 他发现提高硅的纯度可以增强探测能力. 1940年2月23日，奥尔测试一块硅晶体板时，发现光照会显著增加电流. 他还注意到，用“猫须检波器”测试时，硅板不同部位表现出相反的电气效应. 奥尔和同事杰克·斯卡夫（Jack Scaff）发现这块硅板有一条裂缝，裂缝两侧分别呈现P型（正电荷空穴主导）和N型（负电荷电子主导）特性. 两者交界处形成“PN结”（首个PN结的发现），光照时N区电子被激发流向P区，产生电流（即光电效应）.

图5.13.13 罗素·奥尔

奥尔的发现虽未立即获得广泛赞誉，但为后续肖克利等人发明结型晶体管（1948年）和半导体技术革命铺平了道路. PN结也成了半导体器件（如二极管、晶体管）的基础结构. 而光电效应的发现则为太阳能电池（1954年实现）奠定了基础.

实验14 示波器测量交流电基本参数

示波器是一种能够显示电压信号动态波形的电子测量仪器，能够分析电子信号的时域和频域特性，示波器方便人们测量波形、电压、频率、周期、相位等参量，也可以间接测量阻抗、电感、电容等物理量. 借助于传感技术，示波器还可测量位移、速度、压力、温度、磁场、频率、光强等非电学量. 因此在机械加工、医疗检测、电子设计等领域都有广泛应用. 实验室常用示波器有模拟示波器（阴极射线示波器）和数字示波器，测量频率范围从几兆赫兹（MHz）到几百兆赫兹［甚至吉赫兹（GHz）］.

一、实验目的

示波器测量交流电基本参数（上）

1. 了解数字示波器的工作原理，掌握其基本操作；
2. 学会使用数字示波器观察测量电信号参数的方法；
3. 学会李萨如图形测量未知电信号相位、频率的原理及方法.

二、实验仪器

双踪数字示波器（详见第三章第二节电磁学实验基本仪器部分)、信号发生器、同轴导线若干.

三、实验原理

示波器实际上是一台电压信号的二维显示器，任何种类的示波器都主要由电源系统、信号检测和放大系统、扫描触发系统、波形显示系统四部分组成. 模拟示波器使用模拟电路将输入信号转换为显示在屏幕上的波形. 它们通常具有较高的灵敏度和较大的显示动态范围，但它们的精确度受到电路的误差和漂移的影响. 数字示波器使用数字信号处理技术，将输入信号转换为数字格式，然后显示为波形，具有较高的精确度以及存储和分析数据等功能，但动态范围比模拟示波器稍小.

（一）示波器基本结构

德国物理学家卡尔·费迪南德·布劳恩在 1897 年发明了基于阴极射线管（CRT）的模拟示波器. 模拟示波器利用电子在电场作用下受到洛伦兹力而发生偏转的原理制成. 如图 5.14.1 所示，示波器内有一个扫描发生器，它能够控制电子在水平方向的偏转. 向示波器输入的电信号，控制电子在竖直方向的偏转. 因此，示波器屏幕上显示的是电子在竖直和水平方向运动的合成. 电子轰击荧光屏而形成发光亮点，光点在屏上偏移距离与偏转板上施加电压成正比，因此可以将电压与测量转化为屏上光点在 x、y 平面内偏移距离的测量，这就是示波器测量电压的原理.

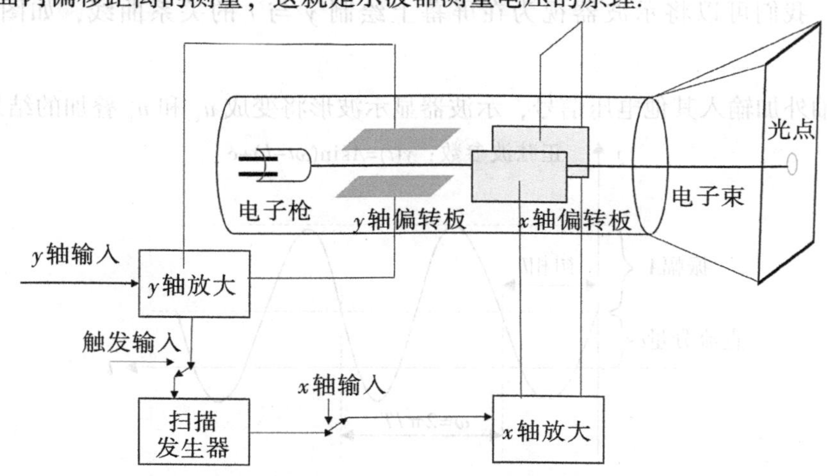

图 5.14.1　模拟示波器的工作原理

(二) 波形显示原理

当一个信号输入示波器时，示波器采集信号中电压随时间的变化规律，是一个一维的信息，无法在屏幕上显示为二维图形．因此，示波器在水平方向施加均匀的扫描电压信号(锯齿波电压)．如图 5.14.2 所示，假如输入正弦信号 u_y，扫描信号 u_x 的正向水平运动与竖直方向的简谐振动相互叠加显示出正弦波形，此即示波器波形显示的基本原理．

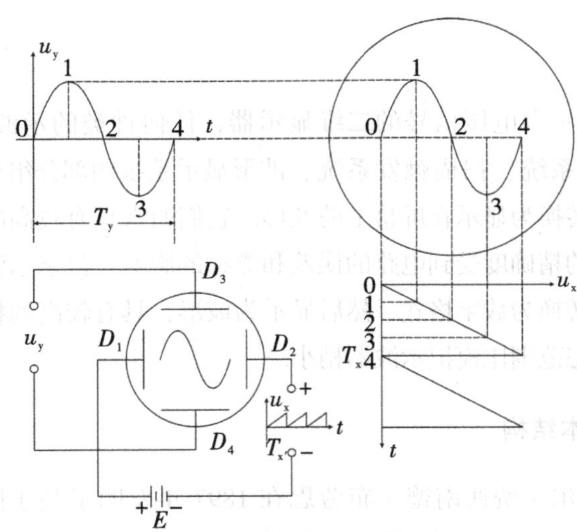

图 5.14.2　示波器波形合成原理图

例如，向示波器输入遵循以下公式的正弦信号

$$y=A\sin\ (2\pi ft)$$

式中，y 是电压，A 是振幅，f 是频率，t 是时间．时间是自变量．在横轴 x 上，由示波器扫描产生恒定速率的移动；电压是因变量，在纵轴 y 上，由输入信号产生纵向振动．因此，我们可以将示波器视为在屏幕上绘制 y 与 t 的关系曲线，如图 5.14.3 所示．

若 x 轴外加输入其他电压信号，示波器显示波形将变成 u_x 和 u_y 叠加的结果．

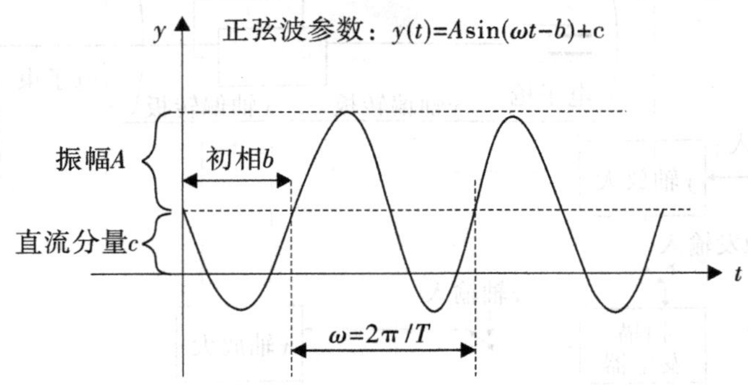

图 5.14.3　正弦信号与示波器显示

（三）电信号参数的测量

提供给示波器测量的信号有交流电（alternating current，AC）和直流电（direct current，DC）两种类型. AC 电压幅值随着时间变化，DC 电压幅值恒定不变. 由于 DC 电压不随时间发生改变，在示波器上显示为一条平坦的水平线. 对于 AC 信号，若它是周期性的，还可以测量分析电信号的周期 T、频率 f、峰-峰值（V_{pp}，最高电压和最低电压间电压差）如图 5.14.4 所示.

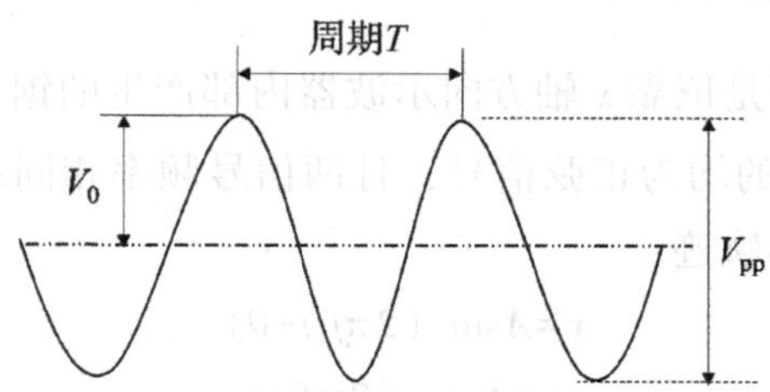

图 5.14.4　待测交流电信号波形及参数

以交流电为例，频率 f 与周期 T 成倒数关系，频率单位是 Hz，周期单位是 s. 有时会用到角频率（弧度/秒，rad/s）代替频率，关系式为

$$\omega = 2\pi f \tag{5.14.1}$$

AC 信号一般表示为

$$V_0 \sin(2\pi ft) + V_{DC} \tag{5.14.2}$$

式中，V_{DC} 是直流偏移，表示波形向上或向下整体移动的量，若无偏移量，则为

$$V_0 \sin(2\pi ft) \tag{5.14.3}$$

V_0 是电压的幅值，与峰-峰值的关系为

$$V_{pp} = 2V_0 \tag{5.14.4}$$

（四）信号测量基本原理

通过调节电压增益旋钮（y 轴）、扫描时间增益旋钮（x 轴），在示波器上显示大小合适且稳定的波形，选择其中个周期波形进行信号电压和频率的测量，如图 5.14.5.

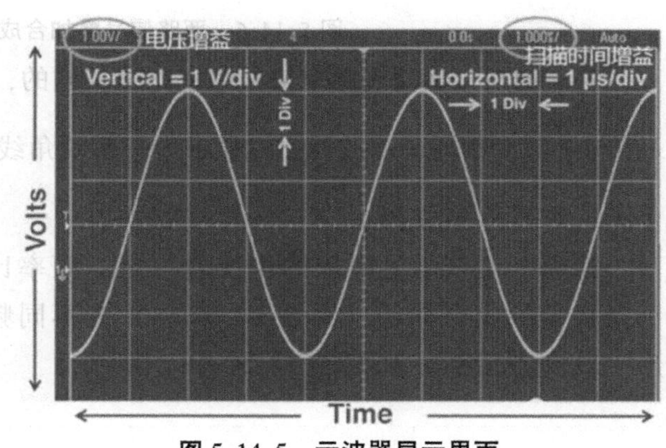

图 5.14.5　示波器显示界面

利用读格数法、光标法或自动测量法，测算波形的峰-峰值（V_{pp}），即波形垂直距离 H（单位为 div），则峰-峰值（V_{pp}）电压为

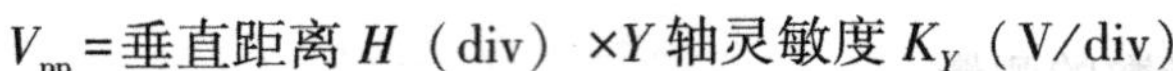

$$V_{pp}=\text{垂直距离 } H\text{（div）}\times Y\text{ 轴灵敏度 } K_Y\text{（V/div）}$$

式中：div 表示示波器面板的网格每格的宽度（一般 1div＝1 cm）；K_Y 表示每格代表的以 V 为单位的电压值，即灵敏度，单位是 V/div.

同理，测出 1 个周期波形所对应的水平距离 L，则信号周期 T 为

$$T=\text{水平距离 } L\text{（div）}\times\text{扫描速率 } t\text{（TIME/div）}$$

式中，t 是扫描一个网格所用的时间，单位是 s/div 或 ms/div.

（五）李萨如图形的基本原理

通常 y 轴信号的展开是依靠 x 轴方向示波器内部产生的锯齿波扫描电压（u_x）实现的．若 y 轴、x 轴加上的均为正弦信号，且两信号频率相同或成简单整数比，屏上的光点将呈现特殊形状的轨迹：

$$x=A\sin(2\pi f_x t+\theta) \tag{5.14.5}$$

$$y=B\sin(2\pi f_y t) \tag{5.14.6}$$

式中，A 和 B 表示振幅，f_x 和 f_y 表示频率，θ 表示相位差．这种轨迹图称为李莎如图形．这时示波器将输出特殊形状的图线，如图 5.14.6 所示.

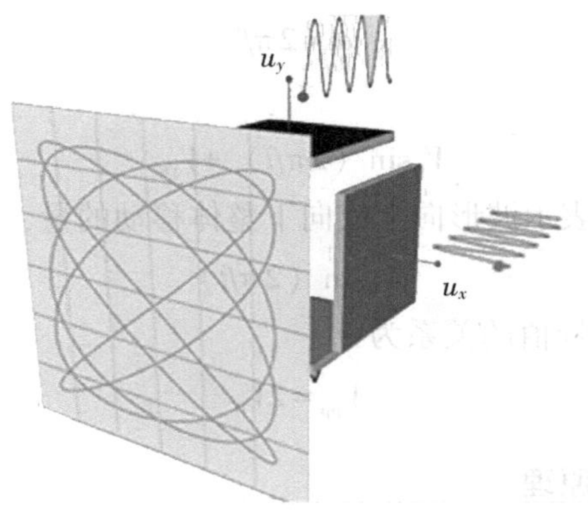

图 5.14.6　两路信号叠加合成李萨如原理图

若 x 轴与 y 轴输入两个信号频率完全相同的，并且相位完全相同，那么任意时刻 x 值与 y 值都相同，示波器此时显示为一条对角线 $y=x$．若相位差为$\frac{\pi}{2}$，则输出为一个圆，如图 5.14.7 所示.

若两个正弦信号电压的相位差一定，频率比为有理数，合成的李萨如图形为一条稳定的闭合曲线．图 5.14.8（a）为不同频率比、不同相位差时的李萨如图形．其交点示意图如图 5.14.8（b）所示.

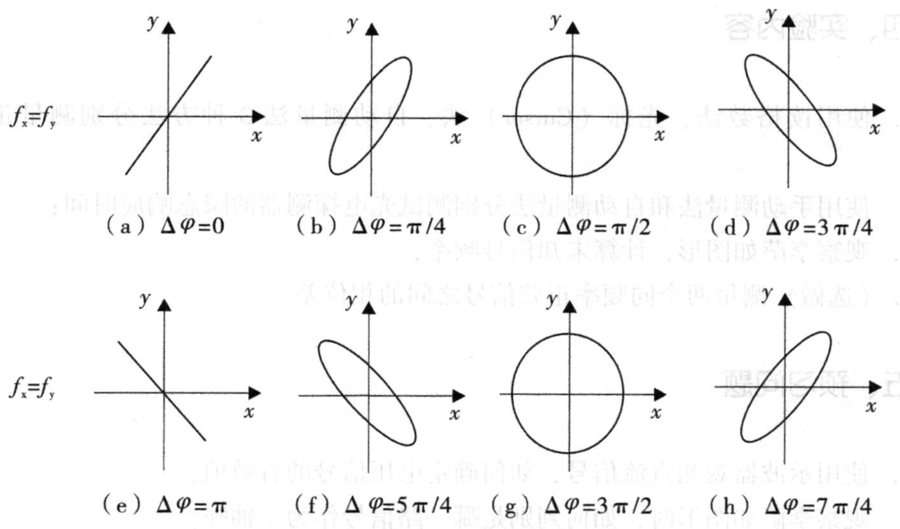

图 5.14.7 同频率信号合成李萨如图形

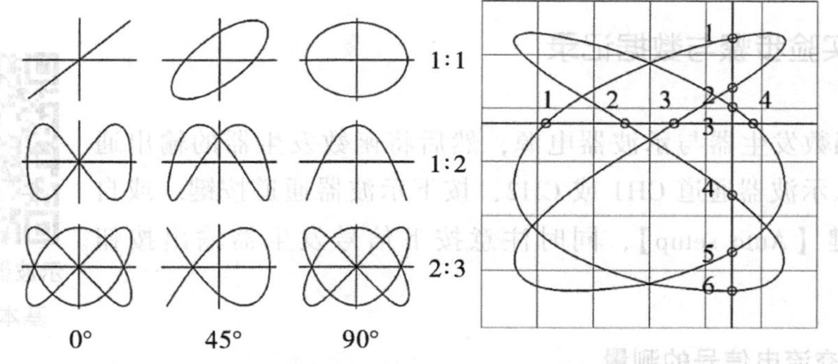

图 5.14.8 不同频率信号合成李萨如图形及图形交点示意图

在李萨如图形中，若 f_x 和 f_y 分别代表 x 和 y 轴输入信号的频率，取 n_x 和 n_y 分别为图形与水平线和垂直线的最多交点数目（或最多切点数目），则它们的比值与 f_x 和 f_y 的关系如下：

$$\frac{f_y}{f_x}=\frac{n_x}{n_y} \tag{5.14.7}$$

如果 f_x 为标准信号的频率，则未知频率 f_y 可以表示为

$$f_y=\frac{n_x}{n_y}f_x \tag{5.14.8}$$

即我们可利用李萨如图形方便测量未知信号的频率.

四、实验内容

1. 使用读格数法、光标（Cursor）法、自动测量法 3 种方法分别测量正弦波信号；

2. 使用手动测量法和自动测量法分别测试光电探测器的瞬态响应时间；

3. 观察李萨如图形，计算未知信号频率；

4. (选做) 测量两个同频率正弦信号之间的相位差。

五、预习问题

1. 使用示波器观测直流信号，如何确定电压信号的有效值？

2. 观察李萨如图形时，如何判别是哪一路信号作为 x 轴呢？

3. 什么是示波器的带宽？代表什么含义？

六、实验步骤与数据记录

打开函数发生器与示波器电源，然后将函数发生器的输出通道引线接入示波器通道 CH1 或 CH2，按下示波器通道按键. 或自动设置按键【Auto setup】，同时注意按下信号发生器输出按钮【Output】.

示波器测量交流电基本参数（下）

（一）交流电信号的测量

1. 交流电压有效值测量.

(1) 用数字万用表的交流电压挡量程，测量正弦交流电信号（频率≤400 Hz）的电压有效值.

(2) 读格数法测量电压峰-峰值. 通过垂直和水平的位置旋钮【Position】将波形调整对齐基线位置，读取垂直距离 H 的格数（注意需要估读）.

$$电压有效值=\frac{\sqrt{2}}{4}U_{pp}\ (示波器读数)$$

(3) 通过光标法或自动测量法，重复测量峰-峰值参数.

2. 交流信号频率测量.

调整示波器波形至少显示一个完整周期，测出相邻波峰（或波谷）之间的水平距离 L（cm），同样利用读格数法和自动测量法，标定周期 T 和频率 f.

表 5.14.1　正弦信号测量数据记录表

	信号发生器	数字万用表读数	示波器读数（数格法）	光标法	自动测量法
频率/Hz					
周期/s					
峰-峰值					

比较上述 3 种方法测量结果与万用表读数相对误差.

（二）手动测量法测量瞬态响应时间

利用光标法测量方波电信号的瞬态响应. 电压由 10% V_{pp} 上升到 90% V_{pp} 的时间间隔作为其上升时间；反之，电压由 90% V_{pp} 下降到 10% V_{pp} 的时间间隔为下降时间. 调整函数发生器产生方波，输入示波器，调整示波器的水平方向的时间增益和竖直方向电压增益，在示波器上显示一个完整周期的波形. 按下 Menu 区域的【Cursor】键，选择光标模式，然后选择手动. 以上数据记入表 5.14.2.

表 5.14.2　方波电信号的测量数据表

次数	电压		V_{min}+10% V_{pp}		V_{min}+90% V_{pp}		响应时间/s
	V_{max}/V	V_{min}/V	电压/V	时间/s	电压/V	时间/s	
1							
2							

（三）李萨如图形观察与测量

调整信号发生器的两个通道均输出正弦信号，并分别输入示波器的 CH1 和 CH2，按下【Acquire】键，在屏幕菜单区域选择【X-Y】打开，切换到李萨如图形.

1. 同频率交流正弦信号合成李萨如图形.

调节信号发生器输出两个频率相同的信号，对输入 CH1 的信号在 0~2π 范围内逐渐增大相位角，记录和观察图形，总结实验规律.

2. 未知频率测量.

信号发生器产生两个信号，分别作为已知和未知输入示波器 CH1 和 CH2，按下【Acquire】键，选择【X-Y】打开，切换到李萨如图形进行观察. 改变“已知”的输出频率，依次显示表 5.14.3 中李萨如图形.

表 5.14.3 李萨如图形测量正弦信号数据记录表

交点数比例	已知信号频率 CH1/Hz	未知信号频率 CH2/Hz	李萨如图形
1 : 2			
2 : 3			
3 : 4			
5 : 4（拓展题目）			

建议拍照记录李萨如图形，根据交点数计算未知信号频率.

（四）（选做）测量两个同频率正弦信号之间的相位差

将 1 000 Hz 正弦交流信号接入移相器（图 5.14.9 为移相器电路图）输入端，测量交流信号 A–D 与 B–D、C–D 间的位相差并判定哪个信号超前（自拟数据表格）.

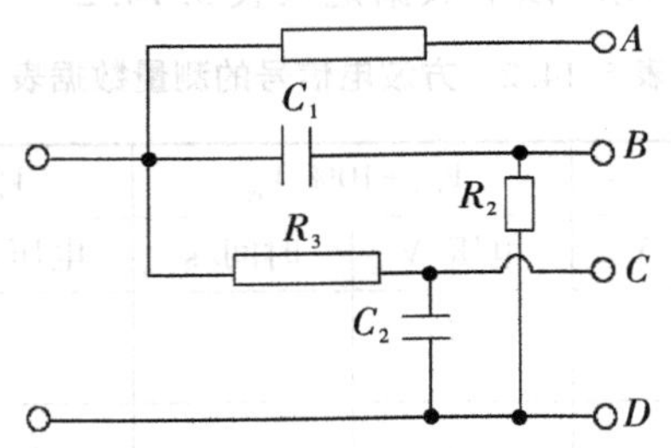

图 5.14.9 移相器电路图及其信号引出

七、思考题

1. 当示波器的扫描频率远大于 y 轴输入正弦信号的频率时，荧屏上的图形将是什么情形？

2. 两路不同频率信号合成，若相位差改变，是否会影响未知频率的最终测量结果？

3. 观察并总结李萨如图形的变化规律.

当 $f_x/f_y>1$ 时，增大相位差，李萨如图形如何旋转？中心轴是 x 轴还是 y 轴？

当 $f_x/f_y<1$ 时，同上，分析图形如何变化.

实验 15　*RLC* 串联电路的暂态特性研究

电阻 R、电感 L 及电容 C 是构成电路的基本元件，由 RC、RL、RLC 构成的串联电路在阶跃电压作用下，由一个平衡态跳变到另外一个平衡态，电流及电容两端的电压呈现出不同规律，包括暂态特性、稳态特性、谐振特性. RC 电路的暂态特性在实际工作中有着重要应用，例如脉冲电路中经常遇到元件的开关特性，在电子技术中利用暂态特性来改善波形. 本实验通过对 RC 串联电路暂态过程的研究，加深对电容充放电规律的理解.

一、实验目的

RLC 串联电路的暂态特性研究

1. 掌握 RLC 串联电路的暂态过程，加深对电容、电感特性的认识；

2. 通过 RC 串联电路的暂态过程，加深对电容充、放电规律的理解；

3. 掌握 RLC 串联电路的幅频特性和相频特性的测量方法.

二、实验仪器

数字示波器、低频信号发生器、标准电阻元件、标准电容元件、标准电感元件、数字万用表、面包板、导线等.

三、实验原理

（一）阶跃电压及 *RC* 串联电路

电压由一个数值跳变到另外一个数值称为“阶跃电压”，如图 5.15.1（a）所示的方波. 如果电路中包含有电容、电感等元件，则电路状态的变化通常会经过一定的时间才能够稳定下来. 电路在阶跃电压的作用下，从开始发生变化到变成另外一个稳定状态的过渡过程称为“暂态过程”，这一过程主要由电容的特性所决定. 图 5.15.1（b）RC 串联电路中 E 是信号发生器，通过输出方波信号，实现电压在不同时间下的阶跃调控.

RC 暂态过程其实是电容的充、放电过程. 在图 5.15.1（b）所示的 *RC* 串联电路中，开关 K 接通，信号发生器输出矩形方波信号. 在前半个周期内，方波电压+*E*，对电容 *C* 充电；在后半个周期内，方波电压为 0 V，电容 *C* 对外放电.

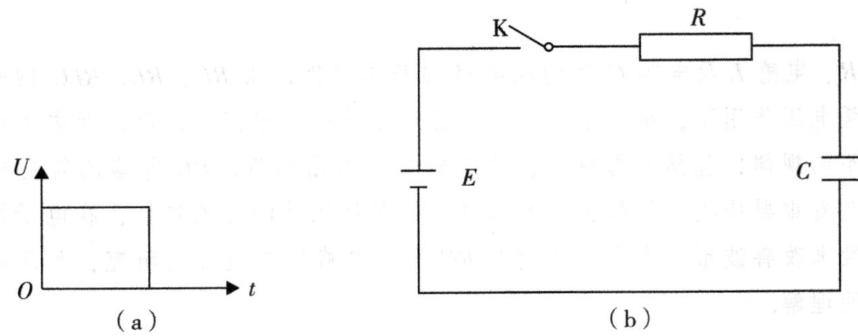

图 5.15.1 阶跃电压示意图与 RC 串联电路

（二）*RC* 串联电路的充电过程

充电过程中的回路方程为

$$iR+U_C=E \tag{5.15.1}$$

由初始条件 $t=0$ 时，$U_C=0$，求得解为

$$U_C=E\left(1-e^{-\frac{t}{RC}}\right) \tag{5.15.2}$$

$$i=\frac{E}{R}e^{-\frac{t}{RC}} \tag{5.15.3}$$

$$U_R=iR=Ee^{-\frac{t}{RC}} \tag{5.15.4}$$

由 U_C、U_R 二式可见，在串联电路中，U_C 随着时间 t 按指数函数规律增加，而 U_R 随着时间 t 按指数规律衰减，如图 5.15.2 中 U-t、U_C-t 及 U_R-t 曲线.

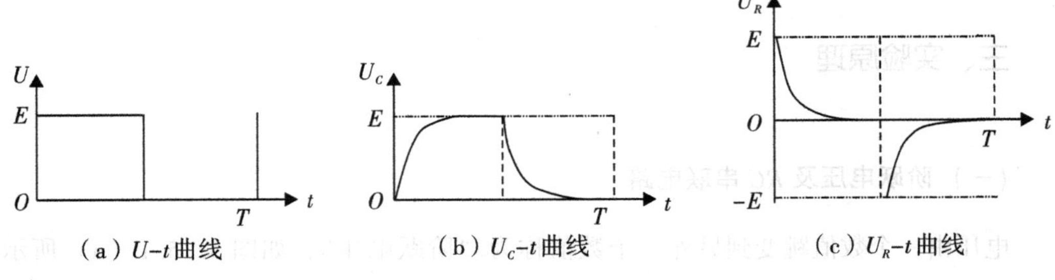

图 5.15.2 电容、电阻电压曲线

信号发生器实现了阶跃电压开关高速切换，要使用示波器观察现象，其接线如图 5.15.3 所示，要注意“共地”.

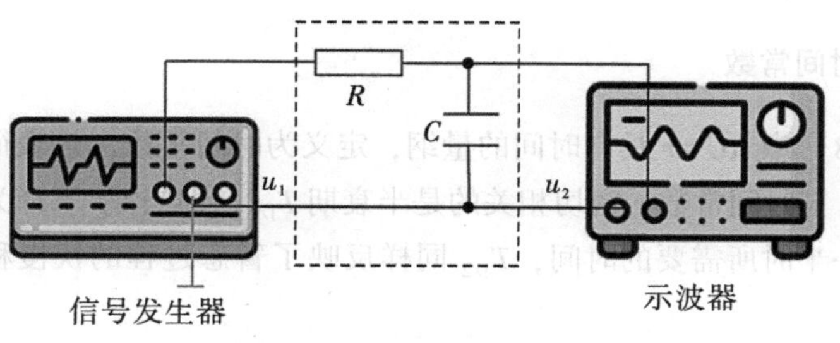

图 5.15.3　暂态过程实验电路

图 5.15.4 为信号发生器产生方波 u_1 与电路中电容电压 u_2 的波形图. u_1 包含着两个阶跃，即上升阶跃 ab，对应的时刻为 t_1；t_2 为下降阶跃时刻 cd. RC 电路在 u_1 上升阶跃的“作用”下，产生了的上升暂态过程，此过程经历了 $t_1 \sim t_1'$时间，这是电路的充电暂态过程；$t_1' \sim t_2$ 是电路的充电稳态过程；$t_2 \sim t_2'$是电路放电暂态过程；$t_2' \sim t_3$ 是电路的放电稳态过程. 示波器不但能够显示 u_1 和 u_2 波形，而且能够测出有关的时间间隔.

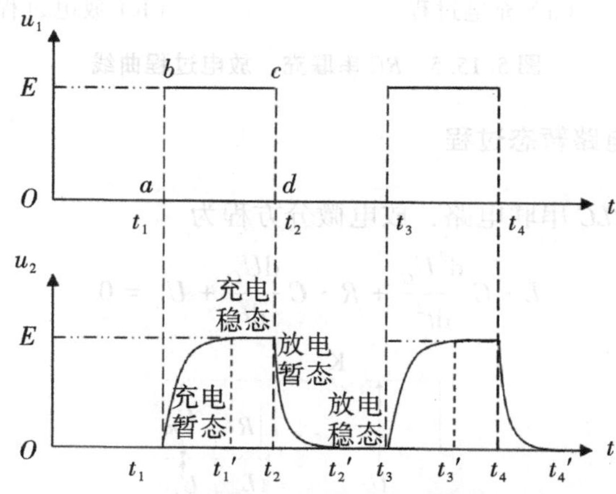

图 5.15.4　矩形波信号与电容两端电压信号

（三）RC 串联电路的放电过程

放电过程中的回路方程为

$$iR+U_C=0 \tag{5.15.5}$$

由初始条件 $t=0$ 时，$U_C=E$，得解为

$$U_C=E\mathrm{e}^{-\frac{t}{RC}} \tag{5.15.6}$$

$$i=-\frac{E}{R}\mathrm{e}^{-\frac{t}{RC}} \tag{5.15.7}$$

$$U_R=iR=-E\mathrm{e}^{-\frac{t}{RC}} \tag{5.15.8}$$

由 U_c、U_R 式可见，电阻与电容两端电压均随着时间 t 呈现指数规律衰减.

（四）RC 时间常数

式（5.15.8）中 $RC=\tau$ 具有时间的量纲，定义为时间常数，是表征暂态过程的一个重要物理量．与时间常数 τ 密切相关的是半衰期 $T_{1/2}$，即当 U_C 下降为初始值（或上升值最大值）一半时所需要的时间，$T_{1/2}$ 同样反映了暂态过程的快慢程度，与时间常数 τ 的关系为

$$T_{1/2}=\tau\ln2=0.693\tau \text{（或 } \tau=1.443T_{1/2}\text{）} \tag{5.15.9}$$

τ 越大代表充电过程越慢，反之越快．U_C 随 t 的变化过程如图 5.15.5 所示．

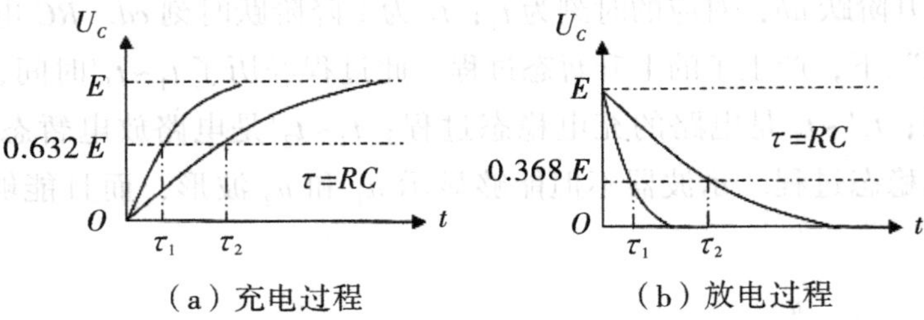

（a）充电过程　　（b）放电过程

图 5.15.5　RC 串联充、放电过程曲线

（五）RLC 串联电路暂态过程

图 5.15.6 所示 RLC 串联电路，放电微分方程为

$$L\cdot C\frac{\mathrm{d}^2U_C}{\mathrm{d}t^2}+R\cdot C\frac{\mathrm{d}U_C}{\mathrm{d}t}+U_C=0 \tag{5.15.10}$$

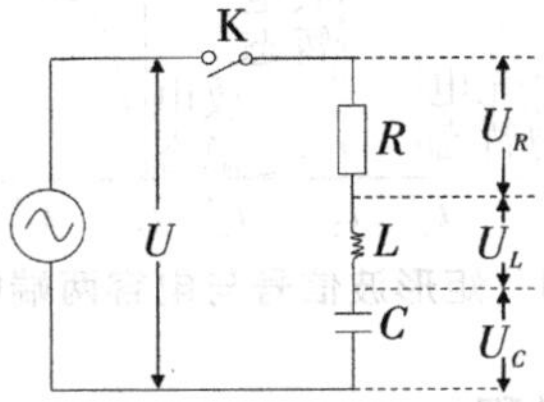

图 5.15.6　RLC 串联电路

假如电路的初始条件为：$t=0$，$U_C=E$，$\frac{\mathrm{d}U_C}{\mathrm{d}t}=0$，则电容两端电压 U_C 大小按电阻 R 不同分为三种情况讨论，如表 5.15.1 所示．

表 5.15.1　RLC 串联电路的阻尼特性

欠阻尼	临界阻尼	过阻尼
$R^2<\frac{4L}{C}$	$R^2=4\frac{L}{C}$	$R^2>4\frac{L}{C}$

续上表

欠阻尼	临界阻尼	过阻尼
$U_C=\dfrac{1}{\sqrt{1-\dfrac{C}{4L}\cdot R^2}}\cdot E\cdot e^{-\frac{t}{\tau}\cos(\omega t-\varphi)}$	$U_C=\left(1+\dfrac{t}{\tau}\right)\cdot E\cdot e^{-\frac{t}{\tau}}$	$U_C=\dfrac{1}{\sqrt{\dfrac{C}{4L}\cdot R^2-1}}\cdot E\cdot e^{-\frac{t}{\tau}sh(\omega t+\varphi)}$
$\tau=\dfrac{2L}{R},\omega=\sqrt{\dfrac{1}{LC}-\dfrac{R^2}{4L^2}}$		$\tau=\dfrac{2L}{R},\omega=\sqrt{\dfrac{R^2}{4L^2}-\dfrac{1}{LC}}$

以上三种情况下电容电压随时间的变化如图 5. 15. 7 所示.

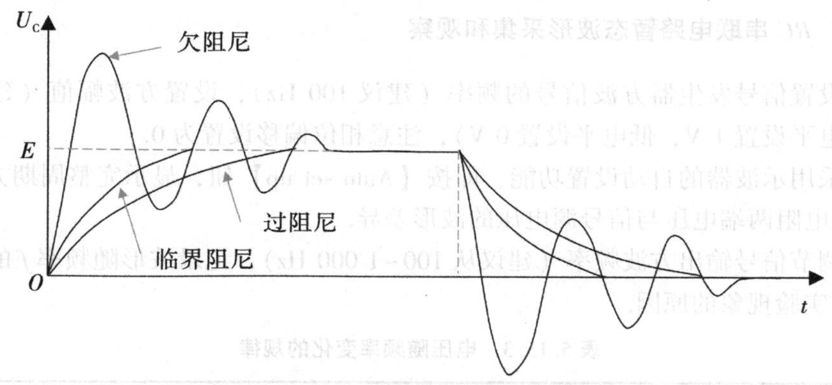

图 5. 15. 7　*RLC* 串联电路充、放电波形

四、实验内容

1. 自组 *RC* 串联电路，观察其暂态过程并测量时间常数.
2. （选做）自组 *RLC* 串联电路，观察其阻尼特性.

五、预习问题

1. *RC* 电路充电过程中，为何电容两端电压曲线与电阻两端电压曲线变化趋势相反?
2. *RC* 电路放电过程中，为何电阻与电容两端电压变化趋势相同?

六、实验步骤与数据记录

（一）使用面包板自组 *RC* 串联电路与波形观察

1. 使用万用表确认实验标准电阻与电容值，计算时间常数的理论值（需要考虑信号发生器自身内阻 50 Ω）.

表 5.15.2　*RLC* 电路元件参数

参数	电阻 /Ω	电容/μF	信号发生器内阻/Ω	时间常数理论值
标称值				
实测值（万用表）				

2. 组建 *RC* 串联电路，验证其联通特性.

3. 根据面包板的引线规则，将信号发生器输出端接入面包板 *RC* 电路. 为方便观察，同时将该信号分开 1 路同步输入示波器 CH1 通道. 按照电路图，将示波器 CH2 通道接到电容两端.

（二）*RC* 串联电路暂态波形采集和观察

1. 设置信号发生器方波信号的频率（建议 100 Hz），设置方波幅值（建议设置 1 V，高电平设置 1 V，低电平设置 0 V），注意相位偏移设置为 0.

2. 采用示波器的自动设置功能，即按【Auto set up】钮，显示完整周期方波，观察电容或电阻两端电压与信号源电压的波形差异.

3. 调节信号输出方波频率（建议从 100~1 000 Hz），记录波形随频率 f 的变化规律，分析实验现象的原因.

表 5.15.3　电压随频率变化的规律

频率 f/Hz	电压幅值/V			波形描述
	方波	电容两端	电阻两端	
100				
200				
500				
1 000				

（三）时间常数的测量

1. 选择示波器主界面测量键【Measure】，选择对应的通道.

2. 示波器界面【Cursor】按钮设置为手动，选择垂直 Y 光标，CurA 定位调节到电压开始下降（开始放电的位置）时间坐标 t_1，CurB 调到电压幅值 50%时对应的横坐标时间 t_2，测量起始位置到 50%的时间间隔，计算半衰期，利用公式 $T_{1/2}=0.693\tau$，计算时间常数 τ.

3. 将时间常数的理论值与测得的数值进行对比，计算相对误差.

表 5.15.4　半衰期与时间常数的测量

参数	开始下降时间 t_1	50%幅值时间 t_2	半衰期 $T_{1/2}$	时间常数 τ	理论时间常数 τ	相对误差
测量值						

七、注意事项

1. 使用面包板连接元件时，应便于看到其极性和标志，将元件引脚理直后，在需要的地方折弯，插入面包板；

2. 注意示波器与信号发生器的接地端要共地.

八、思考题

1. RC 串联电路的暂态实验中，固定方波频率，改变电阻的阻值，为什么会有不同的波形？而改变方波的频率，是否会得到类似的波形呢？

2. 时间常数的物理意义是什么？时间常数测量的主要误差来源有哪些？

3. RC 串联电路中，当时间常数远大于方波周期时，用示波器观察 U_C 波形会有什么影响？

面包板

建立一个电路时，面包板是最基本、最简单的元件之一. 如图 5.15.8 所示，面包板底部由金属片连接，各种电子元器件可根据需要任意插入或拔出，免去了焊接的工序，节省了电路的组装时间，且元件可以重复使用，非常适合电子电路的组装、调试和训练. 面包板的得名可以追溯到真空管电路的年代，当时的电路元器件大都体积较大，人们通常通过螺丝和钉子将他们固定在一块切面包用的木板上进行连接，后来电路元器件体积越来越小，但面包板的名称沿用了下来.

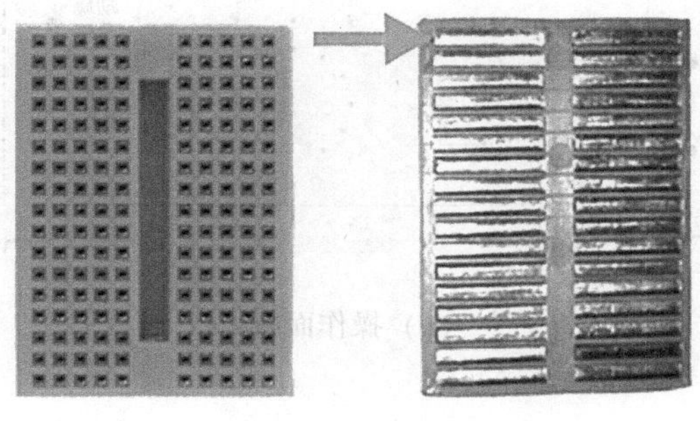

图 5.15.8　面包板

实验 16 铁磁材料磁化曲线与磁滞回线

铁磁材料是一种重要的磁性材料，被广泛应用于能源、汽车、交通、航空航天等领域. 将铁磁材料放入磁场中，它会在外磁场作用下发生磁化，呈现磁性. 磁滞回线是反映磁性材料特性的重要特征曲线，可以由它获得饱和磁感应强度、剩磁、矫顽力等参数，是铁磁材料研制、生产和应用的重要依据. 本实验通过对两种铁磁材料磁滞回线的测量，研究铁磁材料的磁化特性.

一、实验目的

铁磁材料磁化曲线与磁滞回线（上）

1. 掌握磁滞、磁化曲线等概念；
2. 学会使用示波器测绘基本磁化曲线与磁滞回线的方法；
3. 根据磁滞回线确定饱和磁感应强度 B_S、剩磁 B_r 及矫顽力 H_D 等参数.

二、实验仪器

双踪数字示波器、TH-MHC 型磁滞回线实验仪（图 5.16.1）、同轴电缆线若干.

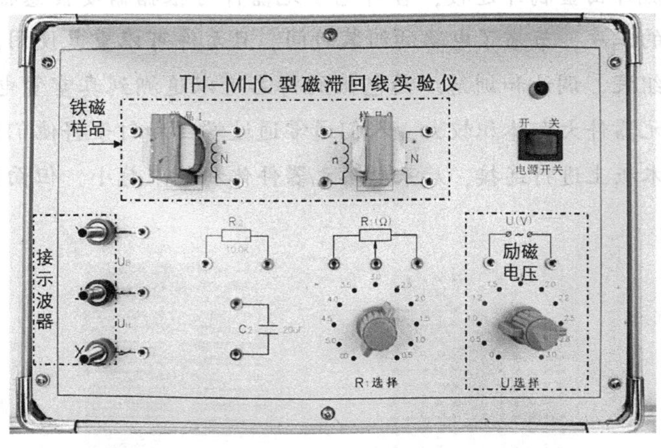

（a）操作面版

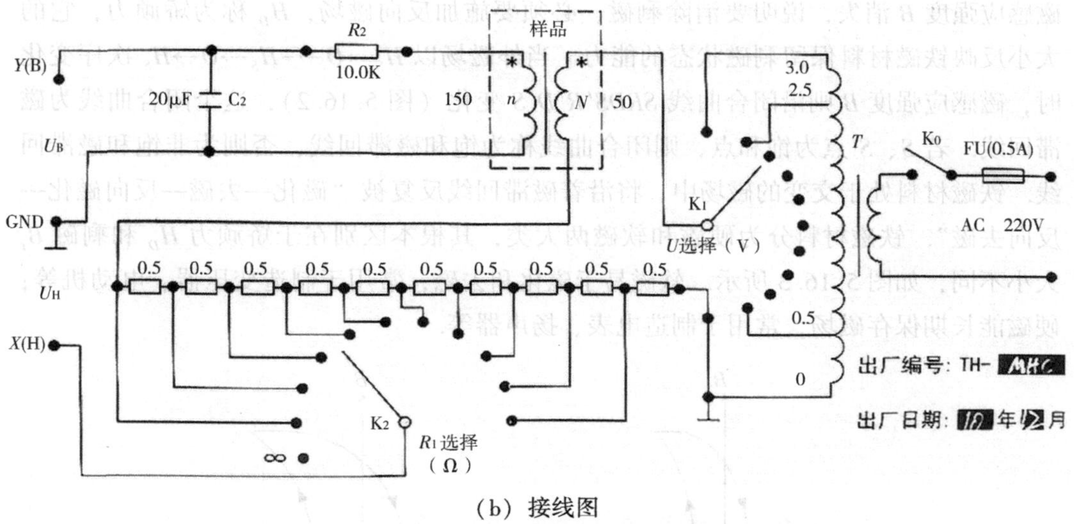

（b）接线图

图 5. 16. 1　TH-MHC 型磁滞回线实验仪操作面板与接线图

三、实验原理

（一）起始磁化曲线

如图 5. 16. 2 所示，铁磁材料的磁感应强度 B 与磁场强度 H 之间存在延迟关系.

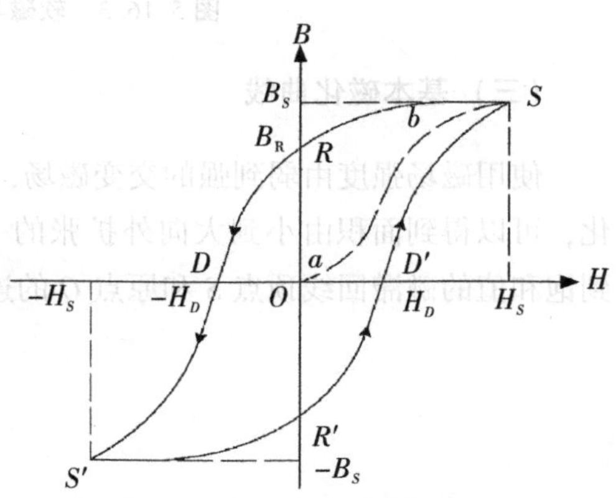

图 5. 16. 2　铁磁材料磁化过程曲线

图中原点 O 处，$B=H=0$，表示磁化之前铁磁材料处于磁中性状态，当磁场强度 H 从 0 开始增加时，磁感应强度 B 随之缓慢上升，如线段 Oa 所示；继而 B 随 H 迅速增长，如 ab 所示；其后 B 的增长缓慢．当 H 增至 Hs 时，B 到达饱和值 B_S．磁化开始后 B 随 H 变化的曲线（$OabS$）称为起始磁化曲线.

（二）磁滞回线

继续前面的实验，当磁场强度从 H_S 逐渐减小至 0，磁感应强度 B 并不沿起始磁化曲线恢复到 O 点，而是沿着另外一条新的曲线 SR 下降．比较曲线 OS 和 SR 可以发现，H 减小 B 相应也减小，但 B 的变化滞后于 H 的变化，此现象称为磁滞．磁滞的明显特征是当 $H=0$ 时，B 不为 0，而是保留剩磁 B_r．当磁场反向从 0 逐渐变至 $-H_D$ 时，

磁感应强度 B 消失，说明要消除剩磁，必须要施加反向磁场，H_D 称为矫顽力，它的大小反映铁磁材料保留剩磁状态的能力．当外磁场以 $H_S \to O \to -H_S \to O \to H_S$ 次序变化时，磁感应强度 B 则沿闭合曲线 $SRDS'R'D'S$ 变化（图 5.16.2），这个闭合曲线为磁滞回线．若 S、S'点为饱和点，则闭合曲线称为饱和磁滞回线，否则为非饱和磁滞回线．铁磁材料处于交变的磁场中，将沿着磁滞回线反复被“磁化—去磁—反向磁化—反向去磁”．铁磁材料分为硬磁和软磁两大类，其根本区别在于矫顽力 H_D 和剩磁 B_r 大小不同，如图 5.16.3 所示．软磁易于磁化和去磁，常用于制造变压器、电动机等；硬磁能长期保存磁场，常用于制造电表、扬声器等．

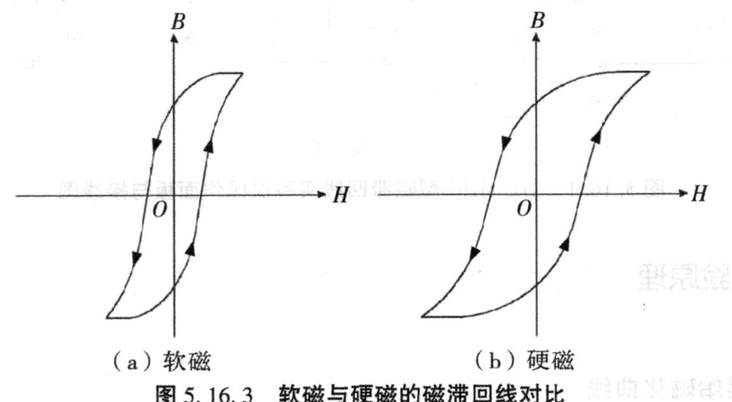

（a）软磁　（b）硬磁

图 5.16.3　软磁与硬磁的磁滞回线对比

（三）基本磁化曲线

使用磁场强度由弱到强的交变磁场，对初始不带磁性的同一铁磁材料依次进行磁化，可以得到面积由小到大向外扩张的一簇磁滞回线，如图 5.16.4 所示．这些未达到饱和值的磁滞回线顶点 S 和原点 O 的连线称为铁磁材料的基本磁化曲线．

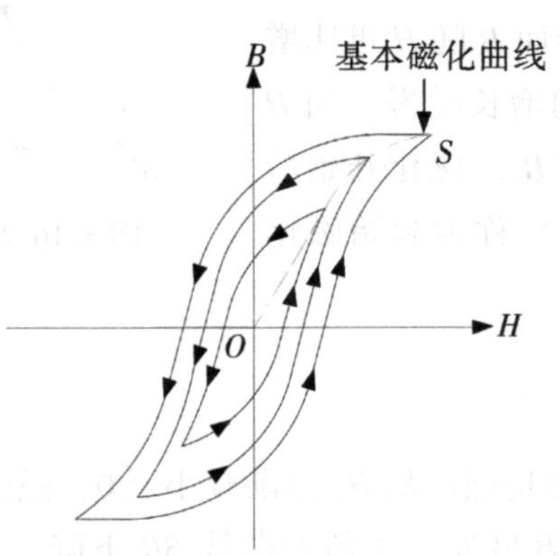

图 5.16.4　基本磁化曲线

由基本磁化曲线可以看出，铁磁材料的 B 和 H 不是线性关系，即铁磁材料的磁导率 $\mu=\frac{B}{H}$ 不是常数，而是随 H 而变化，是磁场 H 的函数（图 5.16.5）.

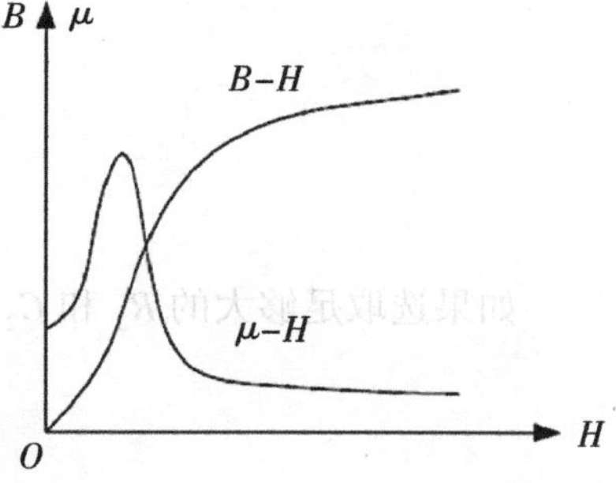

图 5.16.5　B–H 曲线和 μ–H 曲线

典型铁磁材料的磁化规律如下：随着 H 的增加，开始时 B 缓慢地增加，此时 μ 较小；而后随 H 的增加 B 急剧增加，μ 也迅速增加；最后随 H 增加，B 趋向于饱和，而此时的 μ 值在到达最大值后又急剧减小. 一般情况下，铁磁质内部存在自发的磁化强度，温度越低自发磁化强度越大. 当温度达到或高于居里点（也称为居里温度，是指材料可以在铁磁体和顺磁体之间改变的温度）时，分子热运动加剧，磁畴瓦解，铁磁质的自发磁化强度将消失，铁磁质由铁磁状态转换成顺磁状态. 因此，铁磁材料的磁导率 μ 还是温度的函数.

（四）磁场强度和磁感应强度测定

实验中只要使示波器 X 轴输入正比于外磁场 H 的电压信号，Y 轴输入正比于样品的磁感应强度 B 的电压信号，就可以通过示波器实时观察和采集磁化曲线. 图 5.16.1 所示的实验电路中，用来产生外磁场的励磁绕组匝数为 N，用来测量磁感应强度 B 而设置的测量线圈匝数为 n. 励磁电流取样电阻为 R_1，样品平均磁路长度为 L，C_2 为电容.

磁场强度可由安培环路定理得到

$$H=\frac{NI}{L}=\frac{NU_1}{LR_1}$$

式中，U_1 为励磁绕组两端的电压，H 正比于 U_1，由示波器 X 轴的电压 U_1 就可以确定磁化场的磁场强度 H.（在本实验中 $L=60.0\ \text{mm}$，$N=50$，R_1 为 $0.5\sim5.0\ \Omega$.）

样品的磁感应强度 B 由测量线圈匝数 n 和 R_2C_2 电路给定. 假设被测样品的截面积是 S，由法拉第电磁感应定律可知，在副线圈中将产生感应电动势

$$\varepsilon=n\frac{\mathrm{d}\phi}{\mathrm{d}t}$$

$$\phi=\frac{1}{n}\int\varepsilon\mathrm{d}t$$

$$B=\frac{\phi}{S}=\frac{1}{nS}\int\varepsilon\mathrm{d}t$$

如果忽略自感应电动势和电路损耗，则回路方程为

$$\varepsilon=i_2R_2+U_2$$

式中，i 为感生电流，U_2 为电容 C_2 两端电压.

设在 Δt 时间内，i 向电容 C_2 的充电电量为 Q，则

$$U_2=\frac{Q}{C_2}$$

$$\varepsilon=iR_2+\frac{Q}{C_2}$$

如果选取足够大的 R_2 和 C_2，使得 $iR_2>\frac{Q}{C_2}$，则

$$i=\frac{\mathrm{d}Q}{\mathrm{d}t}=C_2\frac{\mathrm{d}U_2}{\mathrm{d}t}$$

$$\varepsilon=C_2R_2\frac{\mathrm{d}U_2}{\mathrm{d}t}$$

联立可得

$$B=\frac{C_2R_2}{nS}U_2$$

由电压 U_2 可以确定磁感应强度 B（本实验中 $C_2=20\ \mu\mathrm{F}$，$R_2=10\ \mathrm{k}\Omega$，$n=150$，$S=80\ \mathrm{mm}^2$）.

将 U_1 和 U_2 分别加到示波器的“X 输入”和“Y 输入”便可观察样品的 $B-H$ 曲线，也可以由此确定样品的饱和磁感应强度 B_X、剩磁 B_r、矫顽力 H_D、磁滞损耗和磁导率等参数.

四、实验内容

1. 使用示波器观察两种样品的饱和磁滞回线图形；
2. 测量磁滞回线，绘制磁化曲线和磁滞回线，量化分析磁化参数.

五、预习问题

1. 什么是矫顽力？其物理意义是什么？
2. 什么是基本磁化过程？
3. 请描述样品的磁感应强度随外磁场强度变化的物理过程.

六、实验步骤与数据记录

铁磁材料磁化曲线与磁滞回线（下）

（一）电路连接

选择样品（软磁、硬磁材料），按照实验仪所给的连接电路，“R_1 选择”置于 2.5，“U 选择”置于 0.“U_H”和“U_B”分别接示波器的“X 输入”和“Y 输入”（注意接地端要共地）.

（二）样品退磁

开启实验仪电源，对样品进行退磁，即顺时针转动“U选择”旋钮，令 U 从 0 V 增加至 3 V，然后逆时针转动旋钮，将 U 从最大值降为 0 V，其目的是消除剩磁，确保样品处于磁中性状态，即 $B=H=0$.

（三）确定示波器 X 轴和 Y 轴灵敏度

示波器工作在李萨如图形，在 $U=0$ V 时令光点位于示波器屏幕的中心，然后逐挡提高励磁电压，在示波器显示屏上得到面积由小到大一个套一个的一簇磁滞回线. 如果饱和磁滞回线（最大）超出了示波器屏幕，可分别调节示波器 X 轴和 Y 轴的灵敏度旋钮，使磁滞回线大小局限于示波器屏幕范围之内. 调好之后就不再变动.

（四）观察饱和磁滞回线

对样品重新退磁后，逐挡提高励磁电压，观察到饱和磁滞回线，调节示波器 X 轴和 Y 轴的灵敏度旋钮，使显示屏上图形大小合适（若图形顶部出现编织网的小环，此时可以降低励磁电压 U 予以消除）. 在表 5.16.1 中记录 $\pm H_S$、$\pm B_S$、$\pm H_D$、$\pm B_r$ 各点坐标值（磁滞回线居中）.

表 5.16.1　饱和磁滞回线

U_{1S}	U_{1R}	U_{1D}	U'_{1S}	U'_{1R}	U'_{1D}
H_S	H_R	H_D	H'_S	H'_R	H'_D
U_{2S}	U_{2R}	U_{2D}	U'_{2S}	U'_{2R}	U'_{2D}
B_S	B_R	B_D	B'_S	B'_R	B'_D

（五）观察基本磁化曲线

对样品 1 进行退磁，从 $U=0$ 开始，逐挡提高励磁电压，在显示屏上得到面积由小到大一个套一个的一簇磁滞回线. 这些磁滞回线顶点的连线就是样品的基本磁化曲线. 在表 5.16.2 中记录下各电压相应的 $\pm H_S$、$\pm B_S$ 的坐标值.

(六) 观察、比较样品 1 和样品 2 的磁化性能

更换样品 2，重复按照上述步骤，观察对应的基本磁化曲线和 μ-H 曲线，数据记录表 5.16.2 中.

表 5.16.2 基本磁化曲线和 μ-H 曲线

U/V	U_1/V	$H=\frac{N}{L}\frac{U_1}{R_1}$/(A/m)	U_2/V	$B=\frac{C_2}{n}\frac{R_2}{S}U_2$/T	$\mu=\frac{B}{H}$/(H/m)
0.5					
1.0					
1.2					
1.5					
1.8					
2.0					
2.2					
2.5					
2.8					
3.0					

对样品重新退磁后，励磁电压 U 从 0 V 逐渐增加，仔细观察磁滞回线的变化情况，正确判断出样品达到磁化饱和状态的磁滞回线（磁滞回线的面积不再随 U 的增加而变大）. 当示波器上显示饱和磁滞回线后，测量饱和磁感应强度 B_S、剩磁 B_r、矫顽力 H_D 和磁滞损耗 $B_S \cdot H_S$.

七、注意事项

1. 屏幕显示的磁滞回线应尽量大些，以减少读数相对误差.
2. 实验过程中不能改变示波器的灵敏度.

八、思考题

1. 什么是磁畴？磁性材料在磁化过程中会发生什么变化？
2. 为什么一定要对样品进行退磁？如何退磁？
3. 示波器上显示的磁滞回线是真实的 H-B 曲线吗？若不是，为什么可以用它来描述磁滞回线？
4. 如何读取剩磁、矫顽力、饱和磁感应强度？

司　南

“司南”是古代辨识方向的仪器．春秋时的《鬼谷子》“郑人之取玉也，载司南之车”，战国时的《韩非子·有度》“故先王立司南以端朝夕”，东汉时的《论衡》“司南之杓，投之于地，其柢指南”，都有司南的记载．最早的指南针是用天然磁体做成的．

磁性的系统研究始于英国学者吉尔伯特，他的职业是医生，可是他兴趣广泛、知识渊博，在化学、物理学、医学、天文学等方面都有涉猎，他主要研究领域是物理学．在1600年出版的《论磁》中，吉尔伯特在亲自观察与实验的基础之上，记录了磁石的同性相吸、异性相斥，磁针的南北指向性，烧热磁铁的退磁性等现象．他还发现当小磁针放在地球除南北之外的地方时，它有一个朝向地面的小小倾斜；通过研究磁针与球形磁体的模拟试验，进而发现了球形磁体的磁极，并大胆地假定地球本身就是个大磁体，指出磁针的北极应是南极．还定义了“磁轴”“磁子午线”等概念．

实验 17　非线性电路的混沌现象

混沌现象是一种普遍存在的复杂的运动形式，混沌是确定论系统随机行为的总称，它的根源在于非线性的相互作用．混沌不是混乱，它不同于平衡态，是一种序，是貌似无序的序．混沌理论广泛应用于物理学、化学、生物学、医学、社会学等研究领域．本实验通过含非线性电阻的 *RLC* 电路混沌，使我们对混沌有更具体、更形象的认识．

一、实验目的

非线性电路的混沌现象（上）

1. 调试混沌电路，观察混沌现象的各种相图；
2. 探讨所观察的各种奇怪吸引子图像；
3. 测量有源非线性电路电阻的伏安特性．

二、实验仪器

电源、实验面包板、数字万用表、非线性电阻、电容、电感和可调电位器（滑线变阻器）、示波器.

三、实验原理

“混沌”在英、法、德文中都写作“Chaos”，本义为混乱、无秩序. 19 世纪末，庞加莱在研究三体问题的稳定性时首先观察到了混沌现象（当时未用“混沌”名词）. 计算机的发展为混沌研究创造了条件，科学家用数值计算方法求解过去难以求解的非线性运动方程，并取得了丰硕的研究成果，例如李雅普诺夫指数、李-约克定理、费根鲍姆数，界定了明确的研究对象，构筑了系统的理论结构并制定了较完整的方法论框架，为混沌同步与控制、混沌规律运用等取得突破性进展奠定了基础.

1963 年，麻省理工学院气象学家洛伦兹在进行天气预报的研究时意外地发现，初始条件的极微差别可以引起模拟结果的巨大变化，就好像巴西热带雨林的一只蝴蝶偶然拍动翅膀，可能在几星期后的美国得克萨斯州引起一场龙卷风，这就是著名的“蝴蝶效应”.

洛仑兹的方程是完全确定的微分方程，但在某些参数条件下会出现非常复杂的行为，进一步从理论上分析这些方程，可以得到倍周期分岔和混沌区域，并且找到一些普适常数，发现无穷嵌套的自相似结构.

（一）非线性电路与非线性动力学

混沌不只是一种数学现象，在许多实际系统的研究中，它不断揭示出丰富的非平衡相变行为，尤其以非线性 *RLC* 电路实验最为成功.

非线性 *RLC* 电路的非线性器件，可以是非线性电容、非线性电阻，也可以是非线性电感. 如图 5. 17. 1 所示，本实验使用非线性电阻 R 和电容 C、电感 L 并联构成一个 *RLC* 振荡电路.

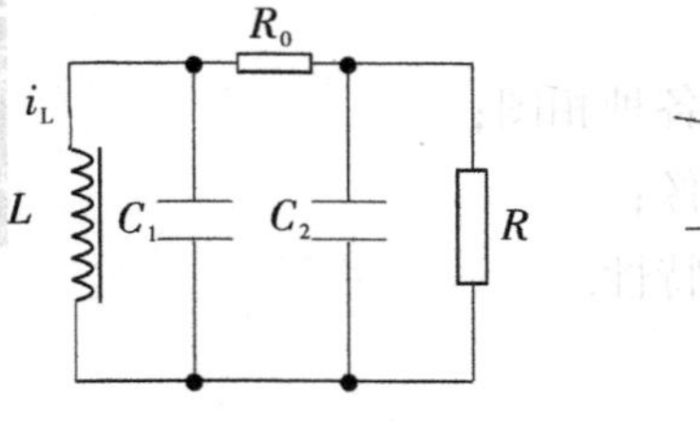

（a）*RLC*电路原理图　　（b）非线性电阻伏安特性曲线

图 5. 17. 1　*RLC* 电路原理图及非线性电阻伏安特性曲线

由电路的电阻、电容、电感上的电流电压关系，RLC 混沌电路的状态方程为

$$C_1\frac{dU_{C1}}{dt}=G\ (U_{C2}-U_{C1})\ +i_L \tag{5.17.1}$$

$$C_2\frac{dU_{C2}}{dt}=G\ (U_{C1}-U_{C2})\ -f\ (U_{C2}) \tag{5.17.2}$$

$$L\frac{di_L}{dt}=-U_{C1} \tag{5.17.3}$$

式中：$G=1/R_0$ 是电导；U_{C1}，U_{C2} 分别是 C_1，C_2 两端的电压；i_L 是流过电感 L 的电流；函数 $f\ (U_{C2})$ 是非线性电阻 R 的特征函数，分段表达式为

$$f\ (U_{c2})\ =\begin{cases} m_0U_{C2}+\ (m_1-m_0)\ B_p & U_{C2}\geqslant B_p \\ m_1U_{C2} & |U_{C2}|\leqslant B_p \\ m_0U_{C2}-\ (m_1-m_0)\ B_p & U_{C2}\leqslant -B_p \end{cases} \tag{5.17.4}$$

式中，m_0，m_1 是常数，量纲与电导相同．这个微分方程组在一定参数条件下，会出现倍周期分岔、准周期、混沌及吸引子现象．

如果 R 是线性电阻，f 是常数，电路就是一般的振荡电路，得到的解是正弦函数．电阻 R_0 的作用是调节 C_1 和 C_2 的相位差．把 C_1 和 C_2 两端的电压分别输入示波器的 X 轴、Y 轴，显示的图形是椭圆．本实验中 R 是非线性电阻，取适当电路参数时，可以在示波器上观察到混沌现象．

（二）有源非线性电阻的实现

非线性电阻 R 是产生混沌现象的必要条件，实验中 R 选用运算放大器电路（双运算放大器和 6 个电阻组合，如图 5.17.2 所示，从电路中 C、D 两点看，双运算放大器与 6 个电阻等效于一个非线性电阻）．LC 并联构成了振荡电路，R_0 的作用是分相，使 A、B 两处输入示波器的信号产生相位差，可在示波器上通过“X-Y”合成波形．正反馈强弱与 R_3/R_0，R_6/R_0 比值有关，负反馈的强弱与 R_2/R_1，R_5/R_4 的比值有关．只有当正反馈大于负反馈时，振荡电路才能够维持振荡．调节 R_0，正反馈就发生变化，运算放大器处于振荡状态，表现出非线性．

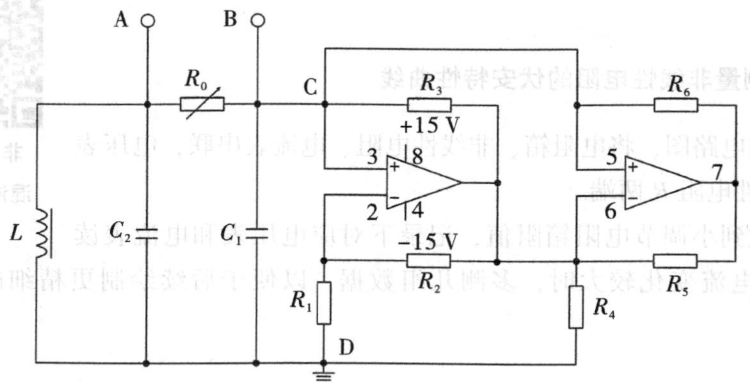

图 5.17.2　实验电路图

（三）混沌现象的基本判据

混沌现象表现出非周期有序性，看起来似乎是无序状态，但呈现一定的统计规律，其基本判据如下．

1．频谱分析：R_0 很小时候，系统只有一个稳定状态（对应 1 个解），随着 R_0 的变化，系统由一个稳定状态变成两个稳定的状态（对应 2 个解），即由单周期变为双周期，进而两个稳定状态分裂为四个稳定状态（4 周期，4 个解），八个稳定状态（8 周期，8 个解）……直到分裂进入无穷周期，即变为连续频率，接着波形进入混沌状态，系统状态无法确定．倍周期分岔是系统状态进入混沌的途径．

2．无穷周期后，由于产生轨道排斥，系统出现局部不稳定．

3．存在奇怪吸引子（strange attractor）．奇怪吸引子有一个复杂但明确的边界，这个边界保证了在整体上的稳定，在边界内部具有无穷嵌套的自相似给构，运动是混合随机的，它对初始条件十分敏感．

四、实验内容

1．测量非线性电阻的伏安特性，用软件作图并给出有意义的分析．

2．观察记录倍周期现象、周期性窗口、单吸引子和双吸引子，给出总结．

3．（选做）研究电路参数（电感 L、电容 C）对产生混沌现象影响的规律．

五、预习问题

1．混沌现象有哪些基本特征？产生混沌现象的途径有哪些？

2．混沌电路中的非线性电阻是如何实现的？

六、实验步骤与数据记录

非线性电路的混沌现象（下）

（一）测量非线性电阻的伏安特性曲线

1．按照电路图，将电阻箱、非线性电阻、电流表串联，电压表并联于非线性电阻 R 两端．

2．从大到小调节电阻箱阻值，记录下对应电压表和电流表读数．建议在电流变化较大时，多测几组数据，以便于后续绘制更精细的伏安特性曲线．

3. 重复上述操作，多次测量非线性电阻，数据记入表 5. 17. 1 中.

表 5. 17. 1　实验数据记录参考表格

组别	参数	1	2	3	4	5	6	7	8
1	R/Ω								
	U/V								
	I/mA								
2	R/Ω								
	U/V								
	I/mA								
3	R/Ω								
	U/V								
	I/mA								
4	R/Ω								
	U/V								
	I/mA								

（二）观察倍周期现象、周期性窗口、单吸引子和双吸引子

1. 将电容 C_1、C_2 上的电压输入示波器的 X 轴、Y 轴，使用李萨如图形模式，先把 R_0 调到最小，示波器屏上可观察到一条直线.

2. 调节 R_0，直线变成椭圆，到某一位置，图形缩成一点.

3. 增大示波器的倍率，反向微调 R_0，可见曲线作倍周期变化，曲线由 1 周期增为 2 周期，由 2 周期倍增至 4 周期……直至一系列难以计数的无首尾的环状曲线，这是一个单涡旋吸引子集.

4. 再细微调节 R_0，单吸引子突然变成了双吸引子，环状曲线在两个向外涡旋的吸引子之间不断填充与跳跃，这就是混沌研究文献中所描述的“蝴蝶”图像，也是一种奇怪吸引子，它的特点是整体上的稳定性和局域上的不稳定性同时存在.

5. 利用上述电路，进一步观察周期性窗口，仔细调节 R_0，有时原先的混沌吸引子不是倍周期变化，却突然出现了一个 3 周期图像，再微调 R_0，又出现混沌吸引子，这一现象称为出现了周期性窗口.

6. 观察并拍照记录不同倍周期时 $U_{C1}-t$ 图（表 5. 17. 2）.

表 5.17.2 混沌现象

混沌现象	合成波形	U_{C1}-t 波形
1 倍周期		
2 倍周期		
4 倍周期		
单吸引子		
3 倍周期		
双吸引子		

(三) 数据作图

用 Origin 作图，对数据处理结果进行规律性总结与讨论.

(四) 选做实验

自主搭建电路，研究电路参数（如电感和电容）对混沌现象的影响规律.

七、注意事项

1. 连线前注意先画出电路图，正式通电前对照电路图仔细检查电路.

2. 由于混沌现象初值高度敏感，参数 R 的变化对系统动力学行为影响很大，因此要耐心调试，建议先用量程大的滑线变阻器调试出现象，然后用量程小的滑线变阻器精细调节.

3. 伏安特性曲线测量要精确，数据点分布尽可能多而密，从而有利于精确拟合.

八、思考题

1. 为什么混沌电路中要采用分段非线性电阻？
2. 混沌电路的三个组成部分各自作用是什么？

物理史话

亨利·庞加莱

亨利·庞加莱（Henri Poincaré，1854—1912）（图 5.17.3）是法国最伟大的数学家之一，也是科学家和哲学家．他被公认是 19 世纪末和 20 世纪初的数学家领袖，是继高斯之后对数学及其应用具有全面知识的最后数学家．他对数学、物理和天体力学做出了很多创造性与基础性的贡献．他提出的庞加莱猜想是数学中最著名的问题之一．在对三体问题的研究中，庞加莱第一个发现混沌确定系统，并为现代的混沌理论打下了基础．因此，他也被称为混沌学之父．

图 5.17.3 亨利·庞加莱

混沌行为可以在许多自然系统中被观测到，1963 年美国气象学家爱德华·洛仑兹提出混沌理论，解释了确定性系统可能产生随机结果．

如今，混沌理论在许多领域得到广泛应用，包括数学、生物学、信息技术、经济学、工程学、金融学、哲学、物理学、政治学、人口学、心理学和机器人学．多种系统的混沌状态在实验室中得到观察，包括电路、激光、流体的动态，以及机械和电磁装置．

第六章
光学实验

实验 18 分光计测三棱镜顶角

色散元件会使光的折射角度随波长而变化，通过仔细测量每种颜色偏转的角度，就可以获得发光物质的光谱“指纹”，其中蕴含了大量信息．最简单的光谱仪由一个棱镜和一个量角器组成，如果光束由多种颜色的光组成，棱镜就会将光折射成不同颜色的一系列细线，也可以用光栅代替棱镜，真正的光谱仪则需要非常灵敏的检测和精确的测量．

一、实验目的

分光计测三棱镜顶角（上）

1. 掌握分光计的调节方法；
2. 学会使用反射法测量三棱镜顶角；
3. 学会使用自准直法测量三棱镜顶角；
4. 学会使用平面法线法测量三棱镜顶角；
5. 学会不确定度计算方法．

二、实验仪器

JJY 型分光计、三棱镜、钠光灯或氦光灯、手持放大镜．

三、实验原理

（一）三棱镜顶角的反射法测量

如图 6.18.1 所示，平行光线从平行光管射出，照射在三棱镜上，经过两个光学

表面反射，形成左、右两束光线，其夹角

$$\theta=2\angle A \tag{6.18.1}$$

因此，通过望远镜分别测量左、右两束反射光线的方位角，即可计算出三棱镜的顶角

$$\angle A=\frac{\theta}{2} \tag{6.18.2}$$

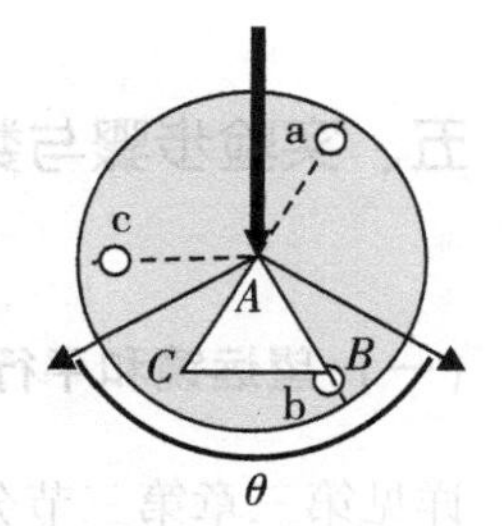

图 6.18.1　反射法测量三棱镜顶角

（二）三棱镜顶角的自准直法测量

望远镜产生的平行光经过正对望远镜的平面镜反射后，在望远镜中形成一清晰的亮十字像，这个像称为自准直像. 如图 6.18.2 所示，转动望远镜，使其光轴与三棱镜 AB 面垂直，记录此时自准直像的位置. 接着将望远镜转动，使其光轴与三棱镜 AC 面垂直，记录此时自准直像的位置. 通过计算两个自准直像的位置差 α，即可得到顶角的度数

$$\angle A=180°-\alpha \tag{6.18.3}$$

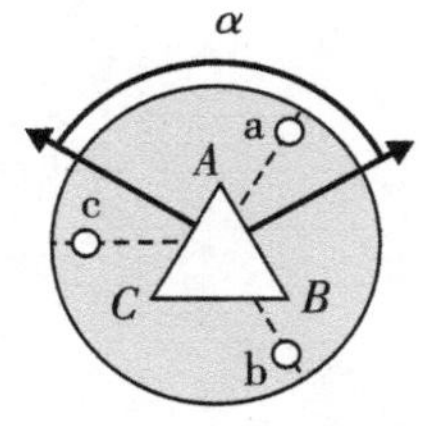

图 6.18.2　自准直法测量三棱镜顶角

（三）三棱镜顶角的平面法线法测量

如图 6.18.3 所示，先将望远镜与平行光管成一定角度后固定望远镜. 然后，转动游标盘带动载物台上的三棱镜转动，使其中的一个光学面反射的狭缝像与望远镜的中准线的竖线重合. 此时，该平面的法线与望远镜和平行光管之间的中分线重合. 接着，转动游标盘使另一光学面反射的狭缝像与望远镜中准线的竖线重合. 两个像所成的角度即为两个反射面的法线所成的角度 ϕ，因此三棱镜顶角为

$$\angle A=180°-\phi \tag{6.18.4}$$

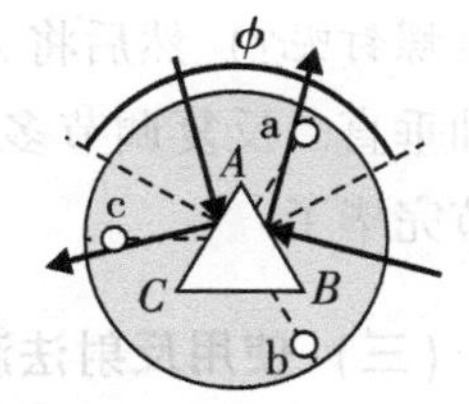

图 6.18.3　平面法线法测定三棱镜顶角

四、实验内容

1. 使用反射法测量三棱镜顶角并计算不确定度；
2. 使用自准直法测量三棱镜顶角并计算不确定度；
3. 使用平面法线法测量三棱镜顶角并计算不确定度.

五、实验步骤与数据记录

分光计测三棱镜顶角（下）

（一）望远镜和平行光管的调节

详见第三章第三节分光计部分，依次将望远镜、平行光管调好.

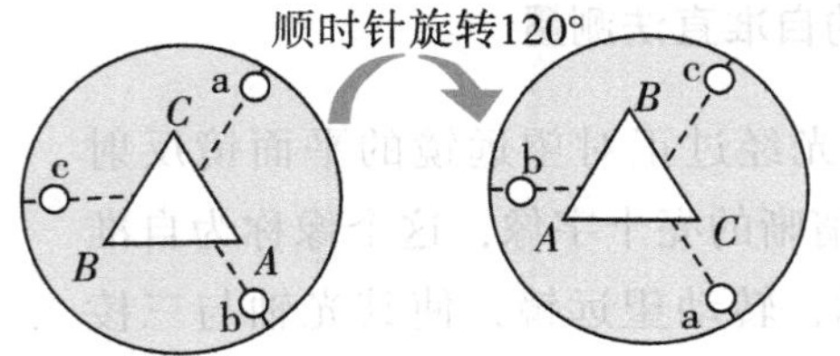

图 6.18.4　三棱镜摆放位置图

（二）载物台的调节

将三棱镜按照图 6.18.4 的方式放置在载物台上.（提示：这样做有什么好处？如果使用等边三棱镜，还有其他的放置方法吗？）转动游标盘可以带动载物台转动，使 AB 面对准望远镜，从而寻找反射回来的亮十字. 调节载物台下的螺钉 a，使亮十字与黑水平线的中点重合，即 AB 面垂直于望远镜光轴.（提示：为什么不能调节望远镜的仰角螺钉呢？）然后将 AC 面转向望远镜，调节载物台下的螺钉 c，使 AC 面与望远镜光轴垂直. 反复调节多次，直到棱镜的主截面与望远镜光轴垂直，这样分光计就全部调节完毕了.

（三）使用反射法测量三棱镜顶角

将游标分别放置于左、右两侧，然后旋紧螺钉以固定游标盘. 接着旋紧载物台主尺的止动螺钉，使主尺能够随望远镜一同转动. 将三棱镜放置于载物台上，如图 6.18.1 所示，使其顶角正对平行光管，底边尽量靠近载物台边缘. 接着转动望远镜观察三棱镜左、右两侧面反射的狭缝的像，AC 反射位置，两个游标读数分别记为 $\theta_{左1}$、$\theta_{右1}$；AB 反射位置，两个游标读数分别记为 $\theta_{左2}$、$\theta_{左2}$. 根据以下公式设计表格并记录读数. 重复以上步骤 3 次，计算顶角 $\angle A$ 及其不确定度.

$$\theta_1=\theta_{左1}-\theta_{左2} \tag{6.18.5}$$

$$\theta_2=\theta_{右1}-\theta_{右2} \tag{6.18.6}$$

$$\theta=\frac{\theta_1+\theta_2}{2} \tag{6.18.7}$$

$$\angle A=\frac{\theta}{2} \tag{6.18.8}$$

表 6.18.1　反射法测三棱镜顶角数据

测量次数	$\theta_{左1}$	$\theta_{左2}$	$\theta_{右1}$	$\theta_{右2}$	$\theta_1=\theta_{左1}-\theta_{左2}$	$\theta_2=\theta_{右1}-\theta_{右2}$	$\angle A$
1							
2							
3							

（四）使用自准直法测量三棱镜顶角

将游标分置左、右两侧，再旋紧螺钉固定游标盘．接着，旋紧载物台主尺止动螺钉，使主尺能随望远镜一起转动．将三棱镜放在载物台上，按照图 6.18.3 所示的方式进行操作．首先，开启望远镜内的灯；然后转动望远镜，使其光轴与棱镜 AB 面垂直，即让亮十字与分划板上方水平线的中点重合，记下刻度盘两端游标的读数；接着再次转动望远镜，使其光轴与棱镜 AC 面垂直．根据以下公式设计表格并记录游标的读数，重复以上操作 3 次，计算顶角 $\angle A$ 及其不确定度．

$$\alpha_1=\alpha_{左1}-\alpha_{左2} \tag{6.18.9}$$

$$\alpha_2=\alpha_{右1}-\alpha_{右2} \tag{6.18.10}$$

$$\alpha=\frac{\alpha_1+\alpha_2}{2} \tag{6.18.11}$$

$$\angle A=180^\circ-\alpha \tag{6.18.12}$$

（五）使用平面法线法测量三棱镜顶角

将游标分置左、右两侧，然后旋紧螺钉固定游标盘．旋紧载物台主尺止动螺钉，使主尺随望远镜一起转动．按照图 6.18.4 所示将三棱镜放在载物台上．使望远镜与平行光管成一定角度后固定望远镜．转动游标盘（注意旋松游标盘止动螺钉），带动载物台上的三棱镜转动，使其中的一个光学面反射的狭缝像与望远镜的中准线的竖线重合．此时该平面的法线与望远镜和平行光管之间的中分线重合，记下游标读数．然后转动游标盘使另一光学面反射的狭缝像与望远镜中准线的竖线重合．根据以下公式设计表格并记录游标的读数，重复进行 3 次，计算顶角 $\angle A$ 及其不确定度．

$$\phi_1=\phi_{左1}-\phi_{左2} \tag{6.18.13}$$

$$\phi_2=\phi_{右1}-\phi_{右2} \tag{6.18.14}$$

$$\phi=\frac{\phi_1+\phi_2}{2} \tag{6.18.15}$$

$$\angle A=180^\circ-\phi \tag{6.18.16}$$

六、注意事项

1. 平面镜及三棱镜是光学元件，不能用手碰触其光学平面，如发现有灰尘、污渍，可以使用镜头纸擦拭；

2. 转动望远镜应用手扶住望远镜的托架，不能抓着目镜转动望远镜；

3. 从载物台拿下的光学元件，要放在镜盒内，以防污染、坠落.

七、思考题

1. 在分光计上设计两个圆游标的目的是什么？

2. 三棱镜的放置相对于望远镜偏低，对测量有无影响？

3. 用自准直法调节望远镜时，如何判断分划板上黑十字线与物镜焦平面严格共面？

光的色散

1666 年，牛顿发现太阳光经三棱镜的折射后可呈现彩色光谱，称为光的色散现象. 由牛顿的色散实验结果，可知白光是由多种颜色的光所组成. 1801 年，英国学者托马斯·杨首先研究人眼对颜色的感觉. 他指出在可见光谱的位置排列上，只需选择三种彼此有相当差距的基本色光，按不同的比例组合，几乎可产生任何一种颜色. 随后德国学者赫尔曼·冯·亥姆霍兹在 1856 年至 1867 年，继续深入对颜色的研究，确立了光的三原色理论. 这三种基本色光的选择并没有特定的组合. 传统上，我们选择红、绿、蓝三种色光作为光的三原色. 以相同强度的红、绿、蓝三原色的光，同时投射在白色光屏上相互叠加，中间的白色区域为三种色光共同混合而成.

实验 19　玻璃折射率的测量

折射率是描述透明物质光学特性的重要参数．大部分光源都是由不同颜色的光混合而成的．由于不同颜色的光在透明介质中的折射率不同，因此当光线通过玻璃三棱镜时就会发生色散现象，从而形成彩色光谱．

分光计测量玻璃折射率

一、实验目的

1. 掌握分光计的调节方法；
2. 了解三棱镜的结构和作用；
3. 理解折射率的概念；
4. 学会用最小偏向角法测定玻璃三棱镜的折射率．

二、实验仪器

JJY 型分光计、三棱镜、氦光灯、手持放大镜．

表 6.19.1　氦光灯的线光谱

波长/nm	447.1	471.3	492.2	501.6	587.6	667.8	706.6
颜色	蓝紫	蓝	蓝绿	浅绿	黄	大红	暗红

三、实验原理

分光计上通常采用最小偏向角法来测定固体的折射率．这种方法需要将待测玻璃样品制成三棱镜，以获得更高的测量精度．

三棱镜是分光仪器中的色散元件，其主截面是等腰三角形，其中顶角 A 表示两个折射面之间的夹角，如图 6.19.1 所示．光线以入射角 i_1 投射到棱镜的 AB 面上，经棱镜的两次折射后，以 i_2 角从 AC 面出射，出射光线和入射光线的夹角 δ 称为偏向角，δ 大小随入射角 i_1 而改变．可以证明，当 $i_1 = i_2$ 时，偏向角为极小值，

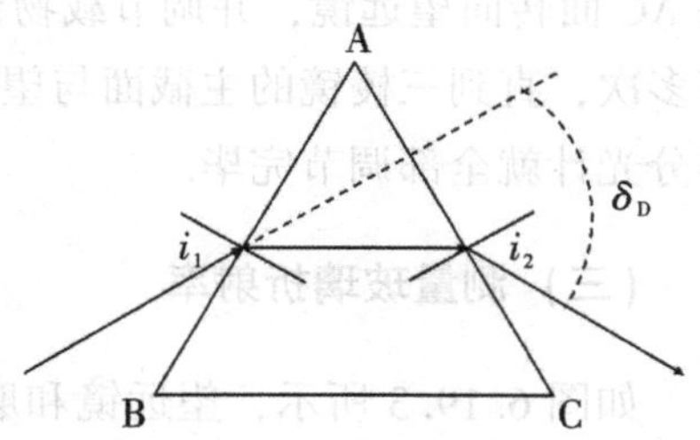

图 6.19.1　单色光在三棱镜中的折射

称为棱镜的最小偏向角（记为 δ_D）．δ_D 与棱镜的顶角 A 和折射率 n 之间有如下关系

$$n=\frac{\sin\dfrac{\angle A+\delta_D}{2}}{\sin\dfrac{\angle A}{2}} \tag{6.19.1}$$

因此，只要测得 $\angle A$ 和 δ_D 就可用上式求得待测棱镜材料对该波长的单色光的折射率.

四、实验内容

1. 依次将望远镜、平行光管、载物台调好；
2. 使用最小偏向角法测量玻璃折射率并计算其不确定度.
3. （选做）使用多种颜色的光测量玻璃折射率.

五、实验步骤与数据记录

（一）望远镜和平行光管的调节

详见第三章第三节分光计部分，依次将望远镜、平行光管调好.

（二）载物台的调节

将三棱镜按照图 6.19.2 的示意图摆放在载物台上．通过转动游标盘驱动载物台转动，使 AB 面对准望远镜，以寻找反射回来的亮十字．调节载物台下的螺钉 a 或 b，使亮十字与分划板上方的水平线的中点重合，即 AB 面垂直于望远镜光轴（提示：不可调节望远镜仰角螺钉，为什么？）．接着，将 AC 面转向望远镜，并调节载物台下的螺钉 c，使 AC 面与望远镜光轴垂直．反复调节多次，直到三棱镜的主截面与望远镜光轴垂直，然后再次将 AB 面对准望远镜，这样分光计就全部调节完毕.

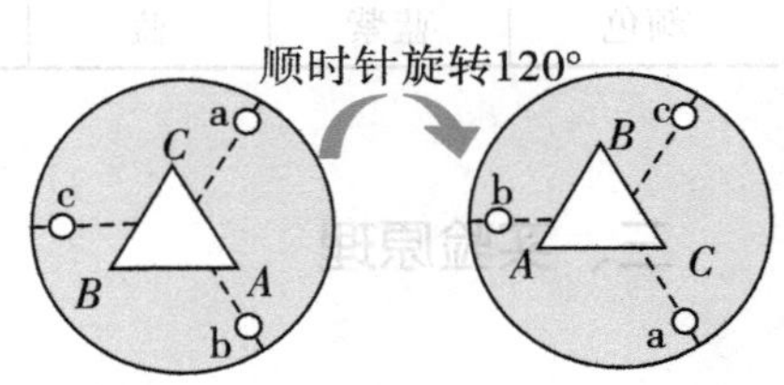

图 6.19.2　三棱镜摆放位置

（三）测量玻璃折射率

如图 6.19.3 所示，望远镜和磨砂底边 BC 在同一侧．磨砂底边可以位于左侧或右侧，图示为左侧观察．首先用肉眼沿棱镜出射方向观察，当看到氦光灯出射的彩色谱线

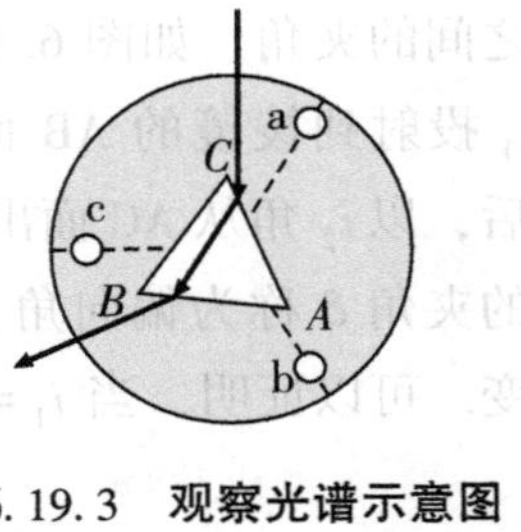

图 6.19.3　观察光谱示意图

时，再将望远镜移到眼睛所在位置，此时就可以看到氦光灯的光谱线（即狭缝的单色像）.

让大红色谱线位于望远镜的视场中，需要转动游标盘，带动载物台上的三棱镜一起转动，使谱线向偏向角减小的方向移动. 如果所有谱线都移出了视场，需要转动望远镜跟踪谱线，直到找到大红色谱线. 当棱镜继续沿着同方向转动时，大红色谱线不再向前移动，反而向相反方向移动，这个转折点就是大红色谱线的最小偏向角位置. 固定游标盘，微调望远镜的位置，使垂直准线对准大红色谱线，记下左、右游标读数 ϕ 和 ϕ'. 然后转动望远镜使其对准平行光管，使准线的竖线直接对准入射光的狭缝像，记下读数 ϕ_0 和 ϕ'_0，则谱线对应的最小偏向角可由下式计算

$$\delta_D=\frac{(\phi'-\phi'_0)+(\phi-\phi_0)}{2} \tag{6.19.2}$$

重复多次测量，计算对应谱线的折射率及其不确定度.

表 6.19.2　最小偏向法测量数据

测量次数	φ	φ'	φ_0	φ'_0	$\theta_1=\varphi-\varphi_0$	$\theta_2=\varphi'-\varphi'_0$	δ_D
1							
2							
3							

（四）选做部分

自拟表格，使用不同颜色的谱线测量最小偏向角及折射率.

六、注意事项

1. 平面镜及三棱镜是光学元件，不能用手碰触其光学平面，如发现有灰尘、污渍，可以使用镜头纸擦拭；

2. 转动望远镜应用手扶住望远镜的托架，不能抓着目镜转动望远镜；

3. 从载物台拿下的光学元件，要放在镜盒内，以防污染、坠落.

七、思考题

1. 何谓最小偏向角？实验中如何确定最小偏向角的位置？

2. 是否对每一条谱线都需重新调整最小偏向角？为什么？

物理史话

高　锟

高锟（Kuen Kao，1933—2018）（图 6.19.4），生于江苏省金山县（今上海市金山区），华裔物理学家、教育家，光纤通信、电机工程专家，香港中文大学前校长，中国科学院外籍院士，被誉为“光纤之父”“光纤通信之父”和“宽带教父”．光传播到两种介质的界面上时，通常要同时发生反射和折射现象，若满足了某种条件，光线不再发生折射现象，而全部返回到原介质中传播的现象叫全反射现象．全反射现象典型应用例子就是光纤通信，其近年来发展速度之快、应用面之广是通信史上罕见的，也是世界新技术革命的重要标志和未来信息社会中各种信息的主要传送工具．

图 6.19.4　高锟

实验 20　光栅特性的研究

光栅，也称为衍射光栅，是一种用于分光的常见光学元件．它由许多平行、等距、等宽的狭缝组成，可将入射光分解成不同波长的光谱．作为分光计中重要的光学元件，光栅具有高分辨率、高效率和良好的可重复性等优点，在光谱仪、直线光栅尺、光栅传感器、VCD、DVD 等光学领域中得到了广泛的应用．

一、实验目的

1. 掌握分光计的调节方法；
2. 了解衍射效应和干涉效应的原理；
3. 理解光栅常数、光栅方程、光栅的色散本领和色分辨本领；
4. 学会使用分光计测定光栅常数．

光栅常数及光波长的测量（上）

二、实验仪器

JJY 型分光计、光栅、钠光灯、手持放大镜.

三、实验原理

（一）光栅常数和光栅方程

光栅常数是光栅的一个重要参数，指的是光栅刻痕的透光部分宽度与不透光部分宽度之和. 当一束平行光垂直入射到光栅平面时，光线会通过光栅上的每一条狭缝，产生衍射现象. 同时，缝与缝之间的衍射光线也会相互干涉，形成干涉条纹. 如果使用望远镜的物镜将这些光线聚焦在一起，就能够在目镜中观察到光栅的衍射条纹，这些条纹是直线且互相平行. 这些衍射条纹的形成是由衍射和干涉效应共同作用的结果. 如图 6.20.1 所示，若以波长为 λ 的单色光垂直入射到光栅上，并将衍射方向和入射方向的夹角 θ 称为衍射角，当衍射角满足光栅方程

$$d\sin\theta=\pm K\lambda,\ K=0,\ 1,\ 2,\ \cdots \tag{6.20.1}$$

式中，d 为光栅常数，K 为衍射级数. 在衍射方向上可以看到亮条纹（光谱）. 当 $K=0$ 时，称为零级光谱，对应于中央亮条纹；当 $K=1$ 时，称为一级光谱；当 $K=2$ 时，称为二级光谱……“±”号表示它们对称地分布在中央亮条纹的两侧. 从光栅方程可以看出，光栅常数越小，各级明条纹的衍射角就越大，这也意味着明条纹之间的间距也越大. 此外，对于相同长度的光栅，缝隙数量越多，明条纹就越亮.

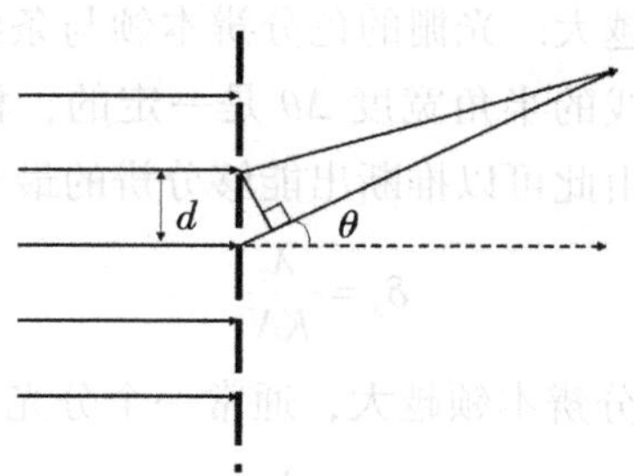

图 6.20.1　光栅衍射原理图

（二）光栅的色散本领和色分辨本领

光栅可以将不同波长的同级光谱在空间上分离开，这种分离程度称为光栅的色散能力. 色散能力可以用角色散本领或线色散本领来计算.

角色散表示波长差为单位波长时，两个同级主极大分开的角距离

$$D_\theta=\frac{d\theta}{d\lambda} \tag{6.20.2}$$

线色散表示波长差为单位波长时，两个同级主极大分开的线距离：

$$D_l=\frac{dl}{d\lambda} \tag{6.20.3}$$

物理意义是单位波长差的两谱线间的角距离（或在幕上的间距大小）．若光栅后面有一焦距为f的聚焦物镜，则

$$dl=fd\theta \tag{6.20.4}$$

所以线色散本领与角色散本领之间的关系是：

$$D_l=fD_\theta \tag{6.20.5}$$

现在来计算光栅的色散本领．将光栅方程对θ、λ微分，就可以得到

$$D_\theta=\frac{K}{d\cos\theta}\quad (\text{单位：rad/nm}) \tag{6.20.6}$$

上面的结果表明，光栅的角色散本领与光栅常数成反比，与级数成正比．同样可以得到

$$D_l=\frac{fK}{d\cos\theta}\quad (\text{单位：mm/nm}) \tag{6.20.7}$$

线色散本领与d成反比，与级数K和焦距f成正比．D_θ、D_l均与光栅的总缝数N无关．减小d、增大透镜焦距f均可提高色散本领．

光栅的色分辨本领是光栅所能分辨出的同级光谱中波长相近的两条谱线的能力．按照瑞利判据，在某级光谱中，当λ和$\lambda+\Delta\lambda$的第K级谱线刚刚能分辨时，λ的第K级极大值，应与$\lambda+\Delta\lambda$的第K级谱线的极小值重合．所能分辨出的两种波长的波长差越小，则光栅的色分辨本领越大．光栅的色分辨本领与条纹的级数和光栅的刻痕数均成正比．对于每个光栅，谱线的半角宽度$\Delta\theta$是一定的，根据瑞利判据，这也是能够分辨的两条谱线的色散角，由此可以推断出能够分辨的最小波长差

$$\delta_\lambda=\frac{\lambda}{KN} \tag{6.20.8}$$

δ_λ越小，说明仪器的色分辨本领越大，通常一个分光仪器的色分辨本领定义为

$$R=\frac{\lambda}{\delta_\lambda} \tag{6.20.9}$$

由此求得光栅的色分辨本领公式

$$R=KN \tag{6.20.10}$$

上述公式表明，光栅的色分辨能力与衍射单元的总数N和光谱级数K成正比，而与光栅常数d无关．因此，要提高光栅的色分辨能力，一方面可以增加光栅的总缝数，另一方面可以选择较高的干涉级数．

四、实验内容

1. 调节将望远镜、平行光管、载物台.
2. 观察并记录每一级光谱线，计算光栅常数和色分辨本领.
3. （选做）测量光栅的色散本领和色分辨本领.

五、实验步骤与数据记录

光栅常数及光波长的测量（下）

（一）望远镜和平行光管的调节

详见第三章第三节分光计部分，依次将望远镜、平行光管调好.

（二）载物台的调节

调整载物台，安置光栅，要求入射光垂直照射光栅表面.

1. 将光栅依据图 6.20.2 放置在载物台上．通过转动游标盘来带动载物台转动，从而使光栅对准望远镜，并寻找反射回来的亮十字．调整载物台下的螺钉 a 或 b，使亮十字与分划板上方的水平线的中点重合．这时，三条线（即狭缝像、亮十字竖线和分划板的竖线）重合，使得平行光垂直入射光栅面．固定游标盘，锁定刻度盘与望远镜，主尺够随着望远镜一起转动.

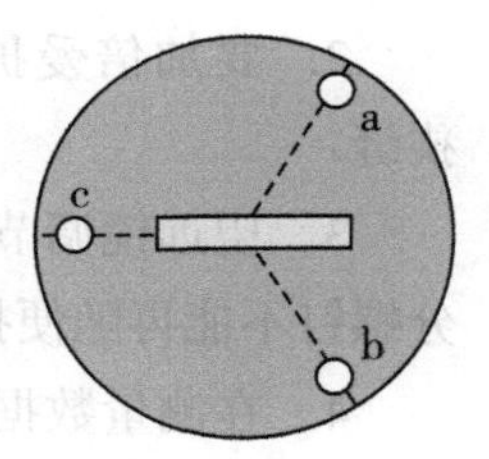

图 6.20.2　光栅在载物台上的位置

2. 左右转动望远镜，观察各级衍射条纹是否高度相等．如不相等，需反复调节螺钉 c，使其刻痕与仪器转轴平行.

（三）测定光栅常数及色分辨本领

1. 将望远镜的分划板竖线依次对准左边第一级、第二级光谱线，右边第一级、第二级光谱线，并分别记录每一级光谱线对应的两侧游标的读数.

表 6.20.1　测量光栅常数实验数据

测量次数	$\theta_{左1}$	$\theta_{左2}$	$\theta_{右1}$	$\theta_{右2}$	$\theta_1=\theta_{左1}-\theta_{左2}$	$\theta_2=\theta_{右1}-\theta_{右2}$	θ	d/mm
1								
2								
3								

2. 根据测得的数据计算 $K=1$ 时的衍射角.

3. 根据钠黄光的平均波长 $\lambda=589.3$ nm（钠双线：$\lambda_1=589.0$ nm，$\lambda_2=589.6$ nm）及测得的衍射角，求出光栅常数 d（mm）. 计算光栅刻线的密度 n（条/mm）.

4. 若光栅宽度 $L=4$ cm，算出 N，代入 $R=KN$ 求色分辨本领.

（四）（选做）测量光栅的色散本领

1. 观察刻痕数目 N 和色分辨本领的关系：设法挡住光栅的一部分，减少 N，观察钠光两条黄色谱线随 N 的减少所发生的变化.

2. 测定钠双线的波长 λ_1 和 λ_2，并求出 $K=1$，$K=2$ 时光栅的角色散本领.

六、注意事项

1. 望远镜、平行光管上的镜头和三棱镜的光学面、光栅表面、平面镜的镜面都不能用手摸. 如发现有尘埃时，应该用镜头纸轻轻擦拭. 三棱镜、光栅、平面镜要小心取放，以防磕碰或跌落.

2. 要加倍爱护分光计. 不应在止动螺钉锁紧时强行转动，也不要随意拧动狭缝.

3. 望远镜调节好后才能调节平行光管和载物台. 调节过程中，前面已调好的部分螺钉不能再随便拧动，否则会前功尽弃.

4. 在测量数据前务必检查分光计的几个止动螺钉是否锁紧，若未锁紧，取得的数据是不可靠的.

5. 测量中应正确使用望远镜转动的微调螺钉，以便提高工作效率和测量准确度.

6. 带电珠的手持放大镜可以帮助读数；若分划板背景太暗看不清，也可把它放在望远镜物镜前，以照亮分化板.

七、思考题

1. 观察钠黄光的谱线时，为什么除了零级之外其余各级都可以看到两条谱线？

2. 调节载物台时做到三线重合有什么好处？

3. 若钠光灯换成氦光灯，会观察到什么谱线？

戴维·里顿豪斯

戴维·里顿豪斯（David Rittenhouse，1732—1796）(图 6.20.3)，是美国的天文学家，以制作美国第一架望远镜以及发现金星的大气而著名. 1786年，他在两根由钟表匠制作的细牙螺丝之间，平行地绕上细线，制作了历史上第一个光栅，并在费城进行了光栅实验，发现了光栅衍射现象.

图 6.20.3　戴维·里顿豪斯

实验 21　等厚干涉实验

“牛顿环”是牛顿在光学领域的一项重要发现. 他在深入研究胡克对肥皂泡薄膜色彩问题的研究后，提出了这一概念. 在光学上，牛顿环是一种薄膜干涉现象. 尽管牛顿发现了牛顿环并进行了精确的定量测定，可以说已经接近光的波动说，但由于过分倾向于微粒说，他始终无法正确解释这个现象. 实际上，这个实验可以成为光的波动说的有力证据之一.

一、实验目的

等厚干涉

1. 掌握牛顿环仪的调节方法；
2. 理解等厚干涉的概念；
3. 观测牛顿环，并计算牛顿环仪凸透镜的曲率半径；
4. 学习逐差法的计算方法.

二、实验仪器

牛顿环仪、读数显微镜、平板玻璃、钠光灯等.

三、实验原理

当垂直单色光照射在厚度不均匀的空气薄层时，从空气薄层上、下两个表面反射的光束在空气薄层表面附近相遇产生干涉，空气薄层厚度相等处形成相同的干涉条纹，这种干涉现象称为等厚干涉. 牛顿环仪［图 6.21.1（a）］是一种常见的等厚干涉装置.

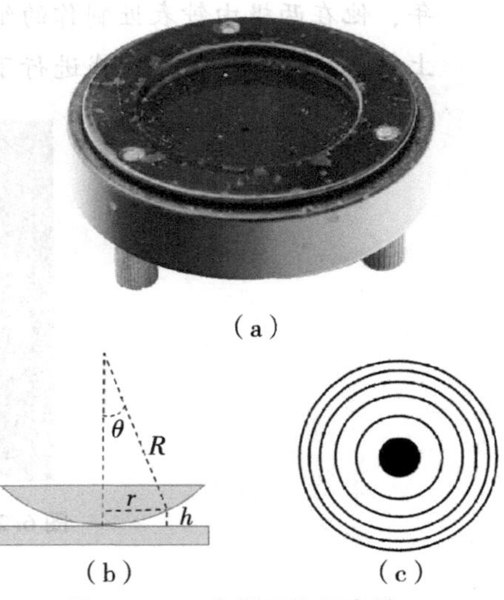

图 6.21.1 牛顿环仪示意图

如图 6.21.1（b）所示，当一块曲率半径 R 很大的平凸透镜放置在一块平面玻璃板上时，就构成了牛顿环仪. 在牛顿环仪中，透镜凸面与平面玻璃板之间形成一层以接触点为中心、向四周逐渐增厚的空气薄层. 当以平行的单色光垂直照射牛顿环仪时，薄层的上、下表面形成的两束反射光将发生干涉（光程差即为该处空气薄层厚度的 2 倍）. 形成的干涉条纹是以接触点为中心的明暗相间、内疏外密的同心圆环，称为牛顿环，如图 6.21.1（c）所示.

由 6.21.1（b）可知，空气薄层的厚度

$$h=R-\sqrt{R^2-r^2}\approx\frac{r^2}{2R} \tag{6.21.1}$$

在空气薄层上、下表面反射的光所产生的光程差为

$$\Delta=2h+\frac{\lambda}{2} \tag{6.21.2}$$

式中，附加光程差 $\frac{\lambda}{2}$ 是光从光疏媒质（空气）到光密媒质（平面玻璃板）反射时产生的半波损失（λ 是入射单色光的波长）. 实验时常用暗环作为测量对象（提示：为什么?），反射光干涉形成暗环的条件为

$$\Delta=\frac{(2k+1)\lambda}{2}\quad(k=0,1,2,3,\cdots) \tag{6.21.3}$$

由式（6.21.2）和式（6.21.3）可得 k 级暗环处空气厚度满足的条件为

$$2h=k\lambda \tag{6.21.4}$$

由式（6.21.1）和式（6.21.4）可得 k 级暗环的半径为

$$r_k=\sqrt{kR\lambda} \tag{6.21.5}$$

在平凸透镜与平面玻璃板接触点处，理论上 h 的值应该为 0，即暗斑．然而在实际操作中，由于牛顿环压紧程度不同，玻璃形变或镜面上可能存在微小灰尘，以及平面玻璃板本身存在缺陷等原因，这些都可能导致干涉环的中心不是 0 级暗斑，因此很难确定干涉环的级次 k．为了减小测量误差，在实验中通常不测量 k 级暗环的半径，而是测量距中心较远的两个暗环的直径 d_m 和 d_n．

由式（6.21.5）可得 k 级暗环的直径为

$$d_k=\sqrt{4kR\lambda} \tag{6.21.6}$$

进而推出

$$d_m{}^2-d_n{}^2=4\,(m-n)\,R\lambda \tag{6.21.7}$$

如果光源波长已知，由式（6.21.7）可求出平凸透镜的曲率半径

$$R=\frac{d_m{}^2-d_n{}^2}{4\,(m-n)\,\lambda} \tag{6.21.8}$$

由于在实验中牛顿环的中心较难确定，要准确测出直径是困难的．但根据平面几何的勾股定理可以证明

$$A'A^2-B'B^2=C'C^2-D'D^2 \tag{6.21.9}$$

即测量弦长和直径是一样的，测量线可以不经过干涉环的中心（图 6.21.2）．（提示：测量时显微镜内十字准线的竖线要垂直读数尺，如何达到此要求？）

四、实验内容

1. 调节读数显微镜，从目镜中观察到清晰的牛顿环；
2. 从左侧 20 环开始，沿一个方向依次测量到右侧 20 环，观察并记录牛顿环的各条暗环，用逐差法计算直径平方差，进而计算曲率半径．

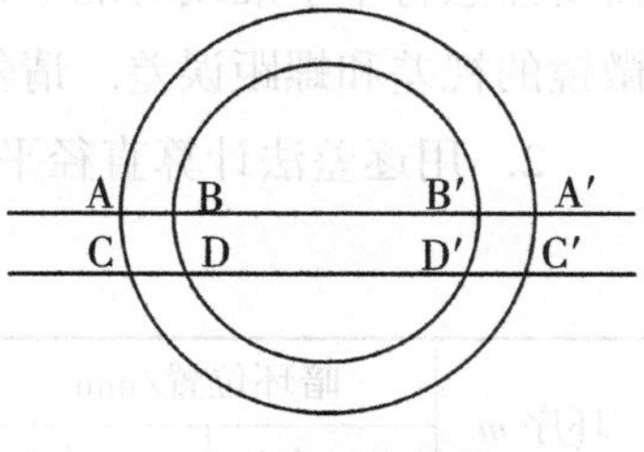

图 6.21.2　测量线示意图

五、实验步骤与数据记录

（一）牛顿环仪的调节

如图 6.21.3 所示，本实验采用钠光灯 S 作为单色光源，需将其放置于显微镜的正前方．在实验前，钠光灯需要预热约 5 min．一旦正常工作，钠光灯发出的光会照

射到读数显微镜镜筒 M 上的 45°半反射镜 F 上. 通过左右旋转半反镜 F，可以使显微镜中的光场最亮，并且有一部分反射光会近乎垂直地射入牛顿环仪 N 中.

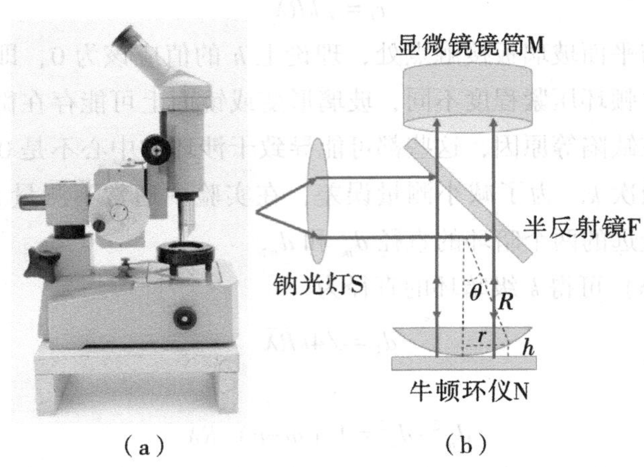

图 6.21.3　牛顿环仪及其光路示意图

首先，将读数显微镜的镜筒置于刻度尺的中央位置，并确保垂直对准牛顿环仪 N 的中心. 接着，调节目镜，使十字准线变得清晰. 然后，上下调节镜筒，直到可以看到清晰的牛顿环. 最后，转动读数显微镜的读数鼓轮，将镜筒左右移动，使得十字准线交点大致通过牛顿环的中心. 请注意，十字准线的竖线应与镜筒移动方向垂直.

(二) 曲率半径的测量及计算

1. 先转动读数鼓轮，将十字准线移至 22 环，然后回到 20 环进行读数. 接着，从左侧 20 环开始，沿一个方向依次测量到右侧 20 环，或者反过来. 在测量过程中，需要注意将十字准线对准牛顿环各条暗环的中央，即暗环最暗处，并且要消除读数显微镜的视差和螺距误差. 请勿在测量过程中反转方向.

2. 用逐差法计算直径平方差 Δd^2 的平均值代入公式 (6.21.8)，求出 R.

表 6.21.1　等厚干涉实验数据

环序 m	暗环位置/mm		暗环直径/dm	环序 n	暗环位置/mm		暗环直径/dm
	x_1 (左)	x_2 (右)			x_1 (左)	x_2 (右)	
20				10			
19				9			
18				8			
17				7			
16				6			

六、注意事项

1. 在关掉钠光灯后，若要重新开启必须间隔 5 min 以上；
2. 调节显微镜上下位置时，一定要从下往上调，以免损坏玻璃片、物镜和待测物；
3. 牛顿环仪上的三个螺丝不要旋得过紧，以防发生形变；
4. 测量过程中测微鼓轮不许倒转，以消除螺距差.

七、思考题

1. 若所看到的牛顿环内凹或外凸，这说明了什么？
2. 若圆环中心是亮斑而不是暗斑，原因是什么？对测量结果有无影响？
3. 为什么牛顿环的干涉条纹是内疏外密的？

托马斯·杨

托马斯·杨（Thomas Young，1773—1829）（图 6.21.4）是英国医生、物理学家，光的波动说的奠基人之一. 1801 年，他进行了著名的杨氏双缝实验，发现了光的干涉性质，证明光以波动形式存在，该实验被评为“物理最美实验”之一. 19 世纪初，托马斯·杨用光的波动说圆满地解释了牛顿环实验. 20 世纪初，物理学家将托马斯·杨的双缝实验结果和爱因斯坦的光量子假说结合起来，提出了光的波粒二象性，后来又被德布罗意利用量子力学引申到所有粒子上.

图 6.21.4　托马斯·杨

实验 22　迈克耳孙干涉实验

迈克耳孙干涉仪是由美国物理学家迈克耳孙和莫雷于 1883 年合作设计制造的一种精密光学仪器，旨在研究“以太”漂移现象. 该仪器采用分振幅法产生双光束进行干涉，设计巧妙，具有丰富的实验思想，对物理学发展具有重大的历史意义. 利用该仪器原理，研制出了多种专用干涉仪，在光谱线精细结构的研究和用光波标定标准米尺等实验中都有着重要的应用.

一、实验目的

迈克耳孙干涉实验（上）

1. 掌握迈克耳孙干涉仪的调节方法；
2. 理解等倾干涉的概念，复习等厚干涉的概念；
3. 观测明暗相间的干涉圆环，并学会用迈克耳孙干涉仪测定激光波长；
4. 掌握逐差法的数据处理方法.

二、实验仪器

He-Ne 激光源、迈克耳孙干涉仪（图 6.22.1）.

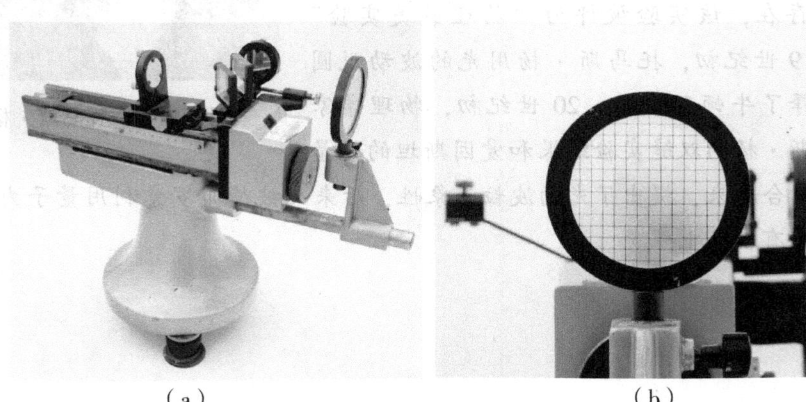
（a）　　　　（b）

图 6.22.1　迈克耳孙干涉仪

三、实验原理

（一）迈克耳孙干涉仪的光路

图 6.22.2 中，M_1 和 M_2 是两个平面反射镜，分别放置在相互垂直的两个臂上．其中 M_2 是固定的，而 M_1 由精密丝杆控制，可以前后移动．移动的距离可以通过刻度尺和刻度转盘读出，这两个刻度盘由粗读和细读组合而成．在两臂轴线相交处，有一块与两轴成 45°角的平行平面玻璃板 G_1．它的后表面上镀有半反射膜（一般镀银），以便将一束垂直的入射光分成两束振幅接近相等的反射光 1 和透射光 2．因此，G_1 也称为分光板．G_2 也是平行平面玻璃板，与 G_1 平行放置．它的厚度和折射率均与 G_1 相同．由于 G_2 补偿了光线 1 和 2 因穿越 G_1 次数不同而产生的光程差，所以称为补偿板．如果没有 G_2，1 光需要穿过 G_1 三次，而 2 光只需要穿过 G_1 一次，这样两束光线在 P 处会存在较大的光程差．加上 G_2 后，2 光往返穿过 G_2 两次，从而使得 2 光与 1 光在玻璃介质中的光程相同．

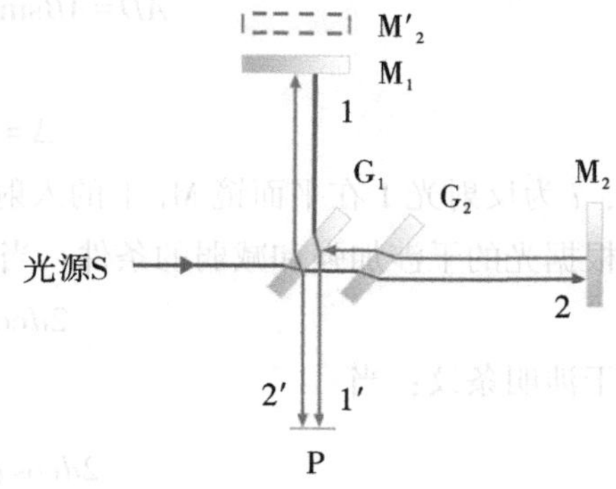

图 6.22.2　迈克耳孙干涉仪的光路示意图

（二）面光源产生的干涉条纹

从面光源 S 射来的光经过迈克耳孙干涉仪的 G_1 处时，会分成反射光和透射光．反射光 1 经过 G_1 反射后，向着 M_1 前进；透射光 2 则穿过 G_2，向着 M_2 前进．这两束光分别在 M_1 和 M_2 上反射后，逆着各自的入射方向返回，最终汇聚在 P 处．由于这两束光是相干光，因此在 P 处的观察者就能够看到干涉条纹．

当观察者从 P 处向 G_1 看去时，除了直接看到 M_1 外，还能看到 M_2 在 G_1 中的虚像 M'_2．因此，1 光和 2 光就好像是从 M_1 和 M'_2 反射回来的两束光．迈克耳孙干涉仪中的干涉现象与厚度为 d 的空气膜产生的干涉现象相同，其中 d 为 M_1 和 M'_2 虚像之间的距离．

（三）等倾干涉条纹

当 M_1 和 M'_2 平行时（此时 M_1 和 M_2 严格互相垂直），将观察到环形的等倾干涉条纹．

由 M_2 和 M_1 反射的两束光到 P 处的光程差为（图 6.22.3）

$$\Delta = AC + CB - AD \tag{6.22.1}$$

由于

$$AC = CB = \frac{d}{\cos i} \tag{6.22.2}$$

$$AD = AB\sin i = 2d\tan i\sin i \tag{6.22.3}$$

所以

$$\Delta = 2d\cos i \tag{6.22.4}$$

式中，i 为反射光 1 在平面镜 M_1 上的入射角.

根据光的干涉加强和减弱的条件：当

$$2d\cos i_k = k\lambda \tag{6.22.5}$$

时为干涉明条纹；当

$$2d\cos i_k = \frac{k+1}{2}\lambda \tag{6.22.6}$$

时为干涉暗条纹.

在上述公式中，$k=0$，1，2，…表示干涉级次. 当 d、λ 固定时，干涉级次 k 会随着倾角的变化而改变. 由于所有具有相同倾角的光线的光程差都相同，因此它们对应于同一干涉级次 k，这种干涉称为等倾干涉. 干涉图案是以光轴为中心的同心圆环，中心的干涉级次最高，向外干涉级次逐渐降低.

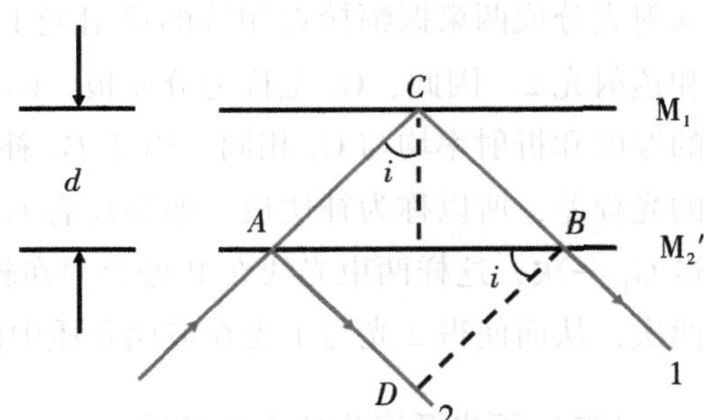

图 6.22.3 等倾干涉光路图

k、λ 固定，当缩小 d 时，必须减小倾角，因此干涉圆环会缩小并逐渐消失，条纹变得更宽、间隔更大. 当 $d=0$（即 M_1 与 M'_2 重合）时，整个视场都是均匀的，看不到干涉圆环. 当增加 d 时，必须增加倾角，因此干涉条纹会向外扩展，中心会不断涌出新的圆环，条纹变得更细、间隔更小. 每当 M_1 和 M'_2 的间距 d 变化 $\frac{\lambda}{2}$ 时，就会涌现（或消失）一个条纹.

因此，当 M_1 移动时，如果有 N 个条纹陷入中心，则表示 M_1 相对于 M'_2 向前移动了

$$\Delta d = N\frac{\lambda}{2} \tag{6.22.7}$$

反之，若有 N 个条纹从中心涌出来，则表明 M_1 相对于 M'_2 移远了同样的距离. 如果精确地测出 M_1 移动的距离 Δd，则可由式（6.22.7）计算出入射光波的波长.

（四）等厚干涉条纹

如果 M_1 和 M_2 不垂直，而 M_1 和 M'_2 之间有微小夹角，就会形成一个空气楔形如图 6.22.4 所示，从而能够观察到近似平行的直线干涉条纹，即等厚干涉条纹．在远离中央条纹的位置，这些条纹会发生弯曲，向中央条纹凸出．

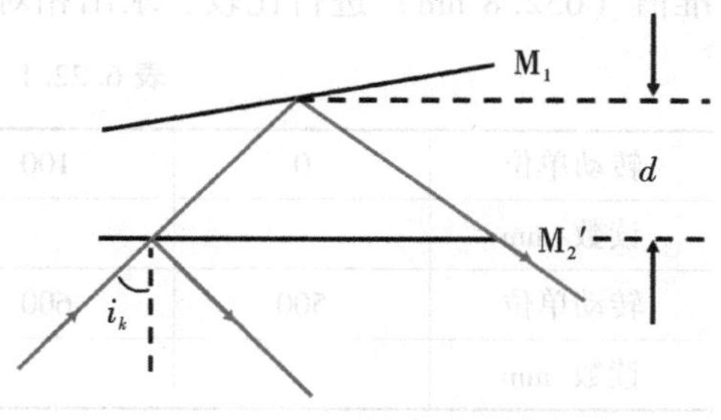

图 6.22.4　等厚干涉光路图

四、实验内容

1．将迈克耳孙干涉仪调好：调节 M_2 与 M_1 反射的两排光点重合．当两排光点完全重合时，插上观察屏就会看到明暗相间的干涉圆环．

2．转动手轮，观察并记录干涉中心周期变化对应的反射镜位置变化（每转动 100 个单位记录一个读数，共记录 10 个数），采用逐差法计算激光波长，并将结果与标准值比较，求出相对误差．

五、实验步骤与数据记录

迈克耳孙干涉实验（下）

（一）点光源非定域干涉现象观察

调整激光器，使其位于分光板和 M_2 的中心线上且高度相等．转动粗调手轮，使 M_2 与 M_1 距离分光板 G_1 的中心大致相等．在光源和分光板 G_1 之间插入毛玻璃，透过 G_1 直视 M_1，可以看到两排光点．仔细调节 M_2 后面的三个调节螺丝，使两排光点重合．当两排光点完全重合时，去掉毛玻璃，插上观察屏，就会看到明暗相间的干涉环．

如果干涉环模糊，可以轻轻转动粗调手轮，改变 M_1 的位置，干涉环就会出现．再仔细调节 M_2 的两个拉簧螺丝，将干涉环中心调到视场中央．只有当干涉环中心随观察者的眼睛左右上下移动而移动，而干涉环的大小不变，圆心没有“涌出”或“陷入”的现象时，观察到的干涉条纹才是严格的等倾干涉条纹．

（二）激光波长的测定

通过转动手轮，将干涉中心调至最暗或最亮，记录下反射镜 M_1 的位置．之后，每转动 100 个单位记录一个读数，共记录 10 个数．在记录时要注意消除螺距差（即空程差）．采用逐差法，根据式（6.22.7）计算 He-Ne 激光器的波长，并将结果与标准值（632.8 nm）进行比较，求出相对误差．

表 6.22.1 迈克耳孙实验数据

转动单位	0	100	200	300	400
读数/mm					
转动单位	500	600	700	800	900
读数/mm					

（三）观察等厚干涉

在等倾干涉的基础上，移动 M_1，使干涉环由细密变粗疏，直到整个视场条纹变成等轴双曲线形状时，说明 M_1 与 M'_2 接近重合．细心调节水平和垂直拉簧螺丝，使 M_1 与 M'_2 有一很小夹角，视场中便出现等厚干涉条纹．观察和记录条纹的形状和特点．

六、注意事项

1．迈克耳孙干涉仪系精密光学仪器，使用时动作要轻、要缓，尽量使身体部位离开实验台面，以防振动．严禁手摸光学元件的光学表面，不要对着仪器说话、咳嗽等．

2．激光束光强极高，切勿用眼睛直接观看．

3．仪器零点的调整方法：将微调手轮沿某一方向（如顺时针方向）旋至零，再沿同一方向转动粗调手轮，让读数窗口基准线对准任一刻度，然后旋转微调手轮一周，检查读数窗中的刻度，如刚好转动一格就已调好．

4．空程差消除方法：测量时，微调鼓轮只向一个方向转，中途不倒退．

5．切记不要调节分光板 G_1、补偿板 G_2 和动镜 M_1 后面的螺丝．

6．M_2 后的调节螺丝不要旋得过紧，以防镜片受压变形或损坏螺丝．仪器不用时，M_2 的两个拉簧调节螺丝要旋至放松状态，即不要把拉簧拉长．

七、思考题

1．调节迈克耳孙干涉仪时看到的亮点为什么是两排而不是两个？两排亮点是怎样形成的？

2．实验中毛玻璃起什么作用？为什么观察钠光等倾干涉条纹时要用通过毛玻璃的光束照明？

3．等倾干涉环里边的级次高还是低？为什么牛顿环中心的条纹级次最小？

4．用迈克耳孙干涉仪观察干涉现象时，M_1 与 M'_2 的距离 d 有无限制？

物理史话

阿尔伯特·亚伯拉罕·迈克耳孙

图 6.22.5 阿尔伯特·亚伯拉罕·迈克耳孙

阿尔伯特·亚伯拉罕·迈克耳孙（Albert Abraham Michelson，1852—1931）（图 6.22.5）是美国物理学家，主要从事光学和光谱学方面的研究，他以毕生精力从事光速的精密测量，在他的有生之年，一直是光速测定的国际中心人物．他发明了一种用以测定微小长度、折射率和光波波长的干涉仪（迈克耳孙干涉仪），在研究光谱线方面起着重要的作用．因发明精密光学仪器和借助这些仪器在光谱学和度量学的研究工作中所做出的贡献，迈克耳孙被授予了 1907 年度诺贝尔物理学奖．

实验 23 双棱镜干涉

自从 1801 年英国科学家托马斯·杨做了光的双缝干涉实验后，光的波动说开始为许多学者接受，但仍有不少反对意见．有人认为杨氏条纹不是干涉所致，而是双缝的边缘效应．20 多年后，法国科学家奥古斯丁-让·菲涅耳（Augustin-Jean Fresnel，1788—1827）做了几个令人信服的新实验，证明了光的干涉现象的存在，这些新实验之一就是他在 1826 年进行的双棱镜干涉实验．它不借助光的衍射而形成分波面干涉，用毫米级的测量得到纳米级的精度，其物理思想、实验方法与测量技巧至今仍然值得我们学习．

一、实验目的

双棱镜干涉测光波长

1. 掌握光的干涉的有关原理；
2. 熟悉光学测量的一些基本技巧；
3. 学会在光学实验中计算测量结果的不确定度．

二、实验仪器

光学面包板、钠光灯、光刻狭缝、双棱镜、测微目镜、透镜、白屏、扩束镜、磁性开关底座（其中两个有水平方向微调装置）.

三、实验原理

（一）双棱镜光干涉原理

如果两列频率相同的光波沿着几乎相同的方向传播，并且这两列光波的相位差不随时间而变化，那么在两列光波相交的区域，光强的分布是不均匀的，而是在某些地方表现为加强，在另一些地方表现为减弱（甚至可能为零），这种现象称为光的干涉.

菲涅耳利用图 6.23.1 所示装置，获得了双光束的干涉现象．图中双棱镜 B 是一个分割波前的分束器，它的外形结构如图 6.23.2 所示，将一块平玻璃板的上表面加工成两楔形板，端面与棱脊垂直，楔角较小（一般小于 1°）．当狭缝 S 发出的光波投

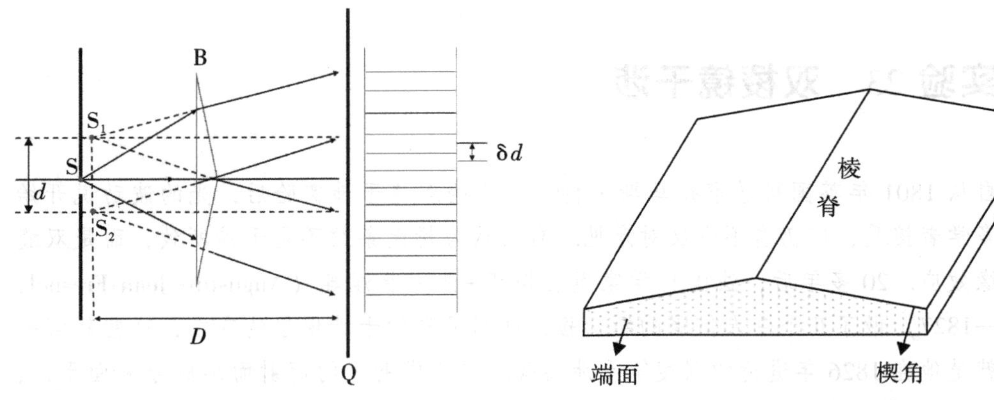

图 6.23.1　双棱镜的干涉条纹图　　图 6.23.2　双棱镜的外形结构

射到双棱镜 B 上时，借助棱镜界面的两次折射，其波前便分割成两部分，形成沿不同方向传播的两束相干波，通过双棱镜观察这两束光，就好像它们是由虚光源 S_1 和 S_2 发出的一样，故在两束光相互交叠区域内产生干涉，如果狭缝的宽度较小且双棱镜的棱脊和光源狭缝平行，便可在光屏 Q 上观察到平行于狭缝的等间距干涉条纹.

设 d 代表两虚光源 S_1 和 S_2 间的距离，D 为虚光源所在的平面（近似地在光源狭缝 S 的平面内）至观察屏 Q 的距离，且 d 远小于 D，任意两条相邻的亮（或暗）条纹间的距离为 Δx，则实验所用光波波长 λ 可以由下式表示

$$\lambda = \frac{d}{D}\Delta x \tag{6.23.1}$$

上式表明，只要求出 d、D 和 Δx，就可以算出光波波长 λ.

由于干涉条纹宽度 Δx 很小，必须使用测微目镜进行测量. 两虚光源间的距离 d，可用一已知焦距为 f 的会聚透镜 L，置于双棱镜与测微目镜之间，如图 6.23.3 所示，由透镜两次成像法求得. 只要使测微目镜到狭缝的距离大于 $4f$，前后移动透镜，就可以在透镜的两个不同位置上从测微目镜中看到两虚光源 S_1 和 S_2 经透镜所成的实像，其中之一为放大的实像，另一个为缩小的实像. 如果分别测量得到两放大像的间距 d_1 和两缩小像的间距 d_2，根据下式

$$d = \sqrt{d_1 d_2} \tag{6.23.2}$$

即可求得两虚光源之间的距离 d.

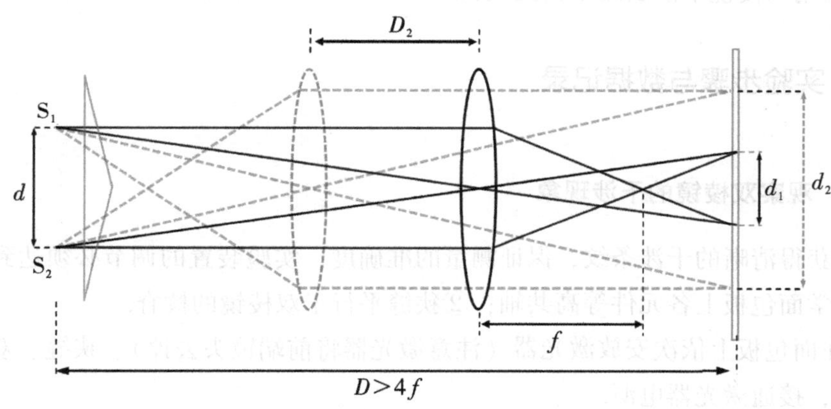

图 6.23.3　二次成像光路

（二）测微目镜原理

测微目镜是用来测量微小实像线度的仪器，其结构如图 6.23.4 所示. 在目镜焦平面附近有一块量程为 6 mm 的刻线玻璃标尺，其分度值为 1 mm，在该尺后 0.1 mm 处，平行地放置了一块分划板，分划板由薄玻璃片制成，其上刻有一根水平准线和一对垂直准线，人眼贴近目镜筒观察时，可同时看到这块分划板和玻璃标尺的刻线，分划板的框架与读数鼓轮相连，当读数鼓轮旋转时，分划板上垂直准线会左右移动：鼓轮每转一圈（100 小格），分划板移动 1 mm（即每小格 0.01 mm）. 测量微小实像时，先调节目镜与分划板间的距离，使能清晰地

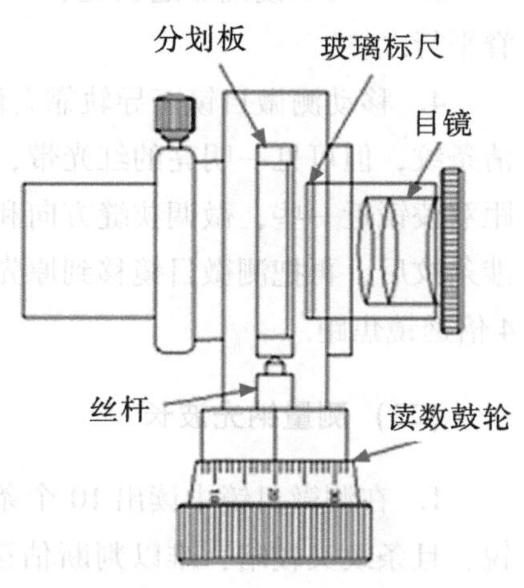

图 6.23.4　测微目镜

观察到分划板上的准线；然后调节测微目镜与待测实像的距离使实像也清晰并与准线无视差；接着旋转鼓轮使垂直准线对准待测像的一边，读下此时玻璃标尺的读数和鼓轮读数；再旋转鼓轮使垂直准线对准待测像的另一边，读下玻璃标尺的读数和鼓轮读数；最后把前后两次读数相减，即得待测像的长度.

测微目镜的不确定度值为 0.004 mm，测量时应注意鼓轮必须同一方向旋转，中途不要倒退，以避免螺距误差.

四、实验内容

1. 调整光路，观察双棱镜的干涉现象；
2. 使用双棱镜干涉法测量钠光波长.

五、实验步骤与数据记录

（一）观察双棱镜的干涉现象

为了获得清晰的干涉条纹，保证测量的准确度，实验装置的调节必须达到下述状态：①光学面包板上各元件等高共轴；②狭缝平行于双棱镜的棱脊.

1. 在面包板上依次安放激光器（注意激光器将前端镜头去掉）、狭缝、双棱镜和测微目镜，接通激光器电源.

2. 调节光源和狭缝的位置，使狭缝靠近光源，钠光灯对准并均匀照亮狭缝（出射的是发散光，应使其中心对准狭缝），调节二者中心等高.

3. 移动双棱镜靠近狭缝，并使棱脊位于光轴上，微调狭缝的方位，使狭缝与棱脊平行.

4. 移动测微目镜至导轨靠右侧，则应在测微目镜中看到干涉条纹. 若此时看不清条纹，但可见一明亮的红光带，则是双棱镜棱脊未与狭缝平行. 可以先使测微目镜距双棱镜近一些，微调狭缝方向和左右位置，观察干涉条纹，直到调出清晰等距的干涉条纹后，再把测微目镜移到原先位置，此时应保持测微目镜距离狭缝的距离略大于 4 倍透镜焦距.

（二）测量钠光波长

1. 在测微目镜中读出 10 个条纹的间距，从而求得 Δx 值，由于干涉条纹并不细锐，且条纹又较暗，难以判断估读不确定度 u_{B1} 的大小，故应测量 5 次以上求平均，以 u_A 代替 u_{B1}.（为节省时间，并减少测微目镜刻度不均匀引入的误差，可采用逐差法，即先依次读出第 1，2，3，…条亮（或暗）条纹位置的刻度值，然后移过 10 条，再读出第 11，12，13，…条条纹位置的刻度值；将后一组数据与前一组数据逐次相减，以求得一组相差 10 条条纹的间距值.）

2. 通过钢尺分别读出测微目镜和狭缝的位置，由此算出 D 及其不确定度.

3. 把测微目镜移到离狭缝略大于 $4f$ 的位置.

4. 在测微目镜与双棱镜之间加上透镜并前后移动，当两虚光源在测微目镜的分划板上清晰成像时，分别测出放大像和缩小像 d_1、d_2.（注意：由于清晰成像的位置不易确定，故 d_1 和 d_2 都要移动透镜，反复测量 5 次以上求平均.）

5. 求出钠光的波长及其不确定度.

表 6.23.1　双棱镜干涉实验数据

测量次数		1	2	3	4	5
条纹间距	x_i					
	x_{i+10}					
	Δx					
测微目镜至狭缝的距离	测微目镜					
	狭缝					
	D					
放大像	左					
	右					
	d_1					
缩小像	左					
	右					
	d_2					

六、注意事项

光学面包板上只能读出各基座中心的位置，而测微目镜的分划板位置与其基座的中心位置并不重合，狭缝的位置与其基座的中心位置也不一定重合，因此，应对上述数值进行修正，才能得到 D.

七、思考题

1. 本实验的等高共轴调节分为哪几步？调节次序是否可以改变？

2. 二次成像法测虚光源的间距时，小像 d 为什么不宜太小？

3. 干涉条纹的间距与哪些因素有关？当狭缝与双棱镜间距增加时，条纹间距如何变化？

奥古斯丁-让·菲涅耳

奥古斯丁-让·菲涅耳（Augustin-Jean Fresnel，1788—1827）（图 6.23.5）是法国著名的物理学家、数学家和工程师，被誉为“19 世纪伟大的光学家”“波动光学的奠基者”和“物理光学之父”等．菲涅耳一生从事光的本性之实验与理论研究，设计了一系列关于光的干涉、衍射和偏振的实验，除了贡献许多关于衍射和干涉的新观察以外，还于 1818 年建立了带作图法形式的衍射理论，并在此理论中坚定地使用了惠更斯的干涉概念中的包迹原理。他和阿拉果在 1819 年提供了相互垂直的偏振光不相干涉的证明，这是光的横向振动理论最终的证实．菲涅耳和英国物理学家罗伯特·胡克（1635—1703）、荷兰物理学家惠更斯（1629—1695）、托马斯·杨都是光的波动说建立者，他用自己设计的双面镜和双棱镜做光的干涉实验，继托马斯·杨之后再次证实了光具有波动性，提出了两束光发生干涉的条件，并将实验结果和已有的波动理论进行比较，进而借助数学建立较完善的波动理论．

图 6.23.5　奥古斯丁-让·菲涅耳

实验 24　光的偏振特性

光的偏振现象是波动光学中一种重要的现象．研究光的偏振现象可以帮助人们更好地理解光的传播规律，包括反射、折射、吸收和散射等．近年来，利用光的偏振性开发出的各种偏振光元件、偏振光仪器和偏振光技术在现代科学技术中发挥了极其重要的作用．这些技术在光调制器、光开关、光学计量、应力分析、光信息处理、光通信、激光和光电子学器件等方面都有着广泛的应用．例如，偏光 3D 投影仪就是利用了光的偏振原理．

一、实验目的

光的偏振特性（上）

1. 了解偏振光的种类，着重了解和掌握线偏振光、圆偏振光、椭圆偏振光的产生及检验方法；
2. 验证马吕斯定律；
3. 掌握 1/4 波片的作用及应用；
4. 掌握 1/2 波片的作用及应用．

二、实验仪器

半导体激光器、偏振片 2 个、固定在转盘上直径为 2 cm 的 1/4 波片与 1/2 波片各 1 个（注意：转盘上的 0 读数位置不一定是波片的快轴或慢轴位置）、磁性开关底座 4 个、组合式光学实验仪主机、光学面包板．

三、实验原理

（一）偏振光的种类

光是一种电磁波，它的电矢量 $\boldsymbol{E}$ 和磁矢量 $\boldsymbol{H}$ 相互垂直，并且垂直于光的传播方向．通常用电矢量表示光矢量，并将光矢量和光的传播方向所构成的平面称为光的振动面．根据光矢量的不同振动状态，我们可以将光分为五种偏振态：线偏振光或平面偏振光、自然光、部分偏振光、圆偏振光和椭圆偏振光．

（二）线偏振光的产生

根据布儒斯特定律，当自然光以入射角 θ_i 从空气或真空入射到折射率为 n 的介质表面上时，其反射光为完全的线偏振光，振动面垂直于入射面．透射光为部分偏振光，这个入射角 θ_i 称为布儒斯特角．当自然光以 θ_i 入射到一叠平行玻璃片堆上时，经过多次反射和折射，最后从玻璃片堆透射出来的光也接近于线偏振光．偏振片是利用某些有机化合物晶体的“二向色性”制成的，当自然光通过这种偏振片后，光矢量垂直于偏振片透振方向的分量几乎完全被吸收，光矢量平行于透振方向的分量几乎完全通过，因此透射光基本上为线偏振光．

（三）马吕斯定律

根据马吕斯定律，强度为 I_m 的线偏振光通过检偏器后，透射光的强度为

$$I = I_0 \cos^2 \phi \tag{6.24.1}$$

式中，ϕ 为入射光偏振方向与检偏器偏振轴之间的夹角，I_0 为检偏器光轴与起偏器光轴平行时的出射光强，$I_0 < I_m$（偏振片有吸收、反射）．显然，当以光线传播方向为轴转动检偏器时，透射光强 I 将发生周期性变化．当 $\phi = 0°$ 时，透射光强最大；当 $\phi = 90°$ 时，透射光强为最小值（消光状态），接近于全暗；当 $\phi < 90°$ 时，透射光强 I 介于最大值和最小值之间．因此，通过检测透射光强的变化，我们可以区分线偏振光、自然光和部分偏振光．图 6.24.1 表示自然光通过起偏器和检偏器的变化．

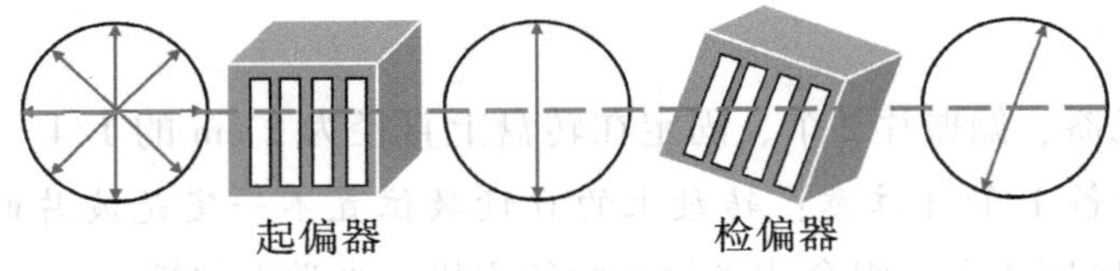

图 6.24.1　自然光通过起偏器和检偏器的变化

（四）波晶片

波晶片，通常简称为波片，是一种光学器件，其结构为光轴平行于表面的单轴晶片．当一束平面偏振光垂直入射到波片上时，会被分解为振动方向与光轴方向平行的 e 光和与光轴方向垂直的 o 光两部分，如图 6.24.2 所示．尽管这两种光在波片内传播的方向相同，但它们的传播速度不同，因此通过波片后会产生一个固定的相位差 θ，即

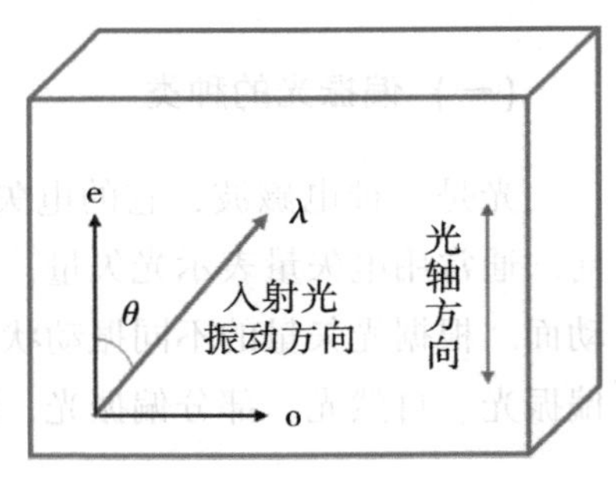

图 6.24.2　波片

$$\theta=\frac{2\pi\ (n_e-n_o)\ l}{\lambda} \tag{6.24.2}$$

式中，λ 为入射光的波长，l 为晶片的厚度，n_e 和 n_o 分别为 e 光和 o 光的主折射率.

对于某种单色光，能产生相位差 $\theta=\frac{(2k+1)\ \pi}{2}$ （$k=1, 2, 3, \cdots$）的波片，称为此单色光的 1/4 波片；能产生相位差 $\theta=(2k+1)\ \pi$ 的波片，称为 1/2 波片；能产生相位差 $\theta=2k\pi$ 的波晶片，称为全波片. 由于石英晶体是一种正晶体，沿着光轴方向振动的光（称为慢光）传播速度较慢，因此此轴称为慢轴. 与慢轴垂直的方向称为快轴. 对于负晶体制成的波片，光轴就是快轴.

（五）偏振光的鉴别

鉴别入射光的偏振态需要使用检偏器. 将入射光通过检偏器后，检测其透射光强 I 并转动检偏器. 如果 I 为零，即出现“消光”现象，说明入射光为线偏振光. 如果 I 没有变化，则可能为自然光或圆偏振光（或两者的混合）. 如果 I 虽有变化但不出现“消光”现象，则入射光可能是椭圆偏振光或部分偏振光. 要进一步作出鉴别，需要在入射光与检偏器之间插入一块 1/4 波片. 如果入射光是圆偏振光，则通过 1/4 波片后将变成线偏振光. 当 1/4 波片的慢轴（或快轴）与被检测的椭圆偏振光的长轴或短轴平行时，透射光也为线偏振光，于是转动检偏器也会出现“消光”现象. 否则，就是部分偏振光.

四、实验内容

1. 验证马吕斯定律. 利用连续通过两个起偏器的偏振光，可以调节出不同强度的光强. 测量检偏器出射光强 I 与转角 φ 的关系.
2. 观察平面偏振光通过 1/4 波片和 1/2 波片后偏振态的改变.

五、实验步骤与数据记录

光的偏振特性（下）

（一）验证马吕斯定律

半导体激光器所输出的激光为部分偏振光. 在其后方放置起偏器，并使用探测器测量经过起偏器后出射的光强. 当检测到最大光强时，此时起偏器的光轴与部分偏振光的最强方向一致. 在起偏器和探测器之间加入检偏器，转动检偏器来测量检偏器出射的最大光强，将其记为 I_0，应反复多测几次，求平均值和检偏器读数. 以此时的 φ_0 作为 0°角，每隔 10°或 15°改变角度直到 180°，测量由检偏器出射光强 I，验证马吕斯定律．验证马吕斯定律光路图如图 6.24.3 所示．

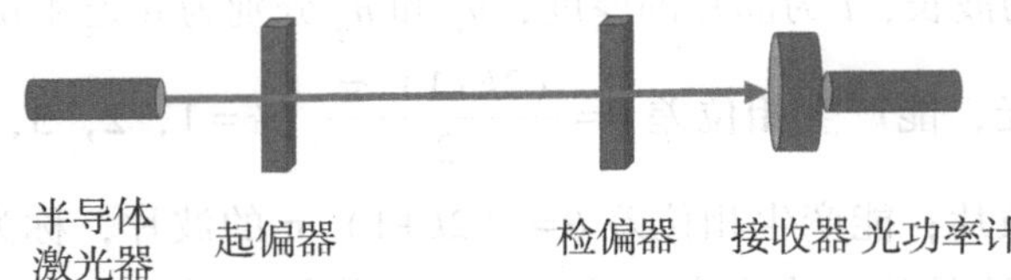

图 6.24.3　验证马吕斯定律光路图

表 6.24.1　线偏振光出射光强 I 与转角 φ 的关系

次序	1	2	3	4	5	6	7
角度							
光电流							
次序	8	9	10	11	12	13	14
角度							
光电流							

（二）波片的作用

验证 1/4 波片和 1/2 波片作用光路图如图 6.24.4 所示，旋转 1/4 波片 C，以改变其快轴（或慢轴）与入射线偏振光电矢量（即偏振片 P 偏振轴方向）之间的夹角 θ．当 θ 分别为 15°、30°、45°、60°、75°、90°时，将检偏器 A 逐渐旋转 360°，观察光强的变化情况（通过光功率计观察），记下二次最大值和最小值．同时需要注意最大值和最小值之间检偏器 A 是否转过约 90°，以此说明 1/4 波片出射光的偏振情况．

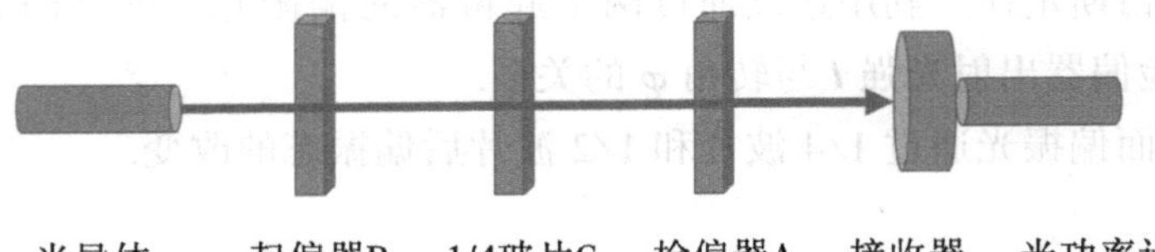

图 6.24.4　验证 1/4 波片与 1/2 波片作用光路图

表 6.24.2　1/4 波片旋转角度对出射光偏振状态的影响

旋转角度	最大值			最小值			偏振状态
	1	2	均值	1	2	均值	
15°							
30°							
45°							

续上表

旋转角度	最大值			最小值			偏振状态
	1	2	均值	1	2	均值	
60°							
75°							
90°							

旋转 1/2 波片 C′，改变 1/2 波片的快轴（或慢轴）与激光振动方向之间的夹角 θ，使其分别为 15°、30°、45°、60°、75°、90°. 旋转检偏器 A 到消光位置，记录相应的角度 θ'，解释上面实验结果，并由此了解 1/2 波片的作用.

表 6.24.3　分别旋转 1/2 波片和检偏器消光时的位置

次序	1	2	3	4	5	6
波片转动角度/（°）	15	30	45	60	75	90
检偏器转动角度/（°）						

六、注意事项

1. 不能用手碰触光学元件的光学平面，如发现有灰尘、污渍，可以使用镜头纸擦拭.

2. 光学元件要放在相应的镜盒内，以防污染、坠落.

七、思考题

1. 圆偏振光经过 1/4 波片后，偏振状态发生了什么变化？
2. 线偏振光经过 1/2 波片后，偏振状态发生了什么变化？
3. 当起偏器与 1/4 波片的夹角为何值时将产生圆偏振光？

八、实验拓展

磁致旋光（上）

磁致旋光（下）

物理史话

马吕斯

1808年，马吕斯（Malus）（图6.24.5）在试验中发现了光的偏振现象．在进一步研究光的简单折射中的偏振时，他发现光在折射时是部分偏振的．惠更斯曾提出光是一种纵波，而纵波不可能发生这样的偏振，因此这一发现成为反对波动说的有利证据．1811年，马吕斯在研究光的偏振现象时，发现了光的偏振现象的经验定律．

图6.24.5　马吕斯

实验25　阿贝成像与空间滤波

阿贝成像原理是一种基于傅里叶光学理论的信息光学理论，它揭示了物体成像过程中频谱的分解和合成．阿贝成像原理的真正价值在于提供了一种新的频谱语言来描述信息，这启发了人们使用改变频谱的手段来改造信息．在频谱面上进行的图像处理称为空间滤波，它通过有意识地改变像的频谱，使像产生所期望的变换．

本实验通过观察透镜成像的两步过程，理解阿贝成像原理，理解成像过程中的“分频”和“合成”作用；通过观察各种滤波器产生的滤波效果，了解空间滤波技术在光信息处理中的应用，加深对光学信息处理实质的认识．

一、实验目的

阿贝成像与空间滤波

1. 实验观察阿贝成像的两步过程，理解阿贝成像的原理及成像过程中的“分频”和“合成”作用．明确实验过程中的物、频谱、像．

2. 认识各种简单滤波器，通过观察各种滤波器产生的滤波效果，了解空间滤波技术在光信息处理中的应用，加深对空间频谱和空间滤波的理解．

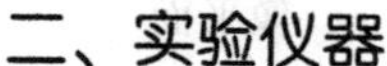

二、实验仪器

He-Ne 激光器（632.8 nm）、扩束镜 L_1（f=4.5 mm）、准直镜 L_2（f=225 mm）、傅里叶透镜 L_3（f=190 mm）、一维光栅（25 L/mm）、二维调整架（SZ-07）、白屏（SZ-13）、滑座、光学平台、可调单缝.

三、实验原理

（一）阿贝成像原理

阿贝认为，物体是由不同空间频率信息组成的集合，在相干光照明下，入射光经过物平面（x，y）时发生夫琅禾费衍射，在透镜（物镜）的后焦面（也称为傅氏面或变换面）上形成一系列衍射斑（初级衍射图或称傅里叶频谱图）. 各衍射斑发出的球面次波在像平面（x'，y'）上相干叠加，形成目镜焦面上的像（次级衍射图）. 可以说，第一步是信息分解，衍射起到“分频”作用；第二步是信息合成，干涉起到“合成”作用. 这种理论称为阿贝成像原理. 阿贝的两次衍射成像实质上是两次傅里叶变换. 第一次衍射将光场的空间分布变换成空间频谱，第二次又经过一次变换将空间频谱还原为像场的空间分布. 结果是物平面和像平面上共轭点的振幅之比是常数，即像平面光振动的振幅、位相分布和物平面上的分布完全相对应，因此像与物在几何上一致，只不过放大或缩小了.

实际上，由于透镜的孔径是有限的，高频信息（即衍射角度大的高次成分）总会有一部分被丢弃，无法进入物镜. 因此，在两次傅里叶变换中会存在信息的损失，像和物之间不可能完全一致. 高频信息主要反映物体的细节，如果这些信息受到孔径的阻挡而无法到达像平面，那么即使显微镜的放大倍数再大，也无法在像平面上分辨这些细节. 这是显微镜分辨率受到限制的根本原因. 当物体结构非常精细（如密集的光栅），或者物镜孔径非常小的时候，有可能只有 0 级衍射（空间频率为 0）能够通过. 这种情况下，虽然像平面上有光照，但是无法形成图像.

图 6.25.1 展示了阿贝成像的两个步骤. 假设物体是一维光栅，单色平行光照射在光栅上，经衍射分解成为不同方向的平行光束（每个光束对应一定的空间频率），这些光束经过物镜后分别聚焦在后焦面上形成点阵. 这个点阵就是光栅的夫琅禾费衍射图，光轴上的点是 0 级衍射图样，其他依次为±1，±2，…级衍射图样. 衍射角越大，衍射级次越高，空间频率也越高，也越能反映物体更精细的结构. 这些代表不同空间频率的光束即傅里叶频谱分量的再组合，就在像平面上得到了光栅的次级像.

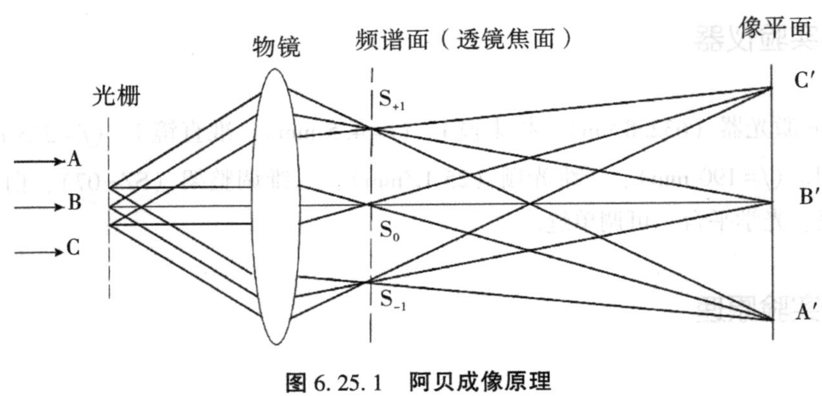

图 6.25.1　阿贝成像原理

（二）空间滤波

根据傅里叶分析，频谱面上的光场分布与物体的结构密切相关. 原点附近分布着物体的低频信息，即傅里叶低频分量；离原点较远处，分布着物体的高频信息，即傅里叶高频分量.

实验中，物体表面采用正交光栅（细丝网格状物），并由相干单色平行光照明. 在频谱面上放置各种振幅型滤波器，以各种方式改变物体的频谱结构. 在像面上，可以观察到各种与物体不同的像. 实验证明了阿贝成像理论和傅里叶分析的正确性：像的结构直接依赖于频谱的结构，只要改变频谱的组分，就能改变像的结构. 图 6.25.2 展示了部分实验结果.

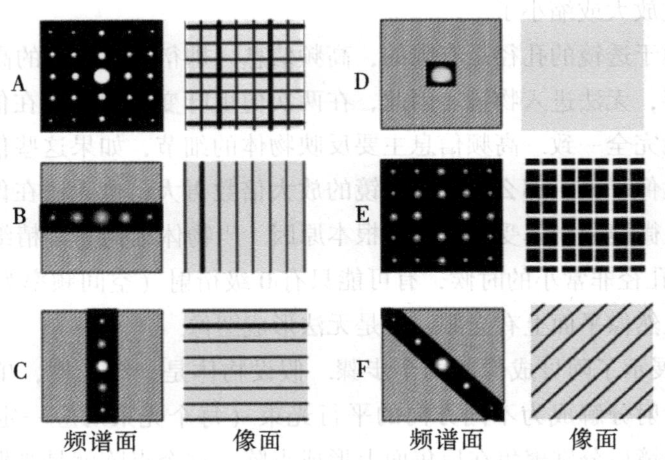

图 6.25.2　各种振幅型滤波器的对应结果

（三）空间滤波的基本光学系统

在光学图像处理中，最基本的系统是三透镜系统（也称为 $4f$ 系统），如图 6.25.3 所示．除了三透镜系统外，还有其他形式的滤波系统，例如二透镜系统，这里不再详细介绍．阿贝成像原理和空间滤波的意义在于它们提供了一种频谱语言来描述信息，使人们可以通过改变频谱来改变光信息．

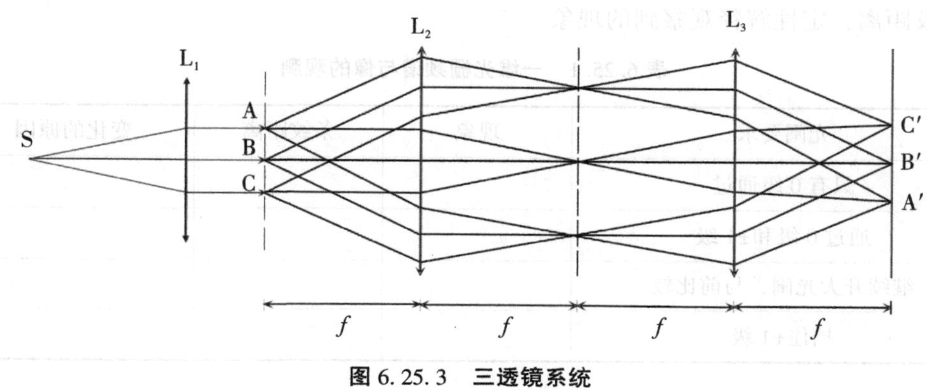

图 6.25.3　三透镜系统

四、实验内容

1．一维透射光栅的空间频谱及光栅像的观测．测出各级衍射点与零级的距离和透镜的焦距，计算光点对应的空间频率，并与光栅的实际空间频率进行比较，求出它们之间的关系．

2．二维正交光栅的空间频谱及光栅像的观测．在后焦面上放置狭缝，观察屏上正交光栅像的变化，记录并定性解释所观察到的现象．

3．空间高频滤波的观测．在频谱面上安置一个可转动的狭缝光阑，观察并记录像面上图像的变化，测量像中栅格的间距并作简要解释．

五、实验步骤与数据记录

（一）一维透射光栅的空间频谱及光栅像的观测

将一维透射光栅放在光具座上，用 He-Ne 激光器的细锐光束垂直照射光栅．用一短焦距的薄透镜组装一个放大的成像系统．调节透镜位置，使得光栅狭缝清晰地成像在 4 m 开外的白屏上．调节透镜，使屏上条纹清晰．

屏上条纹清晰时，光栅的位置接近透镜的前焦面，透镜后焦面可形成光栅的频谱图. 将白屏放在后焦面上，即可看到与条纹垂直的清晰光点，其对应着光栅的0，±1，±2，…级的衍射极大值. 用尺测出各级衍射点与零级的距离 x 和透镜的焦距 f，计算光点对应的空间频率 $v=\dfrac{x}{\lambda f}$，并与光栅的实际空间频率进行比较（光栅常数 $=d$，空间频率 $v=1/d$），求出它们之间的关系.

在后焦面上放置光阑（要求见表 6.25.1），观察屏上一维光栅像的变化，记录 10 条条纹距离，定性解释观察到的现象.

表 6.25.1　一维光栅频谱与像的观测

光阑要求	现象	条纹距离	变化的原因
只有 0 级通过			
通过 0 级和±1 级			
继续开大光阑，与前比较			
挡住±1 级			

（二）二维正交光栅的空间频谱及光栅像的观测

保留实验光路（图 6.25.1），用一个正交光栅代替光路中的一维光栅. 调节光栅，使条纹像分别处于竖直和水平的位置. 这时在透镜的后焦面上可以观察到二维的分立光点阵，在像平面上则看到正交光栅的放大像. 在后焦面上放置狭缝，观察屏上正交光栅像的变化，如表 6.25.2 所示，记录 10 条条纹距离，定性解释所观察到的现象.

表 6.25.2　二维光栅频谱与像的观测

光阑要求	现象	条纹距离	变化的原因
仅使中间轴上的光点通过			
仅使中间一列垂直（或水平）的光点通过			
狭缝转过 45°			
挡住中央 0 级			

（三）空间高频滤波的观测

调激光管的俯仰角和转角，使光束平行于光学平台水平面，紧靠激光器放置聚光镜 L_1，在其右侧放置凸透镜 L_2，改变 L_1 和 L_2 之间的距离，观察凸透镜后的光斑情况，找到成大光斑且出射平行光的位置后，锁定 L_1 和 L_2.

紧靠凸透镜 L_2 放置网格字“光”，在其右侧放置傅里叶透镜 L_3，前后移动 L_3，在 3~4 m 以外的光屏上找到清晰的像之后，在 L_3 的后焦面上可观察到“光”字的空间滤波分布.

在频谱面上安置一个可转动的狭缝光阑（要求见表 6.25.3），观察并记录像面上图像的变化并作简要解释. 将一可变圆孔光阑放到傅里叶透镜的后焦面上，逐步缩小光阑孔径，直到除了光轴上一个光点外其他分立光点均被挡住，此时像上不再有网格，但是“光”字的字迹被保留下来.

表 6.25.3 空间滤波现象的观测

光阑要求	现象	变化的原因
仅使中间一列垂直的光点通过		
仅使中间一列水平的光点通过		
狭缝转过 45°		

六、注意事项

1. 不能用手碰触光学元件的光学平面，如发现有灰尘、污渍，可以使用镜头纸擦拭；

2. 光学元件要放在相应的镜盒内，以防污染、坠落.

七、思考题

1. 用细激光束直接照射一块一维光栅，在远处平面上可看到其频谱，当光栅在自身所在平面内平移或转动时，频谱图样将会有什么变化？

2. 在正交光栅实验中，使光栅成一个与光栅同样大小的实像，试求出用实验中的各方向滤波器滤波时像的空间周期及空间频率（设正交光栅的空间周期为 d）.

3. 设有一张带有圆形棋子的棋盘底片，现要求去掉棋盘的网格面保留棋子，如何设计此实验？

物理史话

恩斯特·卡尔·阿贝

恩斯特·卡尔·阿贝（Ernst Karl Abbe）（图 6.25.4）是德国物理学家，1840 年 1 月 23 日生于爱森纳赫，1861 年在耶拿大学获得博士学位，1866 年与卡尔·蔡司合作研制光学仪器．这一合作有力地促进了德国光学工业的发展．阿贝后来还做了蔡司工厂的负责人．阿贝于 1905 年 1 月 14 日在耶拿逝世．以显微镜为中心，阿贝在光学仪器的光具组理论上，做出了两项重要贡献：一是几何光学的“正弦条件”，确定了可见光波段上显微镜分辨本领的极限，为迄今光学设计的基本依据之一；二是波动光学的显微镜二次衍射成像理论，把物面视为复合的衍射光栅，在相干光照明下，由物面二次衍射成像．除了在光学上的成就之外，阿贝还是现代雇员保障制度的先导者．作为蔡司公司的东主之一，他推行了 8 小时工作制，为德国工业进入现代化发展做出了贡献．

图 6.25.4　恩斯特·卡尔·阿贝

第七章
近代物理实验

实验 26　密立根油滴实验

1897 年汤姆孙关于原子结构的开拓性工作（发现电子并测得其荷质比）后，实验物理学家们尝试了各种方法测量基本单位电荷，其中密立根于 1907—1917 年间进行的油滴实验是当时最精确的. 密立根油滴实验的意义在于：一是证明了电荷的不连续性，所有电荷都是基本电荷的整数倍；二是基本电荷即为电子电荷，约为 1.6×10^{-19} C，非常接近目前的最好结果. 1923 年，密立根凭借“测量基本电荷和研究光电效应”获诺贝尔物理学奖. 密立根油滴实验的设计思想简洁巧妙，设备与方法简单有效，采用宏观力学模式来研究微观世界量子性，数据精确且结果稳定，结论具有不容置疑的说服力，堪称物理实验的精华和典范，是物理学史上一个著名的启发性实验.

密立根油滴实验

一、实验目的

1. 观测带电油滴在重力和静电场中的运动，验证电荷不连续性并测量基本电荷电量.

2. 理解密立根油滴实验的设计思想、实验方法和实验技巧.

二、实验仪器

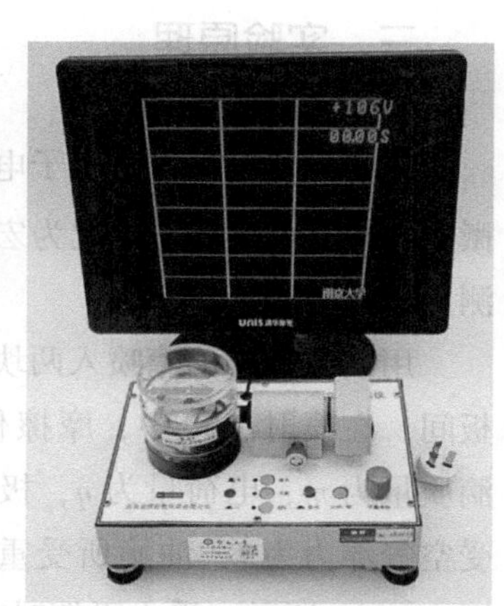

图 7.26.1　OM99S 型 CCD 密立根油滴实验仪

OM99S 型 CCD 密立根油滴实验仪如图 7.26.1 所示. 实验仪由主机、CCD 成像系统、油滴盒、监视器等部分组成，其中主机包括高压电源、计时装置、视频处理等单元模块，CCD 成像系统包括 CCD 传感器、光学成像部件等，油滴盒包括高压电极、照明装置、防风罩等部件，监视器是视频信号输出终端.

核心部件油滴盒的构成如图 7.26.2 所示. 两块机械精加工后的金属圆板通过胶木圆环支撑，构成间距误差极小的平板电容器（极板间距 5 mm），能够较好地保证匀强电场，减小实验误差. 上板中心处有落油孔，微小油滴可由此进入上、下极板间电场空间. 油滴盒可通过调平手轮调整水平，使用水准仪校验.

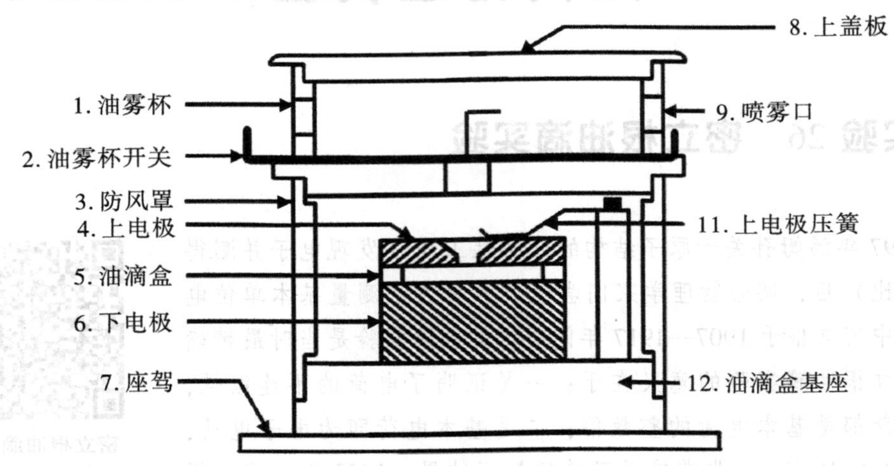

图 7.26.2 油滴盒构成示意图

平行极板间的胶木圆环上开有两个进光孔和一个观察孔，光源通过进光孔给平板间提供照明. CCD 成像系统则透过观察孔捕捉平行极板间的油滴像. 监视器上划有刻度，可用来度量油滴的运动距离. 油雾杯用于减缓油雾的逸散，防风罩可以避免外部气流对油滴的影响.

三、实验原理

密立根油滴法测量电子电荷，是通过带电油滴在电场和重力场中的受力分析，将微观量电荷 q 的测量转化为宏观量油滴运动速度 v 的测量.

用喷雾器将油滴喷入两块相距为 d 的带电平行极板间，在喷射过程中，摩擦作用使油滴带电. 设油滴质量为 m，电荷量为 q，极板间电压为 U，油滴所受空气浮力为 f，油滴所受重力 mg，电场力 qE，如图 7.26.3 所示，受力平衡时有

$$qE=\frac{U}{d}q=mg-f \qquad (7.26.1)$$

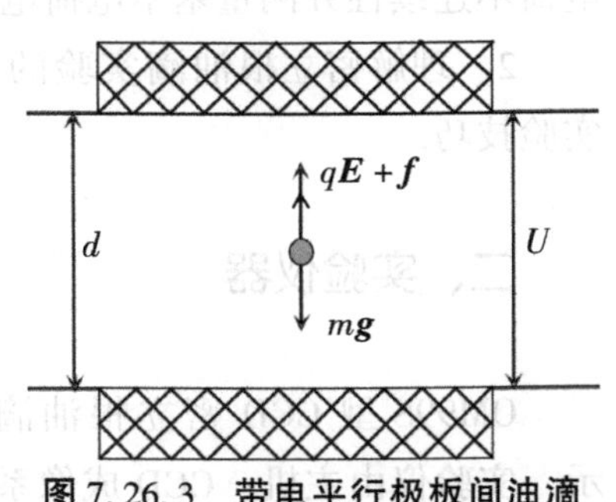

图 7.26.3 带电平行极板间油滴受力分析图

若极板间电压为0 V，油滴受重力作用加速下降．由于空气阻力f_r的作用，当油滴速度达到v_g时，其所受重力与空气阻力、空气浮力平衡，油滴保持v_g匀速运动，如图7.26.4所示．

根据斯托克斯公式，此时的空气阻力为

$$f_r=mg-f=6\pi\eta r v_g \tag{7.26.2}$$

式中，η是空气的黏滞系数，r是油滴半径。若油滴密度为ρ，空气密度为ρ'，则油滴质量可写为

$$m=\rho V=\frac{4\pi r^3}{3}\rho \tag{7.26.3}$$

根据阿基米德定律，油滴所受空气浮力等于其排开气体的重力：

$$f=\rho' Vg=\frac{4\pi r^3}{3}\rho' g \tag{7.26.4}$$

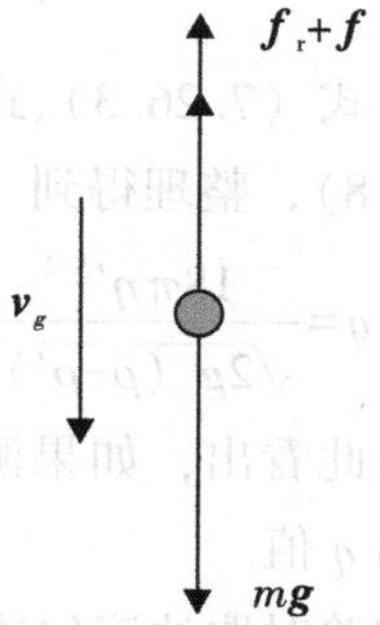

图7.26.4　不带电平行极板间油滴匀速下落时的受力分析图

将式（7.26.3）、式(7.26.4）代入式（7.26.2）可得油滴半径为

$$r=\sqrt{\frac{9\eta v_g}{2(\rho-\rho')g}} \tag{7.26.5}$$

可见，只要知道η、ρ、ρ'、v_g、g，即可求出r，继而求出m，最后可得到电量q.

对于半径小于10^{-6} m的油滴，油滴直径与空气分子的间隙相当，空气已不能视为连续媒质，黏滞系数η应修正为$\eta'=\dfrac{\eta}{1+\dfrac{b}{rP}}$，其中$\eta=1.83\times10^{-5}$ kg/（m·s），空气压强$P=76.0$ cmHg，修正常数$b=6.17\times10^{-6}$ m·cmHg。油滴半径r在修正项中不需要十分精确，故取修正前的数值，仍用公式（7.26.5）计算.

密立根油滴法测定电子电荷的基本设计思想是使带电油滴在测量范围内受力平衡．其按照油滴运动方式分为非平衡（动态）测量法和平衡（静态）测量法.

（一）非平衡测量法

非平衡测量法是在平行极板间施加适当电压U'，但并不调节电场力和重力平衡，而是使油滴加速上升．由于空气阻力的作用，油滴上升一段距离后，油滴重力mg、电场力qE、浮力f与空气阻力f_r达到平衡，油滴将以速度v_e匀速上升，如图7.26.5所示，此时有

$$f_r=E_q-mg+f=6\pi\eta' r v_e \tag{7.26.6}$$

若去掉平行极板间的电压U'，油滴受重力作用加速下降，当油滴重力mg、浮力f与空气阻力f_r平衡时，油滴将以速度v_g匀速下降，此时有

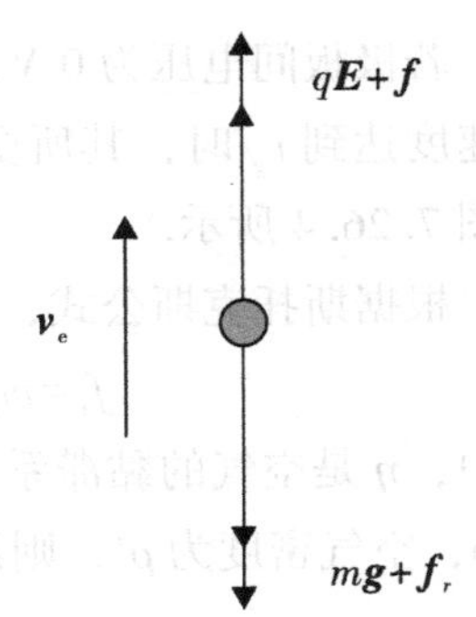

图 7.26.5 平行极板间油滴匀速上升时的受力分析图

$$f'_r=mg-f=6\pi\eta' r v_g \qquad (7.26.7)$$

由式（7.26.6）和式（7.26.7），可解出电荷量 q 为

$$q=\frac{mg-f}{Ev_g}(v_g+v_e) \qquad (7.26.8)$$

将式（7.26.3）、式(7.26.4）和式（7.26.5）代入式(7.26.8)，整理得到

$$q=\frac{18\pi\eta'^{3/2}}{\sqrt{2g(\rho-\rho')}}\cdot\frac{d}{U'}\left(1-\frac{v_e}{v_g}\right)\cdot v_g^{3/2} \qquad (7.26.9)$$

由此看出，如果测出 v_g、v_e、U'、η'、ρ、ρ'、d，即可算出 q 值.

实验时取油滴匀速下降和匀速上升的距离相等（都设为 L），测出油滴匀速下降的时间 t_g、匀速上升的时间 t_e，则有

$$q=\frac{18\pi\eta'^{3/2}L^{3/2}}{\sqrt{2g(\rho-\rho')}}\cdot\frac{d}{U'}\left(\frac{1}{t_g}+\frac{1}{t_e}\right)\cdot\left(\frac{1}{t_g}\right)^{1/2} \qquad (7.26.10)$$

令 $K=\frac{18\pi\eta'^{3/2}L^{3/2}d}{\sqrt{2g(\rho-\rho')}}$，则式（7.26.10）可简化为

$$q=K\cdot\frac{1}{U'}\left(\frac{1}{t_g}+\frac{1}{t_e}\right)\cdot\left(\frac{1}{t_g}\right)^{1/2} \qquad (7.26.11)$$

由此可知，油滴所带电荷量不同，只体现在 U'、t_g、t_e 的不同。对同一油滴，若 t_g 相同，而 U'、t_e 不同，则标志着电荷量不同.

（二）平衡测量法

平衡测量法是调节极板间电压 U 使带电油滴受力平衡，静止不动，则有 $v_e=0$，$t_e\to\infty$，式（7.26.11）可简化为

$$q=K\cdot\frac{1}{U}\cdot\left(\frac{1}{t_g}\right)^{3/2} \qquad (7.26.12)$$

（三）数据处理方法

1. 倒置验证法.

承认 $q=ne$，即电荷的“量子性”，公认值 $e\approx1.602\times10^{-19}$ C. 用实验测得的油滴电量 q 除以电子电荷值 e，得到的数值接近某一整数，此整数即为油滴所带的基本电荷数目［n］，再用油滴电量 q 除以这个［n］值，得到电子的电荷值 e. 此方法只能作为实验验证，仅在油滴带电量比较少（十几个 e 以内）且油滴数据不多时使用，特别适合实验教学.

2. 作图法.

若实验中测得 i 个油滴带电量分别为 q_1，q_2，q_3，…，q_i，如果 $q_i=n_i e$ 成立，则以 n 为自变量、q 为因变量作图，将得到一条直线，如图 7.26.6 所示，斜率即为 e，将测得的 e 值与公认值比较，计算相对误差. 具体做法是：在线性坐标系中，沿纵轴标出 q_i 点，过这些点作平行于横轴的直线. 然后沿横轴等间距地标出若干点，过这些点作平行于纵轴的直线. 这样就在 n-q 直角坐标系中形成网格，满足 $q_i=n_i e$ 条件的那些点必定在这些网格的节点上. 在此网格图上用一直尺，从过原点和距原点最近的一个节点的直线（如图 7.26.6 中直线 a）开始，绕原点慢慢扫过，直到每一条平行线都有一个节点落在或接近直线（如图 7.26.6 中直线 c），画出这条直线并从图上读取相应的数据 q_i 和 n_i. 这种方法的优点是可在未知 e 值的情况下进行数据处理，但需要较多的油滴数据，处理也比较耗时，适合研究性实验.

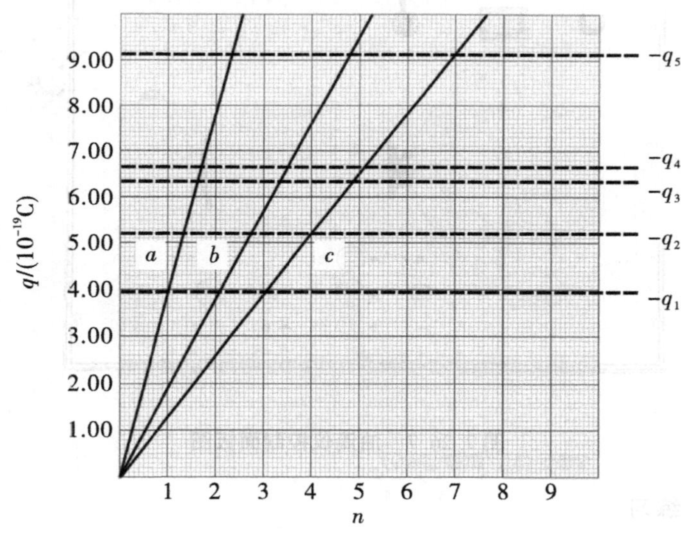

图 7.26.6　利用作图法求元电荷

四、实验内容

1. 调整油滴实验仪，使用非平衡法测量油滴电量. 要求测量 5 个油滴，每个油滴上、下各往返 5 次进行测量. 计算油滴电量，使用倒置验证法处理实验数据，计算相对误差.

2.（选做）使用平衡法测量 10 个油滴的带电量，用作图法求出 e 值，计算相对误差，与非平衡测量法所得结果进行比较.

五、实验步骤与数据记录

（一）调整油滴实验仪

1. 平行极板水平调节. 如图7.26.7所示，调节实验仪底部的旋钮，对照面板上水平仪将实验平台及平行极板调水平，使电场方向与重力方向平行以免引起实验误差. 若平行极板不水平，则油滴会在运动中发生前后、左右漂移.

2. 监视器调整. 调整亮度、对比度、帧同步等，使显示稳定，刻度板清晰.

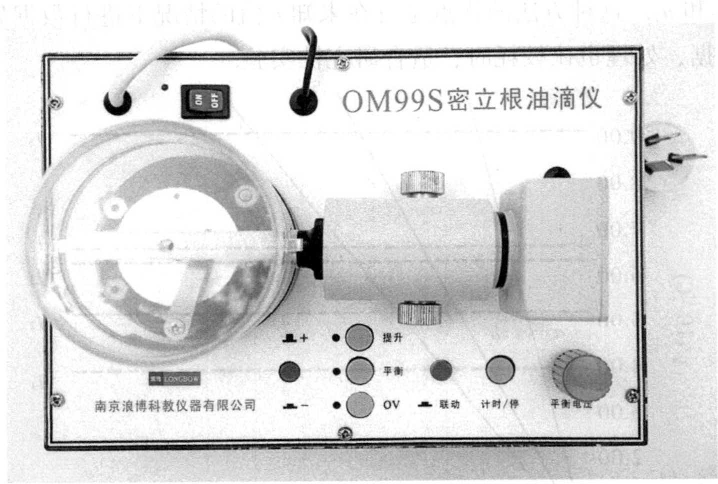

图7.26.7 油滴仪控制面板图

（二）测量练习

1. 选择“0 V/平衡/提升”键实验仪面板上的“0 V”挡，用喷雾器将油雾从喷雾口喷入油滴室，此时监视器上应出现大量油滴的像. 若没有，则需调整显微镜调焦旋钮，或检查喷雾器是否有油雾喷出及油雾孔是否堵塞.

2. 喷油后，选择“平衡”挡，调节平衡电压为200~300 V，留意几个运动缓慢、清晰明亮的油滴，微调平衡电压使其中某个油滴几乎静止. 然后选择“0 V”挡，通过“计时/停”键尝试记录油滴下落1.5 mm（刻度板6格）所需的时间，此为t_g. 再选择“提升”挡，油滴将在极板电压U'作用下上升，通过“计时/停”键记录油滴上升1.5 mm所需的时间，此为t_e.（思考：为能迅速捕捉到合适的油滴，可以提前将平衡电压设置为多少？）

（三）正式测量

喷油后，筛选出拟测量的油滴，使用非平衡测量法测油滴电量．为提高测量精确度，每个油滴上、下往返次各5次，得到并记录5个 t_g 和 t_e 数值以及对应的提升电压 U' 值和平衡电压值．重复上述步骤，总共测量5个油滴．

（四）数据处理

将5个油滴的数据依次代入公式（7.26.11），计算得到每个油滴的带电量．采用倒置验证法，得到电子电荷的测量值，并计算相对误差．

相关参数如下：

极板间距 $d=5.0\times10^{-3}$ m；

空气黏滞系数 $\eta=1.83\times10^{-5}$ kg/（m·s）；

空气压强 $P=76.0$ cmHg；

修正常数 $b=6.17\times10^{-6}$ m·cmHg；

油密度 $\rho=981$ kg/m^3；

空气密度 $\rho'=1.2928$ kg/m^3；

重力加速度（广州）$g=9.7883$ m/s^2．

所得数据记入表7.26.1．

表7.26.1　非平衡测量法测油滴电量数据

	油滴1	油滴2	油滴3	油滴4	油滴5
平衡电压/V					
提升电压 U'/V					
t_{g1}					
t_{e1}					
t_{g2}					
t_{e2}					
t_{g3}					
t_{e3}					
t_{g4}					
t_{e4}					
t_{g5}					
t_{e5}					

注：上升与下降的距离都取1.5 mm.

六、注意事项

1. 使用喷雾器往油雾室喷油时，不要连续喷多次，一般喷一下即可；喷油时喷雾器的喷头不要深入喷油孔内，防止大颗粒油滴堵塞油雾孔.

2. 在喷射油雾时，要保证极板间电压为零.

3. 平行极板上所加电压的大小由调节旋钮控制，电压极性由极性开关控制.

4. 判断油滴是否平衡需要足够的耐心，将油滴移至某条刻度线，仔细调节平衡电压，经过一段时间，油滴确实不动了就可以认为是平衡了，此时可以从监视器右上角读取平衡电压数值. 此外，测量油滴下落和上升的时间也需要反复练习至熟练，要统一油滴“踏线”的标准，观察时要平视刻度线.

5. 选择合适的油滴进行测量非常重要. 视场中大而明亮的油滴，一般质量太大，所带电荷多，下降速度快，增大了测量误差；油滴太小则受布朗运动影响，不易测准. 通常选择平衡电压为 200 ~ 300 V，匀速下落 1.5 mm 的时间为 10~20 s 之间的油滴较适宜.

七、思考题

如图 7.26.8 所示，左上方油滴并非竖直上下，左下方油滴竖直上下但会逐渐消失，其原因各是什么？该如何消除？

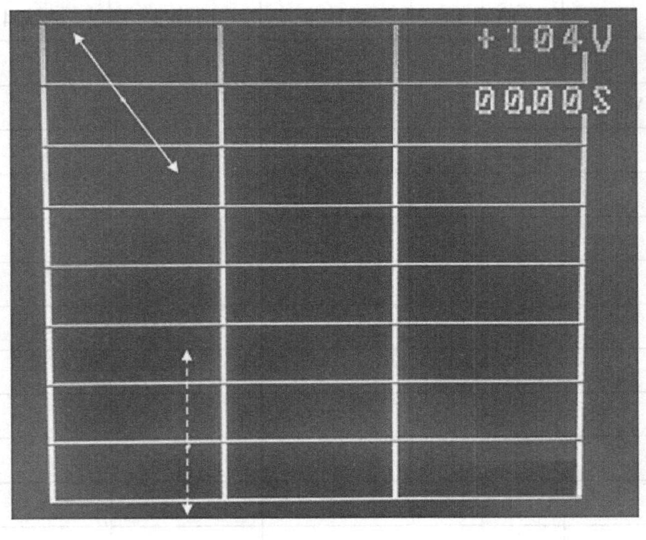

图 7.26.8　密立根油滴仪显示界面

罗伯特·安德鲁·密立根

图 7.26.9　罗伯特·安德鲁·密立根

罗伯特·安德鲁·密立根（Robert Andrews Millikan，1868—1953）（图 7.26.9，美国实验物理学家．在油滴实验进行的 11 年间，密立根对实验方法做了多次重大改革，研究对象从油滴群变为单个油滴，严格控制腔体气压和温度，将电荷载体变为挥发性小的钟表油，对空气黏滞系数进行修正，通过照射改变油滴带电量等，经过大量实验，终于以上千个油滴的确凿数据，证明了电荷的颗粒性．密立根严谨求实、细致而富创新的实验作风使其成为实验物理学家的典范．密立根还是一位卓越的教育家，1921—1945 年间，他担任美国加州理工学院执行理事会主席．在此期间，加州理工学院成为全美一流的研究型大学．1927 年，密立根招了一个中国博士研究生赵忠尧，发现正电子的工作使他差点获得诺贝尔物理学奖．赵忠尧回到清华大学后，成为中国核物理研究和加速器建造事业的开拓者和启蒙者，培养了一大批后来为中国原子能事业做出重要贡献的人才，如邓稼先、钱三强、朱光亚、王淦昌等．

实验 27　光电效应实验

一定频率的光照射在金属表面时，会有电子从金属表面逸出，这种现象称为光电效应．1888 年，赫兹发现了光电效应现象，它无法用经典电磁理论解释；1900 年，普朗克提出：不同辐射的频率具有不同大小的 $h\nu$ 粒子，其中，ν 为电磁波频率，h 为普朗克常量，由此创立了量子概念．1905 年，爱因斯坦提出“光量子”假设，建立了光电效应方程．1916 年，密立根利用光电效应实验测出普朗克常量，完美证明了光电效应方程，促使普朗克与爱因斯坦分获 1918 年与 1921 年诺贝尔物理学奖．密立根因为“关于基本电荷及光电效应的工作”获得 1923 年诺贝尔物理学奖．随着科技发展，利用光电效应制成的光电管、光电倍增管等器件已广泛应用于工农业生产、国防、科研等诸多领域．

一、实验目的

1. 了解光电效应的基本规律，验证爱因斯坦光电效应方程；
2. 掌握用光电效应法测定普朗克常量 h.

二、实验仪器

ZKY-GD-4 型光电效应实验仪，由光电检测装置和实验仪主机构成，如图 7. 27. 1 所示. 光电检测装置包括光电管暗箱、汞灯灯箱、汞灯电源和实验基准平台等. 实验仪主机整合了微电流放大器、扫描电压源发生器.

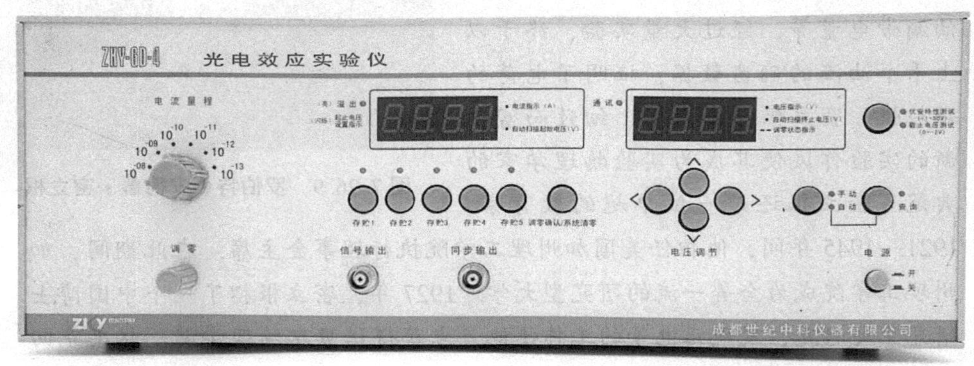

图 7. 27. 1　光电效应实验仪

三、实验原理

（一）光电效应的原理

光电效应实验原理如图 7. 27. 2 所示. 强度为 P 的单色光照射光电管发射极（阴极）K 时，释放出的光电子在电场作用下向集电极（阳极）A 迁移，在回路中形成光电流. 改变光电管两端电压 U_{AK}，测量光电流 I 的大小，即可得出光电管的伏安特性曲线.

实验可观测到的光电效应基本规律如下：

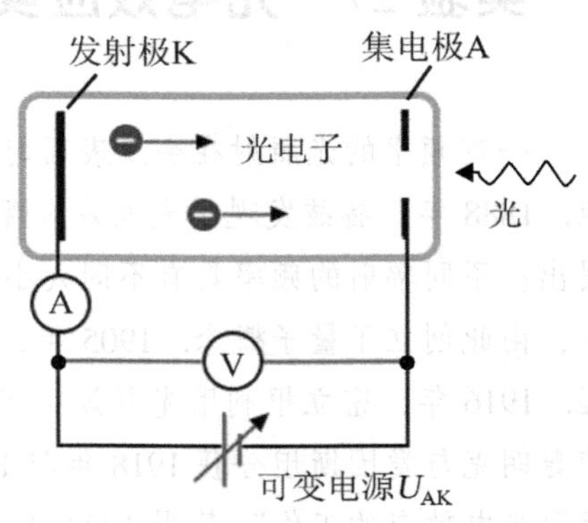

图 7. 27. 2　光电效应实验原理图

1. 光强 P 一定时，随 U_{AK} 增大，I 迅速增大，然后趋于饱和. 饱和光电流 I_m 的大小与入射光强 P 成正比，如图 7.27.3 所示.

2. 在光电管两端加上反向电压，反向电压增加时，光电流 I 将逐步减小. 当 I 减小到零时，对应的反向电压称为截止电压 U_0，如图 7.27.3 所示.

3. 若改变入射光频率 ν，截止电压 U_0 将随之改变（如图 7.27.4 所示），U_0 与 ν 成线性关系. 存在一个截止频率 ν_0，当入射光频率低于 ν_0 时，无论入射光强如何或照射时间多久，均没有光电流产生.

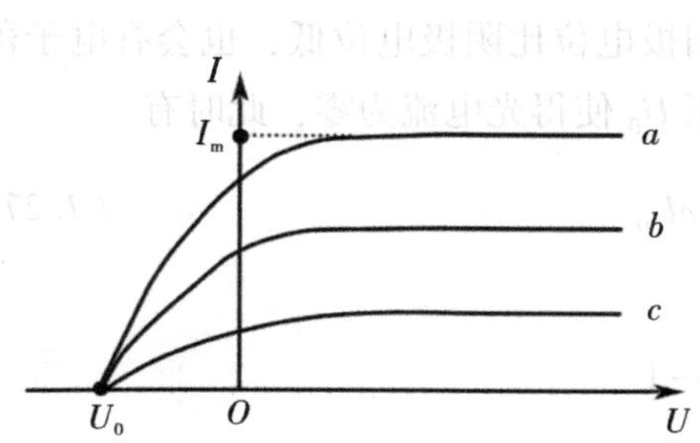

图 7.27.3　光电管同一频率不同光强的伏安特性曲线

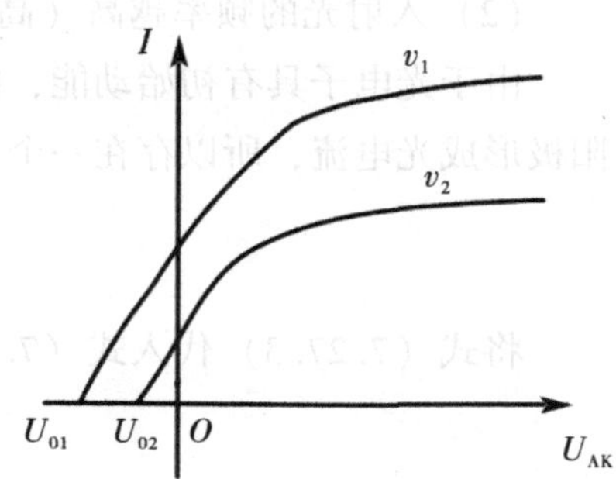

图 7.27.4　光电管不同频率的伏安特性曲线

例如，光束照射金属锌表面，将测得的光电子最大动能与光频率的关系数据绘成如图 7.27.5 所示曲线. 金属锌的逸出功为 4.3 eV，对应的截止频率为 10.4×10^{14} Hz. 可以看到，当入射光频率低于 10.4×10^{14} Hz 时，光电子最大动能为零，电子无法逃逸出金属表面.

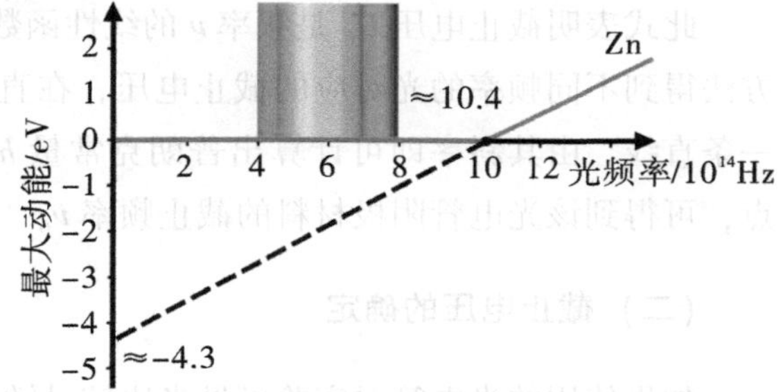

图 7.27.5　金属锌光电子最大动能与光频率之间的关系曲线

4. 光电效应是瞬时效应，即使入射光的强度非常微弱，只要频率大于 ν_0，在开始照射后立即有光电子产生，延迟时间不超过 10^{-9} s.

经典电磁理论认为：电子从波阵面上获得能量，能量大小与光的强度相关. 因此，对于任何频率的光，只要光强与照射时间足够，就会发生光电效应. 这显然与实验现象相矛盾. 1905 年，爱因斯坦根据普朗克量子论，提出了光子假设，即光能是集中在被称之为光子（或光量子）的微粒上. 每个光子具有能量 $h\nu$，其中 h 为普朗克常量，ν 为光频率. 在光电效应中，当金属中被原子束缚的电子从入射光中吸收一个光子的能量 $h\nu$，一部分消耗于电子从金属表面逸出时所需的逸出功 A，其余部分则转变为光电子的动能. 根据能量守恒定律，爱因斯坦提出了著名的光电效应方程：

$$h\upsilon=\frac{1}{2}mV_0^2+A \quad (7.27.1)$$

式中，A 为金属逸出功，$\frac{1}{2}mV_0^2$ 为光电子的初始动能. 由此可见：

（1）光子能量 $h\nu<A$ 时，束缚电子不能逸出金属表面，没有光电子产生. 发生光电效应具有一个最低频率（截止频率）ν_0：

$$\nu_0=A/h \quad (7.27.2)$$

（2）入射光的频率越高（高于 ν_0），光电子初始动能越大，两者成线性关系.

由于光电子具有初始动能，即使光电管阳极电位比阴极电位低，也会有电子落入阳极形成光电流，所以存在一个反向截止电压 U_0 使得光电流为零，此时有

$$\frac{1}{2}mV_0^2=eU_0 \quad (7.27.3)$$

将式（7.27.3）代入式（7.27.1）可得

$$eU_0=h\upsilon-A$$

$$U_0=\frac{h}{e}(\upsilon-\upsilon_0) \quad (7.27.4)$$

此式表明截止电压 U_0 是频率 ν 的线性函数，直线斜率 $k=h/e$. 因此，只要用实验方法得到不同频率的光对应的截止电压，在直角坐标系中作 U_0-ν 关系曲线，若它是一条直线，由其斜率即可计算出普朗克常量 h. 另外，根据 U_0-ν 直线与横轴 ν 的交点，可得到该光电管阴极材料的截止频率 ν_0.

（二）截止电压的确定

如果使用的光电管对实验可见光比较灵敏，暗电流（无光照时，阴极本身的热电子发射）很小，由于光电管阳极包围着阴极，施加反向电压时，绝大多数的阴极光电子仍能迁移到阳极形成光电流. 阳极材料的逸出功又很高，可见光照射时不会产生光电子，所以理论上光电流为零时对应的反向电压就是截止电压 U_0.

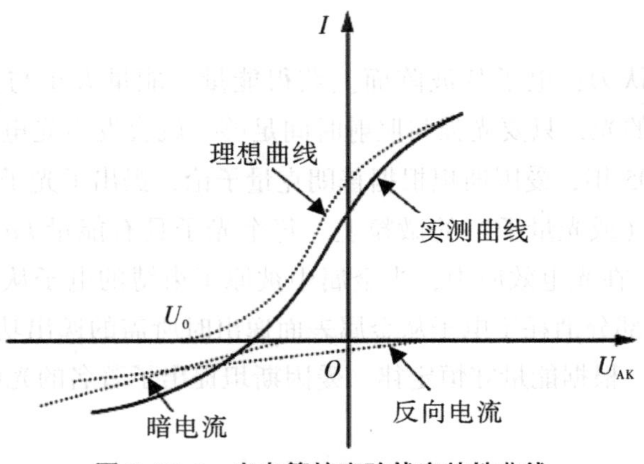

图 7.27.6 光电管的实验伏安特性曲线

然而，光电管在制造过程中，工艺上很难保证阳极材料不被阴极材料污染（即阴极表面的低逸出功材料附着在阳极上，这种污染还会在光电管使用过程中日趋严重）．因此，被污染的阳极也会产生反向的光电流．此外，实验中外界的各种漫反射光也会产生微量的本底电流．所以，实测的电流是多种电流叠加的结果，实测电流为零时对应的反向电压，显然并非截止电压．

若在调节反向电压 U_{AK} 使电流为零后，保持 U_{AK} 不变，遮挡汞灯光源，此时测得的电流从零变为 I_1，对应的是反向电压接近截止电压 U_0 时的暗电流和本底电流．重新让汞灯照射光电管，测得的电流会重新变为零，调节反向电压 U_{AK} 使电流变为 I_1，将此时的 U_{AK} 绝对值作为截止电压 U_0．此方法可补偿暗电流和本底电流对测量结果的影响，故称之为补偿法．

在实际实验中，若零电流法与补偿法获得的数据接近，则说明光电管暗电流和本底电流较小，设备灵敏度高，稳定性好．

四、实验内容

1．选择手动模式，固定光强，测量光电管在不同频率入射光时的截止电压；

2．选择自动模式，固定入射光频率，测量光电管在不同光强时的伏安特性．

五、实验步骤与数据记录

（一）测试前准备

1．将 ZKY-GD-4 型光电效应实验仪及汞灯电源接通，汞灯及光电管暗箱的遮光罩都盖上，预热 20 min．

2．调整光电管与汞灯位置约为 40 cm 并保持不变；

3．确认光电管暗箱电压输入端与实验仪后面板的电压输出端连接正确．

（二）选择手动模式测量截止电压

1．将“伏安特性测试/截止电压测试”状态键设为“截止电压测试”，“电流量程”旋至 10^{-13} A 挡位，如图 7.27.7 所示．

2．实验仪调零．将光电管暗箱电流输出端与实验仪后面板的电流输入端断开，旋转“调零”旋钮使“电流指示”为“000.0”，“电压指示”为“----”．将光电管暗箱电流输出端与实验仪后面板的电流输入端连接起来，按“调零确认/系统清零”键，系统将进入测试状态．

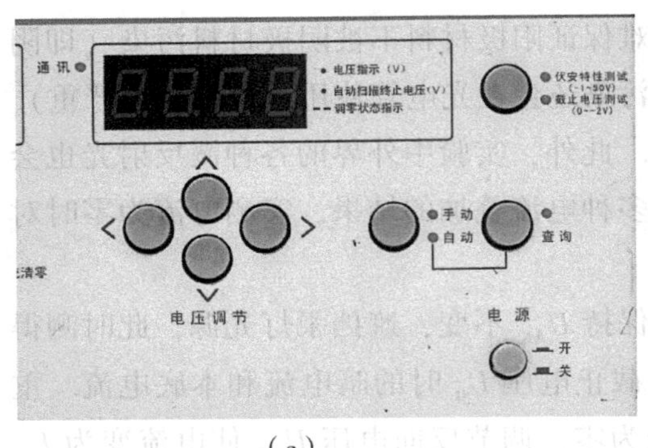

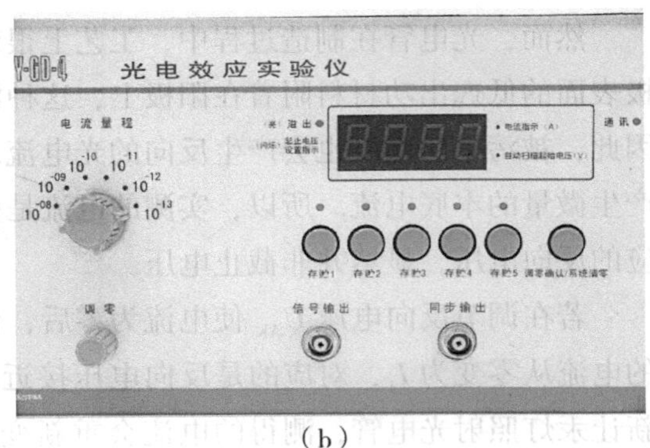

（a）　　　　　　　　　　（b）

图 7.27.7　光电效应实验仪控制面板（局部）

3. 使“手动/自动”模式处于“手动”状态.

4. 将直径 4 mm 的光阑和波长 365 nm 的滤光片装在光电管暗箱光输入口处，打开汞灯遮光盖.

5. 使用“电压调节”键“<”“>”“∧”“∨”调节 U_{AK} 的值，其中，“<”“>”用于选择调节位，“∧”“∨”用于调节数值. 由低到高调节 U_{AK} 值，观察电流值的变化，找到电流为零时对应的 U_{AK}，其绝对值即为 365 nm 波长对应的截止电压 U_0. 此方法为零电流法.（注意：调节 U_{AK} 值时，应从高位到低位，这样能尽快确定 U_0.）

6. 当电流为零时，保持 U_{AK} 不变，将汞灯遮光罩盖上，此时的电流从零变为 I_1，对应的是反向电压接近截止电压 U_0 时的暗电流和本底电流. 重新让汞灯照射光电管，电流将会重新变为零，此时，调节反向电压 U_{AK} 使电流变回 I_1，将此时的 U_{AK} 绝对值作为截止电压 U_0.

7. 依次换上波长 405 nm、436 nm、546 nm、577 nm 的滤光片，分别采用零电流法和补偿法，测量 5 种波长的光对应的截止电压 U_0（统一使用直径 4 mm 的光阑），将数据记入表 7.27.1.

表 7.27.1　不同频率入射光对应的反向截止电压

入射光波长/nm	365	405	436	546	577
入射光频率 ν/（$\times 10^{14}$ Hz）	8.22	7.41	6.88	5.49	5.20
截止电压 U_0/（V，零电流法）					
截止电压 U_0/（V，补偿法）					

（三）选择自动模式测量伏安特性

1. 将“伏安特性测试/截止电压测试”键设为“伏安特性测试”，“电流量程”旋至 10^{-10} A 挡位.

2. 实验仪调零. 将光电管暗箱电流输出端与实验仪后面板的电流输入端断开，旋转“调零”旋钮使得“电流指示”为“000.0”，“电压指示”为“----”. 将光电管暗箱电流输出端与实验仪后面板的电流输入端连接起来，按“调零确认/系统清零”键，系统将进入测试状态.

A：测量相同入射光强（直径 4 mm 的光阑、相同光电管与汞灯距离约 40 cm）下，不同入射光波长的伏安特性曲线.

（1）使“手动/自动”模式处于“自动”状态.

（2）将直径 4 mm 的光阑和波长 365 nm 的滤光片装在光电管暗箱光输入口，打开汞灯遮光盖.

（3）用“电压调节”键“<”“>”“∧”“∨”设置自动扫描起始电压和终止电压，建议分别设置为-1 V 和 50 V.

（4）按“存贮 1”键，仪器将先清除该存储区原有数据，等待约 30 s，然后以 1 V 的步长开始自动扫描，存储相应的电压、电流值.

（5）扫描完成后，“查询”指示灯亮起，表示仪器进入数据查询状态. 可用“电压调节”键改变电压值，此时显示的电流值即为刚刚扫描存储的数据. 将数据记入表 7.27.2.

（6）再按“查询”键，“查询”指示灯灭，仪器重新回复到扫描范围设置状态. 依次换上波长 405 nm、436 nm、546 nm、577 nm 的滤光片，重复上述测量，可分别将数据存储于存储区 2、3、4、5，将测得数据填入表 7.27.2（表格不够可以另加）.

表 7.27.2　固定入射光强、不同波长下的伏安特性

入射光波长 365 nm		入射光波长 405 nm		入射光波长 436 nm		入射光波长 546 nm		入射光波长 577 nm	
电压/V	电流/10^{-10} A	电压/V	电流/10^{-10} A	电压/V	电流/10^{-10} A	电压/V	电流/10^{-10} A	电压/V	电流/10^{-10} A

B：测量相同入射光波长（436 nm），不同入射光强（分别用直径 2 mm、4 mm 和 8 mm 的光阑、相同光电管与汞灯距离约 40 cm）的伏安特性曲线，考察光电管饱和光电流与入射光强的对应关系.

（1）使“手动/自动”模式处于“自动”状态.

（2）将直径 2 mm 的光阑和波长 436 nm 的滤光片装在光电管暗箱光输入口，打开汞灯遮光盖.

（3）用“电压调节”键“<”“>”“∧”“∨”设置自动扫描起始电压和终止电压，建议分别设置为-1 V 和 50 V.

（4）按“存贮 1”键，仪器将先清除该存储区原有数据，等待约 30 s，然后开始以 1 V 的步长开始自动扫描，存储相应的电压、电流值.

（5）扫描完成后，“查询”指示灯亮起，表示仪器进入数据查询状态．可用“电压调节”键改变电压值，此时显示的电流值即为刚刚扫描存储的数据．将数据记入表 7.27.3.

（6）再按“查询”键，“查询”指示灯灭，仪器重新回复到扫描范围设置状态．依次换上 4 mm 和 8 mm 的光阑，重复上述测量，可分别将数据存储于存储区 2、存储区 3，将测得数据填入表 7.27.3（表格不够可以另加）.

表 7.27.3　固定入射波长、不同光强下的伏安特性

入射光波长 365 nm					
2 mm 光阑		4 mm 光阑		8 mm 光阑	
电压/V	电流/10^{-10}A	电压/V	电流/10^{-10}A	电压/V	电流/10^{-10}A

（四）实验数据处理

1. 根据表 7. 27. 1 的数据，利用 Excel 或 Origin 软件作图（基于最小二乘法），作 U_0-ν 关系曲线（零电流法与补偿法都需要）. 根据拟合的直线斜率计算出普朗克常量 h，与公认值 $6.626\,07\times10^{-34}$ J · s 相比较，计算相对误差，分析零电流法与补偿法的结果差异.

2. 根据表 7. 27. 2 的数据，在同一坐标系内作出相同入射光强、不同入射光波长的伏安特性曲线.

3. 根据表 7. 27. 3 的数据，在同一坐标系内作出相同入射光波长、不同入射光强的伏安特性曲线.

六、注意事项

1. 滤光片使用时应保护好表面，以防打碎；

2. 更换光阑或滤光片时，先要将汞灯的遮光盖盖好，避免强光直射光电管，缩短光电管寿命；

3. 每次实验仪开机或改变电流量程后都要调零.

七、思考题

1. 实验过程中为什么要固定光源与光电管之间的距离？

2. 光源老化和光电管污染均会影响实验结果，该如何进行维护保养？

3. 什么是金属材料的逸出功？如果一种物质的逸出功为 2.0 eV，用它做光电管阴极时对应的截止频率是多少？

4. 为什么随着电压增大，光电流会达到某个饱和值？

八、实验拓展

电光效应

物理史话

普朗克与爱因斯坦

普朗克（Planck）（图 7.27.8），德国物理学家，被誉为“量子物理之父”. 1900 年，他在研究热辐射过程中，做出一个惊人的假设，这就是量子论. 17 世纪牛顿力学建立以来，自然过程连续性的观念就在物理学中根深蒂固，能量连续性被认为是理所当然的，量子论挑战了整个经典物理体系，甚至普朗克本人在论文发表后的 6 年间还一直试图把自己的理论纳入经典物理的结构中，但徒劳无功. 1905 年，爱因斯坦（Einstein）（图 7.27.9）提出光量子概念和光电效应方程，同样遭遇学术界的强烈抵制，这些理论亟待进一步的实验来检验. 美国实验物理学家密立根进行了长达 10 年的实验探索与不断改进，终于在 1916 年发表了精确的实验结果，支撑了量子论，完美证明了爱因斯坦的光电效应方程.

图 7.27.8　普朗克

图 7.27.9　爱因斯坦

1905 年堪称爱因斯坦奇迹年. 那一年，26 岁的爱因斯坦获得苏黎世大学博士学位，发表了光电效应方程、布朗运动理论、狭义相对论和质能关系等多领域的论文. 仅用四五年时间爱因斯坦便登顶世界科学之巅. 这固然是因为其自身的才华，但普朗克堪称他真正的“伯乐”. 史料记载，光电效应方程发表后，学术界反应异常冷淡，失落的爱因斯坦收到的第一封读者信件，正是来自 47 岁的普朗克，他当时担任普鲁士科学院院长，是学界领袖，德高望重. 普朗克知道爱因斯坦的光电效应方程与自己的量子论一脉相承，并且表达了对狭义相对论的欣赏. 普朗克的推动，使相对论很快成为学界讨论的热点．作为学术前辈，普朗克对爱因斯坦的发展给予源源不断的助力，邀请爱因斯坦担任柏林物理研究所所长、洪堡大学讲席教授，提名爱因斯坦为普鲁士科学院院士及德国物理学会会长，多次提名爱因斯坦为诺贝尔奖候选人．而普朗克在1918年获得诺贝尔物理学奖，提名人正是爱因斯坦．普朗克和爱因斯坦，两位物理学巨匠，惺惺相惜，留下了史上一段佳话．

实验28　多普勒效应实验

当波源和接收器之间有相对运动时，接收器接收到的波的频率与波源发出的频率不同，这种现象称为多普勒效应，因为1842年奥地利物理学家克里斯琴·约翰·多普勒首先提出了这一理论．多普勒效应在科学研究、工程技术、医疗诊断、交通管理等各方面有着广泛应用．例如：天文学家通过测量星球光谱的多普勒“红移”（频率变低），得出了宇宙在膨胀的结论．基于多普勒效应的雷达系统已广泛应用于导弹、卫星、车辆等运动目标速度的监测．医学上利用超声波的多普勒效应来检查人体内脏活动情况，血液流速等．本实验既可研究超声波的多普勒效应，又可利用多普勒效应将超声探头作为运动传感器，研究物体的运动状态．

一、实验目的

多普勒效应实验

1. 验证多普勒效应，利用多普勒效应测量声速；

2. 利用多普勒效应测量物体运动速率 V，利用 V-t 关系，研究多种运动行为．

二、实验仪器

多普勒效应综合实验仪（图7.28.1）．

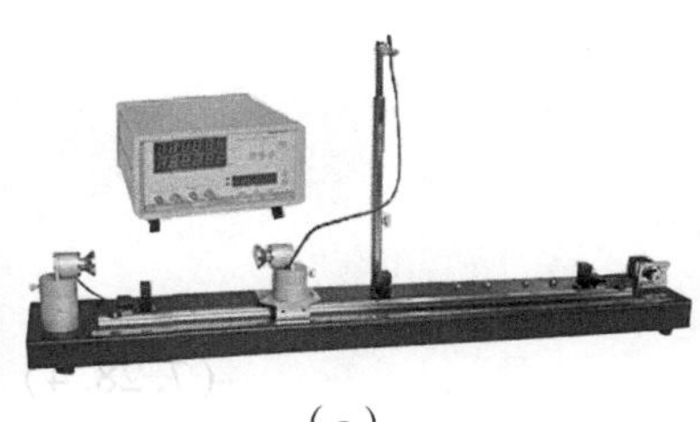

（a）

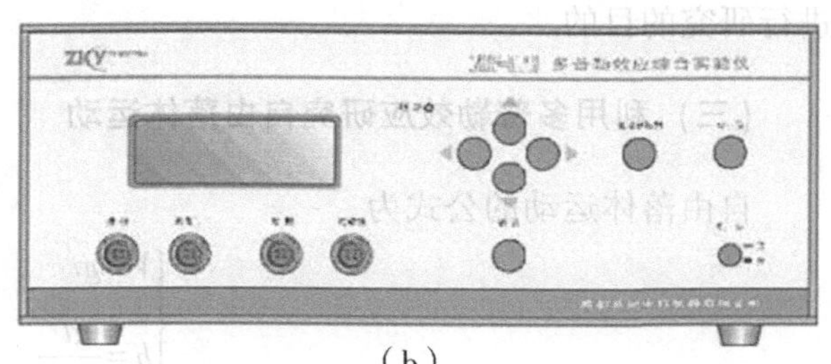

（b）

图7.28.1　多普勒效应综合实验仪

三、实验原理

（一）验证多普勒效应并利用多普勒效应公式测量声速

根据声波的多普勒效应公式，当声源与接收器之间有相对运动时，接收器接收到的频率 f_R 为

$$f_R=\frac{u+v_R\cos\theta_R}{u-v_S\cos\theta_S}f_S \tag{7.28.1}$$

式中，f_S 为声源的发射频率，u 为声速，v_R 为接收器的运动速率，θ_R 为接收器运动方向与声源和接收器连线之间的夹角，v_S 为声源的运动速率，θ_S 为声源运动方向与声源和接收器连线之间的夹角.

若声源保持不动，固定在运动物体上的接收器沿声源与接收器连线方向以速度 V 运动，则从式（7.28.1）可得出接收器接收到的频率为

$$f_R=\frac{u\pm V}{u}f_S=f_S\pm\frac{V}{u}f_S \tag{7.28.2}$$

当接收器向着声源运动时，式中的 V 取“+”（正）号，反之取“-”（负）号.

若保持声源发射频率 f_S 和声速 u 保持不变，接收器运动速度由电机控制，以不同速率通过光电门，仪器自动记录物体通过光电门时的运动速度 V 和与之对应的接收频率 f_R. 然后利用作图法求出 f_R-V 关系直线的斜率 k 即可. 因为 $k=f_S/u$，所以可计算出声速 u.

（二）利用多普勒效应测量运动物体的速率

由式（7.28.2）可推出接收器的运动速度

$$V=u\left(\frac{f_R}{f_S}-1\right) \tag{7.28.3}$$

若已知声速 u 及声源发射频率 f_S，通过设置使仪器以某种时间间隔对接收器接收到的频率 f_R 采样计数，由式（7.28.3）计算出接收器运动速度 V，通过查询有关测量数据，即可得出物体在运动过程中的速度变化情况，进而实现对物体运动状况及规律进行研究的目的.

（三）利用多普勒效应研究自由落体运动

自由落体运动的公式为

$$\begin{cases}V=gt\\ h=\dfrac{gt^2}{2}\end{cases} \tag{7.28.4}$$

如图 7.28.2 所示，带有超声接收器的接收组件自由下落，利用多普勒效应测量物体运动过程中多个时间点的速率，查看 $V-t$ 关系图和有关测量数据，即可得出物体在运动过程中的速率变化情况，进而计算出自由落体运动的加速度.

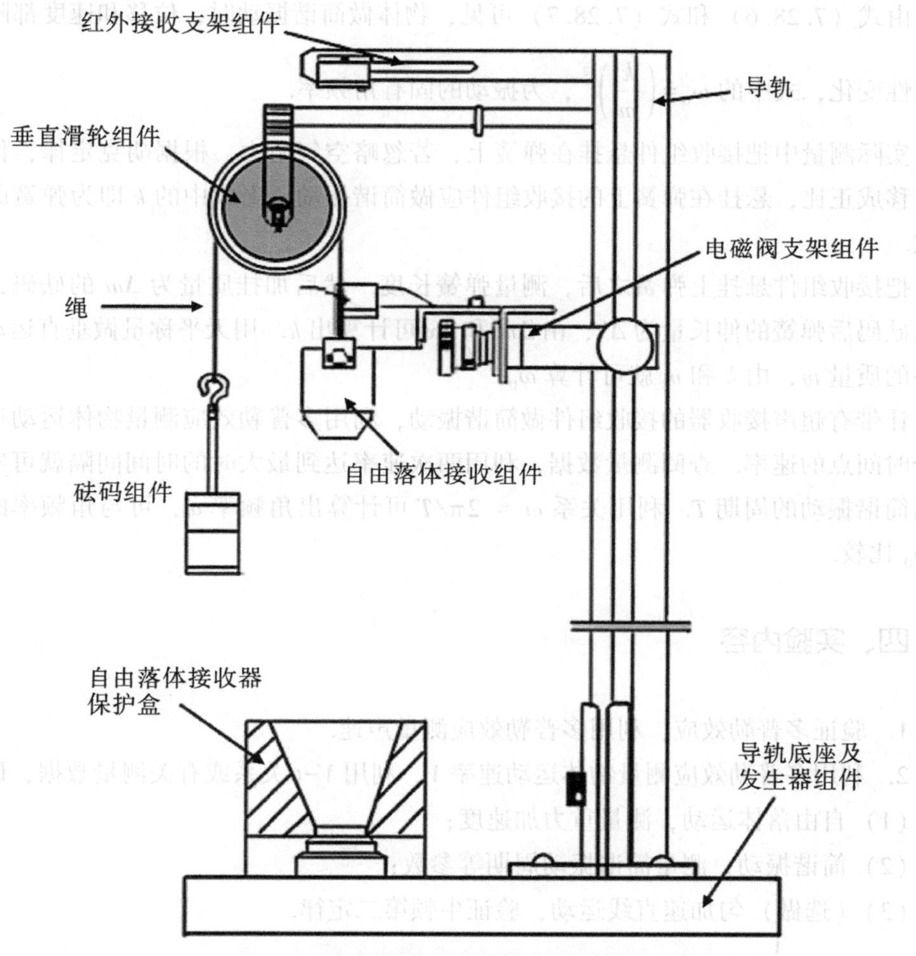

图 7.28.2　利用多普勒效应研究自由落体运动示意图

(四) 利用多普勒效应研究简谐振动

当质量为 m 的物体受到大小与位移成正比、方向指向平衡位置的力的作用时，若以物体的运动方向为 x 轴，则其运动方程为

$$m\frac{d^2x}{dt^2}=-kx \tag{7.28.5}$$

由上式描述的运动称为简谐振动. 当初始条件为 $t=0$，$x=-A_0$，$V=\frac{dx}{dt}=0$ 时，上式的解为

$$x=-A_0\cos\omega_0 t \tag{7.28.6}$$

将上式对时间 t 求导，可得速度为

$$V=\omega_0 A_0\sin\omega_0 t \tag{7.28.7}$$

由式（7.28.6）和式（7.28.7）可见，物体做简谐振动时，位移和速度都随时间周期性变化，式中的 $\omega_0=\left(\frac{k}{m}\right)^{\frac{1}{2}}$，为振动的固有角频率.

实际测量中把接收组件悬挂在弹簧上，若忽略空气阻力，根据胡克定律，作用力与位移成正比，悬挂在弹簧上的接收组件应做简谐振动，上式中的 k 即为弹簧的劲度系数.

把接收组件悬挂上弹簧之后，测量弹簧长度. 然后加挂质量为 Δm 的砝码，测量加挂砝码后弹簧的伸长量为 Δx，由 Δm 和 Δx 可计算出 k. 用天平称量做垂直运动接收组件的质量 m，由 k 和 m 就可计算 ω_0.

让带有超声接收器的接收组件做简谐振动，利用多普勒效应测量物体运动过程中多个时间点的速率. 查阅测量数据，利用两次速率达到最大时的时间间隔就可实际测量出简谐振动的周期 T. 利用关系 $\omega = 2\pi/T$ 可计算出角频率 ω，可与角频率的理论值 ω_0 比较.

四、实验内容

1. 验证多普勒效应，利用多普勒效应测量声速.
2. 利用多普勒效应测量物体运动速率 V，利用 V-t 关系或有关测量数据，研究：
(1) 自由落体运动，测量重力加速度；
(2) 简谐振动，测量简谐振动周期等参数；
(3)（选做）匀加速直线运动，验证牛顿第二定律.

五、实验步骤与数据记录

（一）验证多普勒效应并由测量数据计算声速

1. 观察显示屏上显示的接收器接收的频率 f_R 与接收器速度 V 的关系，直观验证多普勒效应.（**提示：若测量点成直线，则验证了多普勒效应**）

2. 根据表 7.28.1 中的数据，用作图法和线性回归法分别计算直线斜率 k，计算声速 u.

表 7.28.1　多普勒效应的验证与声速的测量

测量次数 i	1	2	3	4	5	6
V_i/（m · s^{-1}）						
f_{Ri}/Hz						

3. 将实验所得的声速 u 与声速的理论值 u_0 进行比较，计算相对误差.（**提示：声速理论值由** $u_0=331.45\times\sqrt{1+\frac{t}{273.15}}$ **计算，其中，t 表示室温，单位为℃**）

（二）研究自由落体运动，求自由落体加速度

1. 利用表 7.28.2 中的数据，求得速度 V 与时间 t 关系直线的斜率即为重力加速度 g.

表 7.28.2　自由落体运动的测量

测量点数 i	1	2	3	4	5	6	7	8	9	10
t_i/s	0.00	0.05	0.10	0.15	0.20	0.25	0.30	0.35	0.40	0.45
V_i/（m · s^{-1}）										
V_i/（m · s^{-1}）										
V_i/（m · s^{-1}）										
V_i/（m · s^{-1}）										

注：$t_i=0.05\ (i-1)$，其中，t_i 为第 i 次采样与第 1 次采样的时间间隔差.

2. 将多次测量的平均值作测量值 g，并与理论值 g_0 比较，计算相对误差.

（三）研究简谐振动

利用表 7.28.3 中的数据，求出实际测量的振子运动周期 T 及角频率 ω，计算振子的固有角频率 ω_0，计算相对误差.

表 7.28.3　弹簧劲度系数的测量

	1	2	3	4
Δm/kg				
Δx/m				
k/（kg · s^{-2}）				

注：$k=\Delta m\cdot g/\Delta x$.

表 7.28.4　简谐振动的测量

m/kg	k/（kg·s^{-2}）	ω_0/s^{-1}	N_{1max}	N_{11max}	T/s	ω/s^{-1}

注：m 为接收组件总质量，k 为弹簧劲度系数，$\omega_0=(k/m)^{1/2}$，$T=0.01(N_{11max}-N_{1max})$，$\omega=2\pi/T$.

（四）（选做）验证牛顿第二定律

设计方案验证牛顿第二定律.

六、注意事项

1. 使用仪器前，认真阅读仪器使用说明书；
2. 调谐及实验进行时，超声发射器和接收器之间不能有任何遮挡物.

七、思考题

1. 使用多普勒效应综合实验仪时，为什么要先输入室温？如果输入室温不准确，会影响哪些实验的结果？如何影响？

2. 研究自由落体运动的实验中，若接收器下落方向不是严格地在声源与接收器连线方向，会造成怎样的影响？

物理史话

克里斯琴·约翰·多普勒

图 7.28.3　克里斯琴·约翰·多普勒

克里斯琴·约翰·多普勒（Christian Johann Doppler，1803—1853）（图 7.28.3），奥地利物理学家及数学家. 1842 年，他发表了文章《双星的光色以及天空中的其他天体》，认为双星中朝向我们运动的那颗星光的频率变高，因而呈现蓝色，而远离我们运动的那颗星则呈现红色. 这篇文章的具体结论有的并不正确，但波源或观察者运动引起频率变化这样一个内核却得到科学界的认可，后人称之为多普勒效应. 多普勒是一位严谨的老师，曾经被学生投诉考试过于严厉而被学校调查．繁重的教务和沉重的压力使他的健康每况愈下．1850 年，他成为维也纳大学物理学院的首任院长，但却在 3 年后病逝于威尼斯，年仅 49 岁．

实验 29　高温超导体临界温度的电阻法测量

1911 年，荷兰莱顿大学的昂纳斯（Onnes）教授发现将水银冷却到 4.15 K 时，其电阻会急剧下降到零．昂纳斯将低温下物质表现零电阻的现象称为超导，具有这种超导电性的物质称为超导体，其电阻由有限值变为零时的温度称为临界温度或超导转变温度，记为 T_c．奇特的超导电性，具有巨大的应用潜能，吸引着研究者们不断寻找更高的 T_c．1986 年 4 月，德国物理学家贝德诺兹（Bednorz）和穆勒（Müller）创造性地提出在 La-Ba-Cu-O 系化合物中存在高 T_c 的可能性．这类超导体由于其 T_c 在液氮温度（77 K）以上，而称为高温超导体，其发现使得无须使用昂贵的液氦（4.2 K）做制冷剂即能获得超导现象，极大地促进了超导材料的实际运用．

一、实验目的

1. 了解超导现象及超导体的基本电磁性质；
2. 了解实验室常用的低温获得与温度的调节和测量手段；
3. 了解四引线法测电阻及铂电阻温度计测温的原理；
4. 掌握动态法测量高温超导体电阻-温度关系曲线，分析实验路线的优缺点并提出可能的改进方案．

二、实验仪器

（一）低温恒温器

低温恒温器的均温块是一块经过加工的紫铜块，利用其良好的导热性能来获得较好的温度均匀区，使固定在均温块上的样品和温度计的温度趋于一致．铜套的作用是使样品与外部环境隔离，减少样品温度波动．提拉杆采用低热导的不锈钢管以减少对均温块的漏热．定标过的铂电阻温度计与均温块既保持良好的热接触，又保证可靠的电绝缘．测试用的液氮杜瓦瓶宜采用漏热小、损耗率低的产品，要求其内部的温度梯度场的稳定性较好，有利于样品温度的稳定．为便于样品在液氮容器内上下移动，还要设计相应的提拉装置．

（二）测量仪器

FD-RT-C 型高温超导转变温度测量实验仪，如图 7.29.1 所示，是由安装了样品的低温恒温器，测温、控温仪器，数据采集、传输与处理系统，以及计算机组成，既能进行动态法实时测量，也能进行稳态法测量．运用动态测量法时可分别进行不同电流方向的升温和降温测量，以观察和检测因样品和温度计之间的动态温差造成的测量误差以及样品及测量回路中热电势对测量造成的影响．

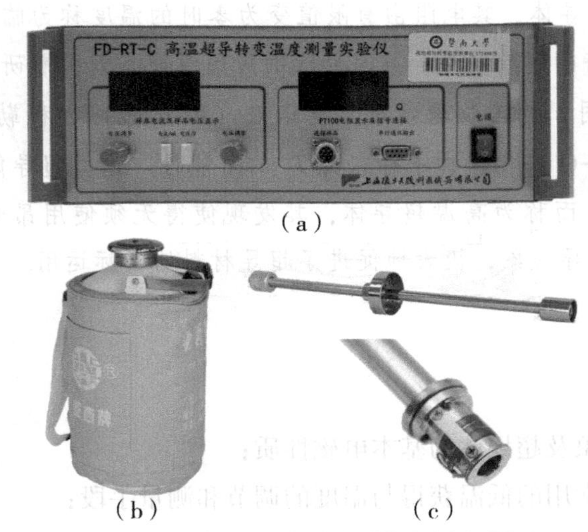

（a）

（b）　　（c）

图 7.29.1　FD-RT-C 型高温超导转变温度测量实验仪

三、实验原理

（一）临界温度 T_c 的定义

通常把外部条件（磁场、电流、应力等）维持在足够低的数值时，超导体的电阻随温度下降突然变为零时对应的温度称为超导临界温度．实际上，超导转变时，超导体的电阻变化是在一定的温度区间内发生，不是突然变为零的，如图 7.29.2 所示．

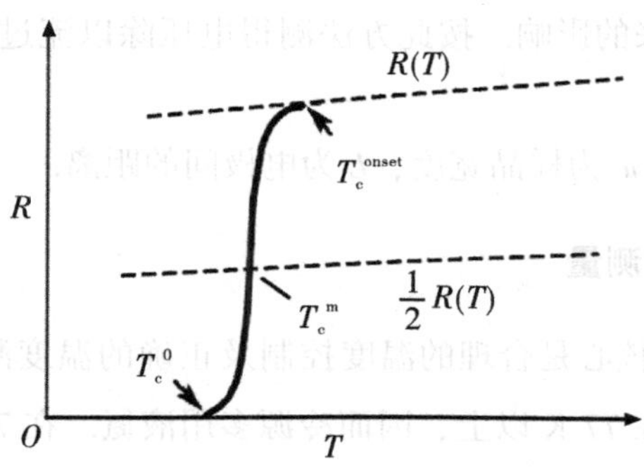

图 7.29.2　超导体的 R-T 特性及 T_c 的确定

起始温度 T_c^{onset} 为 R-T 曲线开始偏离线性对应的温度；中点温度 T_c^m 为电阻下降至起始温度电阻 R_c^{onset} 一半时的温度；零电阻温度 T_c^0 为电阻降至零时的温度. 超导转变宽度 ΔT 定义为 R_c^{onset} 下降到 90%及 10%对应的温度区间. 高 T_c 材料发现之前，对于金属、合金及化合物等超导体，在测试中一般将中点温度 T_c^m 定义为 T_c. 对于高 T_c 氧化物超导体，由于其转变宽度 ΔT 较宽，某些新试制样品的 ΔT 可达十几开. 为了准确描述，一般除了给出零电阻温度 T_c^0，还会给出起始温度 T_c^{onset} 和中点温度 T_c^m. 必须注意的是，所谓零电阻在测量中总是与测量仪表的精度、样品几何形状与尺寸、电极间距及流过样品的电流大小等因素有关，因此零电阻温度也与上述诸因素有关.

（二）样品电极制备与电阻测量

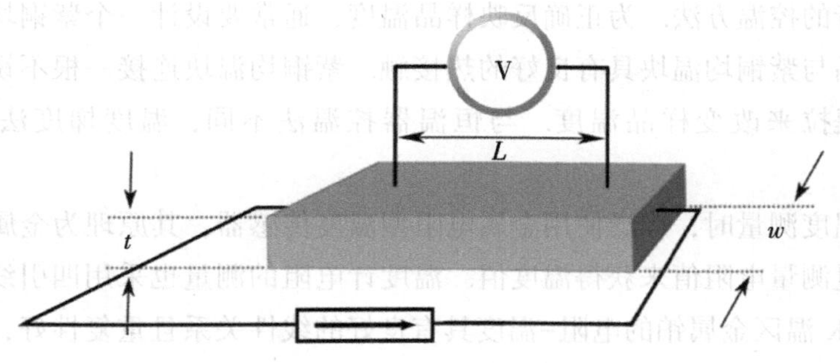

图 7.29.3　四引线法测电阻示意图

目前的高 T_c 氧化物超导材料多为质地松脆的陶瓷，即便是精心制作，电极与超导材料间的接触电阻也常达零点几欧姆，这与零电阻的测量要求显然是不符合的. 为消除接触电阻对测量的影响，常采用如图 7.29.3 所示的四引线法. 两端的电流引线与直流恒流电源相连，中间两根电压引线连接数字电压表或经数据放大器接至 X-Y 记录仪来测量样品电压. 按此接法，两端电流引线电阻、和样品的接触电阻与经由电压引线测得的电压无关；中间电压电极与样品间虽然也存在接触电阻且连接电压表的引线也有电阻，但由于电压测量回路的高输入阻抗特性，吸收电流极小，因此能避免引线和接触电阻对测量带来的影响．按此方法测得电压除以流过样品的电流，即为样品电压电极端间的电阻．

图中 t 为样品厚度，w 为样品宽度，L 为电极间的距离．

（三）温度的控制与测量

临界温度 T_c 的测量核心是合理的温度控制及正确的温度测量．目前高 T_c 氧化物超导材料的临界温度多在 77 K 以上，因而冷源多用液氮．在 77～300 K 温区，常采用如下两种方法进行控温．

1．普通恒温器控温法．

低温恒温器通常是指这样的实验装置，利用低温流体或其他方法，使样品处在恒定的或按所需方式变化的低温下，并能对样品进行一种或者多种物理量的测量．这里的普通恒温器控温法，一般是指恒温器内具有锰铜线或镍铬线绕制的电加热器，通过控制加热功率来平衡低温液池冷量，从而控制恒温器的温度稳定在某个所需的中间温度上．改变加热功率，可使平衡温度升高或降低．由于样品及温度计都安置在恒温器内并保持良好的热接触，因而样品的温度可以严格控制并被测量．这种控温方式的优点是控温精度较高，温度的均匀性较好，温度稳定的时间长．在进行电阻测量时，可以同时测量多个样品．由于这种控温法是点控制的，因此又称为稳态测量法．

2．温度梯度法．

利用存储液氮的杜瓦容器内液面以上空间存在的温度梯度来自然获取中间温度的一种简便可行的控温方法．为正确反映样品温度，通常要设计一个紫铜均温块，保证温度计、样品与紫铜均温块具有良好的热接触．紫铜均温块连接一根不锈钢管，借助不锈钢管的提拉来改变样品温度．与恒温器控温法不同，温度梯度法属于动态测量法．

在进行温度测量时，广泛使用金属电阻型温度传感器，其原理为金属的电阻温度效应，即通过测量电阻值来获得温度值．温度计电阻的测量也采用四引线法．由于在 13.8～630.7 K 温区金属铂的电阻-温度具有良好的线性关系且重复性好，所以铂电阻温度计被广泛使用．

（四）热电势及其消除

用四引线法测量样品电阻时，即便没有电流流过样品，电压端常能测量到几微伏至几十微伏的电压降，这来源于样品上的温度梯度导致的热电势．为什么放置在恒温器上的样品会出现温度的不均匀分布呢？这取决于样品与均温块热接触的状况．若样品简单地压在均温块上，样品与均温块之间的接触热阻较大．同时，样品本身有一定的热阻，也有一定的热容．当均温块温度变化时，样品温度的弛豫时间与上述热阻和热容有关，热阻与热容的乘积越大，弛豫时间越长，特别是在动态测量的情况下，样品各处的温度弛豫造成的温度分布不均匀不能忽略．即使在稳态测量时，若样品与均温块之间只是局部热接触（如不平坦的样品面与平坦的均温块接触），由于引线的漏热等因素，在样品内会形成一定的温度梯度．样品上的温差 ΔT 会引起载流子的扩散，产生热电势 E：

$$E=S\Delta T$$

式中，S 是样品的泽贝克系数，其单位是 μV/K.

对于高 T_c 超导样品，测量的电阻通常为 $10^{-5}\sim10^{-1}\ \Omega$，测量电流通常取 1～100 mA，照此计算，测量电流流过样品在电压引线端产生的电压降在 $10^{-3}\sim10^{-2}$ μV，因此热电势对测量的影响会很大，若不采取有效的测量手段予以消除，可能将良好的超导材料误作非超导，造成误判．为消除热电势对电阻测量的影响，通常采取下列措施：

1. 动态测量．一方面，应将样品制得薄且平坦．电极引线尽量采用较细的导线，例如直径小于 0.1 mm 的铜线．电极引线与均温块之间要建立良好的热接触，避免外界热量经电极引线流向样品．同时样品与均温块之间用导热良好的导电银浆粘接，以减少热弛豫带来的误差．另一方面，温度计的响应时间要尽可能短，与均温块的热接触也要好，测量中温度变化应相对缓慢．对于动态测量中电阻不能下降到零的样品，不能轻易得出非超导的结论，应该在液氮温度附近，通过后续的电流换向法来检查．

2. 稳态测量．当恒温器上的温度计达到平衡值时，观察样品电压电极间的电压降及叠加热电势值是否趋向稳定，稳定后可采用电流换向法：将恒流电源的电流 I 反向，分别得到电压测量值 V_A 和 V_B，则材料电压电极间的电阻为 $R=\dfrac{|V_A-V_B|}{2I}$，这样就能消除热电势对电阻测量的影响.

四、实验内容

1. 利用动态测量法分别测出超导样品升温和降温的电阻-温度关系；
2. 观察电流换向测试对实验曲线产生的影响.

五、实验步骤与数据记录

1. 开启仪器电源和超导体电阻测量软件.
2. 测量软件中“测量方式”选择“动态”.
3. 在计算机界面启动“数据采集”，调节“样品电流”为 100 mA.

4. 将恒温器插入装有液氮的杜瓦瓶内，降温速率由恒温器的位置决定，直至完全浸入液氮中；程序自动采集数据，并在屏幕上显示所测电压随温度变化的曲线.

5. 测量结束，点击“停止采集”，点击“保存数据”，降温测量结束.

6. 重新点击“数据采集”，逐渐将恒温器提升出杜瓦瓶，升温测量，重复上述步骤，保存数据.

7. 利用专用数据转换软件，将数据以 Excel 格式导出进行分析处理.

六、注意事项

1. 超导样品缠绕于恒温器末端，旋开外壳即可观察，但不要触摸以免损坏电极. 液氮温度极低，一定要注意安全. 不要让液氮溅到人的身体皮肤上，尤其是脸部和眼睛. 液氮气化时体积急剧膨胀，切勿将容器出气口封死. 液氮是窒息性气体，应保持实验室通风良好.

2. 动态法测量时，热弛豫的影响很大，可观察不同的升、降温速率对测试结果的影响.

3. 所有测量必须在同一次升、降温过程中完成，应避免样品温度剧烈波动. 如果实验失败或需要补充不足的数据，则必须将样品从杜瓦瓶中取出并用电吹风机加热，使其接近室温且温度计读数正常，再重做实验. 否则，所得到的数据点可能严重偏离真实曲线.

4. 从杜瓦瓶中取出样品时，要避免样品杆与杜瓦瓶口碰撞.

5. 不锈钢杜瓦瓶内壁较薄，应避免硬物撞击.

七、思考题

1. 举例说明超导材料有哪些具体应用，至少两项，每项 200 字以上.

2. 将样品由室温到浸入液氮这一降温过程所花的时间，和将样品从液氮中提升出恢复到室温所花的时间，哪一个更长？两个过程中各需要注意哪些因素才能使测试结果尽量可靠？

超导的发现与发展

1877 年，人们成功液化了氧，获得了 90 K 的低温，发展了低温技术. 随后，氮、氢等气体相继被液化. 1908 年，荷兰莱顿大学的昂纳斯（Onnes）教授成功液化了氦，达到了 4.2 K 的低温. 在此基础上，他的小组进一步研究导体在低温下的导电性质. 1911 年，他们发现并命名了超导现象：温度高于 T_c 时，超导体和普通导体一样具有电阻，处于正常态；温度低于 T_c 时，超导体电阻为零，处于超导态. 昂纳斯因此获得了 1913 年诺贝尔物理学奖. 1933 年，德国物理学家迈斯纳（Meissner）在研究处于超导态的锡单晶球的磁场分布时发现，磁力线不能穿过锡单晶球体内，球内的磁场为零，即处于超导态的锡球具有完全抗磁性，即为迈斯纳效应. 随后更多的实验证明，完全抗磁性与零电阻是超导电性两个最基本的特性.

奇特的超导电性，具有巨大的潜在应用价值，吸引着研究者们不断寻找更高的超导转变温度甚至在常温下即可实现超导转变的材料. 经过 70 多年的努力，1986 年，人们才获得了最高临界温度 23 K 的 Nb_3Ge 材料. 1986 年 4 月，德国物理学家贝德诺兹（Bednorz）和穆勒（Müller）（图 7.29.4）创造性地提出在 La-Ba-Cu-O 系化合物中存在高 T_c 超导的可能性. 1987 年初，中国科学院物理研究所赵忠贤等在该体系中发现了 $T_c=48$ K 的超导电性. 同年 2 月，美籍华裔科学家朱经武在 Y-Ba-Cu-O 体系中发现了 $T_c=90$ K 的超导电性. 1988 年 1 月，日本科学家 Hirashi Maeda 等制备出 $T_c=106$ K 的 Bi-Sr-Ca-Cu-O 系超导体. 同年 3 月，美国 IBM 的 Almaden 等在 Tl-Ba-Ca-Cu-O 体系中实现了 $T_c=125$ K. 这类超导体由于其临界温度在液氮温度（77 K）以上，因此被称为高温超导体，其发现使得无须使用昂贵的液氦（4.2 K）做制冷剂即能观察到超导现象，极大地促进了超导材料的实际运用. 贝德诺兹和穆勒因此获得了 1987 年度诺贝尔物理学奖.

图 7.29.4　贝德诺兹和穆勒

实验 30　太阳能电池的特性测量

太阳能电池（Solar Cells），亦称光伏电池，是一种将太阳光辐射能直接转换为电能的半导体器件. 通过封装多个太阳能电池，可制成太阳能电池组件. 根据实际需求，将多个组件组合成具有一定功率的太阳能电池方阵，并与储能装置、测量控制装置以及直流—交流变换装置等配套使用，即可构成太阳能电池发电系统，也称为光伏发电系统. 该系统具有无需消耗传统能源、使用寿命长、维护简便、使用灵活、功率可任意组合、无噪音、无污染等优点.

在实验中，通过对太阳能电池进行短路电流和开路电压的测量，以及在不同负载电阻下的电流和电压输出测量，可以绘制太阳能电池的伏安特性曲线和光照特性曲线. 这些曲线能够全面反映太阳能电池的性能. 基于这些测量数据，可以进一步计算太阳能电池的填充因数、转换效率等关键参数，为太阳能电池的应用、研究和开发提供重要的实验依据.

一、实验目的

1. 熟悉太阳能电池的工作原理；
2. 太阳能电池光电特性测量.

二、实验仪器

太阳能电池实验装置包括：太阳能电池 2 块（图 7.30.1）、插件板（A4 大小）（图 7.30.2）、万用表 2 个（附带表笔）（图 7.30.3）、卤素灯（图 7.30.4）、电压范围为 2~12 V 的稳压源（图 7.30.5）.

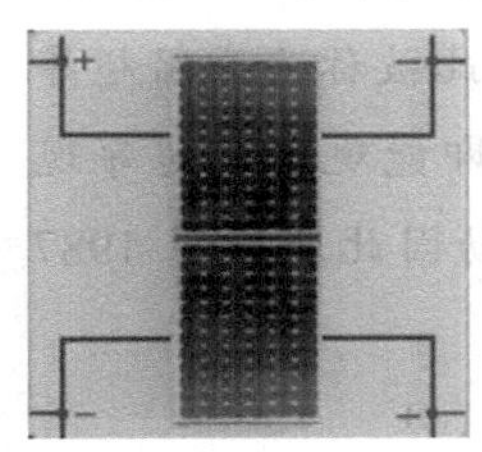

图 7.30.1　太阳能电池

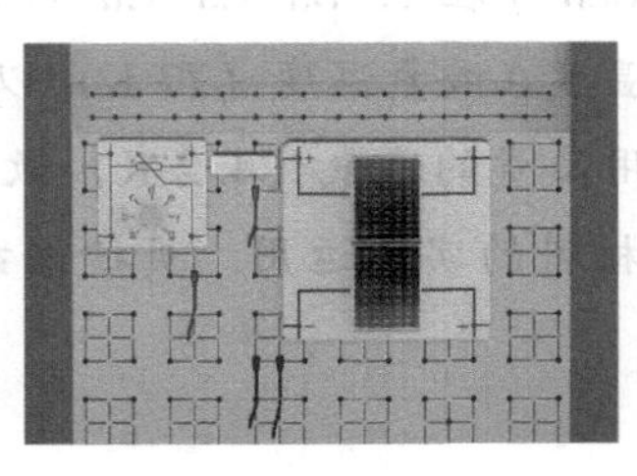

图 7.30.2　插件板

图 7.30.3　万用表

图 7.30.4　卤素灯

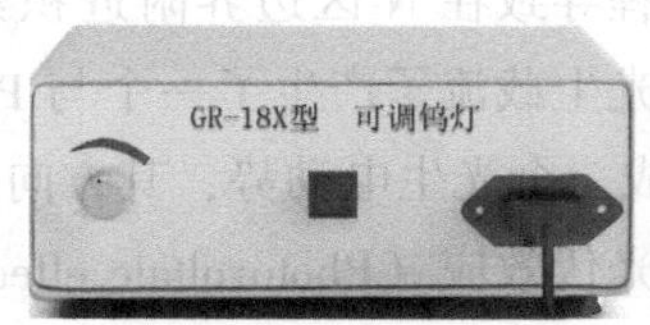

图 7.30.5　稳压源

三、实验原理

（一）太阳能电池板结构

传统的硅太阳能电池是以硅半导体材料为基础，通过在硅片中掺杂不同类型的杂质，形成大面积的 PN 结结构（图 7.30.6）．该结构通过串联或并联的方式连接，以满足不同的电压和电流需求．在 N 型半导体材料的表面，通常通过金属化工艺制作金属栅线，形成面接触电极，用于收集光生载流子；而在电池的背面，也通过金属化工艺制作一层金属膜，作为背面接触电极，用于引出电流．

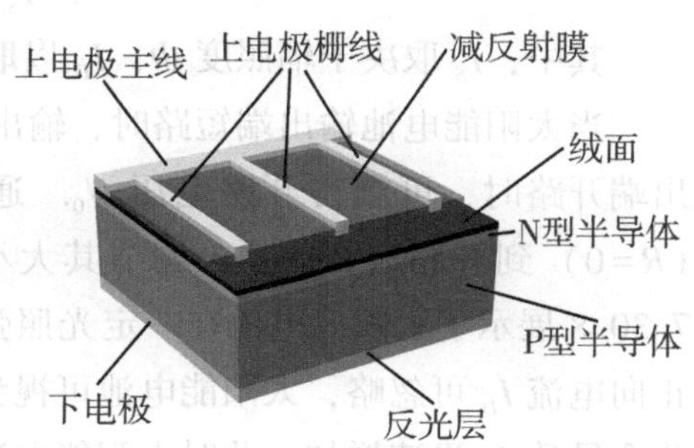

图 7.30.6　硅太阳能电池板结构图

为了减少太阳光在硅片表面的反射损失，提高光的吸收效率，通常在电池表面覆盖一层减反膜．这种减反膜能够有效降低光的反射率，增加光的透过率，从而提高太阳能电池的光电转换效率．

（二）光伏效应

当光照射到半导体材料的 PN 结时，若入射光子的能量大于该半导体材料的禁带宽度 E_g，则会在 p 区、n 区以及 PN 结附近激发出电子—空穴对．在 PN 结附近的 n 区和 p 区中产生的少数载流子，由于存在浓度梯度，会向浓度较低的区域扩散．

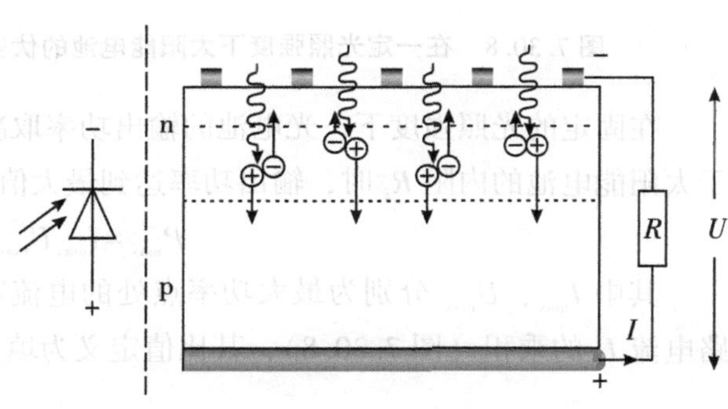

图 7.30.7　太阳能电池的工作原理

如果少数载流子与PN结的距离在其扩散长度范围内，它们将有一定概率扩散至PN结界面处．这些扩散到PN结界面的少数载流子，以及在PN结区内产生的电子—空穴对，会在PN结的内建电场作用下发生分离：光生电子被推向n区，光生空穴被推向p区．这一过程导致在N区边界附近积累光生电子，在p区边界附近积累光生空穴．这些积累的光生载流子产生了一个与PN结内建电场方向相反的光生电场，进而在PN结两端形成一个光生电动势，其方向是从P区指向N区．这种由光照引起的电势差现象被称为光伏效应（Photovoltaic effect）．

（三）太阳能电池的特性参数

太阳能电池的工作原理基于光伏效应．如图7.30.7所示，在无光照条件下，太阳能电池可视为一个二极管，其正向偏压下的电流 I_D 从p区流向n区．当光照作用于太阳能电池时，会产生一个从n区流向p区的光生电流 I_S．因此，当连接负载电阻 R 时，实际输出电流 I 可表示为光生电流与二极管电流之差

$$I=I_S(\Phi)-I_D(U) \tag{7.30.1}$$

其中，I_S 取决于辐照度 Φ，I_D 以取决于端电压 U.

当太阳能电池输出端短路时，输出电流即为短路电流 I_{SC}，等于光生电流 I_S．当输出端开路时，可测得开路电压 U_0．通过在电路中接入可变负载电阻 R，并从短路（$R=0$）到开路（$R\to\infty$）调节其大小，可以测量太阳能电池的输出特性曲线．图7.30.8展示了太阳能电池在一定光照强度下的伏安特性曲线．在小负载电阻情况下，正向电流 I_D 可忽略，太阳能电池可视为恒流源；而在大负载电阻情况下，电压微小变化会导致 I_D 迅速增加，此时太阳能电池相当于恒压源.

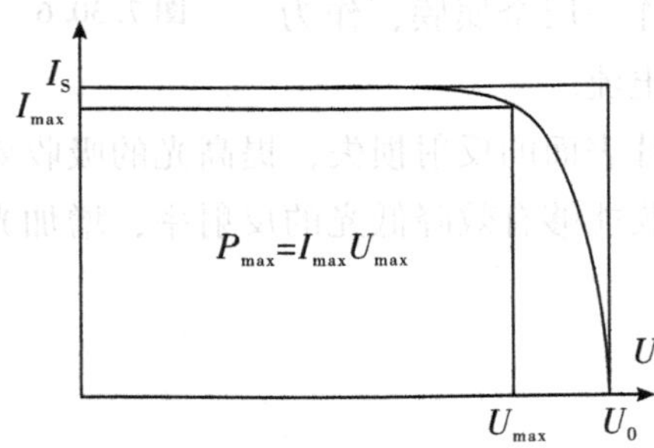

图7.30.8　在一定光照强度下太阳能电池的伏安特性（I_{max}，U_{max}：最大功率点）

在固定的光照强度下，光电池的输出功率取决于负载电阻，负载电阻 R_{max} 近似等于太阳能电池的内阻 R_i 时，输出功率达到最大值P_{max}.

$$P_{max}=I_{max}U_{max} \tag{7.30.2}$$

其中 I_{max}，U_{max} 分别为最大功率点处的电流和电压．P_{max} 小于开路电压，U_0 和短路电流 I_S 的乘积（图7.30.8），其比值定义为填充因数

$$F=\frac{P_{max}}{U_0 I_S} \tag{7.30.3}$$

填充因数是衡量太阳能电池性能的重要参数，反映了电池输出特性曲线接近矩形的程度，进而决定了光电转换效率. 填充因数越大，光电转换效率越高，其典型值在 0.65~0.85 之间，高性能太阳能电池的填充因数可更高.

在实际应用中，多个太阳能电池可以通过串联或并联的方式组合使用. 串联连接可增加开路电压 U_0，而并联连接可增加短路电流 I_S. 在本实验中，将两个太阳能电池串联，并在四种不同光照强度下记录其电流和电压特性. 通过改变光源距离和功率来调节光照强度.

四、实验内容

1. 通过对太阳能电池基本特性的测量，了解和掌握它的特性和有关的测量方法.
2. 测量不同照度下太阳能电池的伏安特性、开路电压 U_0 和短路电流 I_S.
3. 确定太阳能电池的最大输出功率 P_{max} 以及相应的负载电阻 R_{max} 和填充因数.

五、预习问题

1. 什么是光伏效应？
2. 太阳能电池工作原理及应用.

六、实验步骤与数据记录

（一）主窗口介绍

点击开始实验后，桌面上有万用表、表笔、太阳能电池板（包括 2 块电池和 1 个可变电阻）、光源、光源电源，如图 7.30.9.

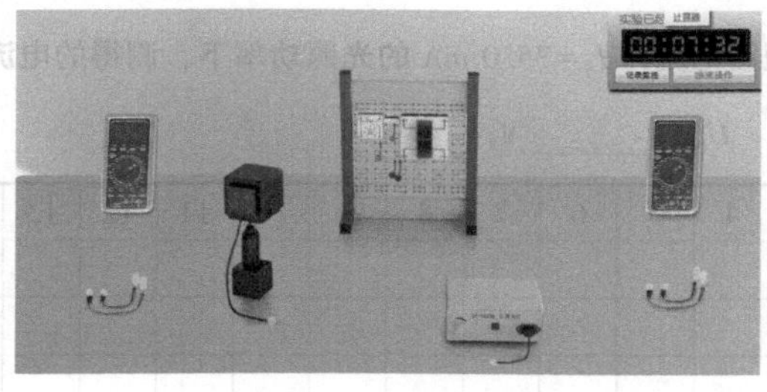

图 7.30.9　实验主场景图

（二）电路连线

1. 把太阳能电池、可变电阻与电流表串联，电压表与电池的两端并联. 打开电源让光照射到电池上，即可测量太阳能电池的输出特性曲线.

2. 双击万用表可以看到放大图，将万用表作为电流表时，量程选择在 200 mA，作为电压表时，量程选择在 20 V. 接线时注意黑表笔连接接地端，红表笔连接电流或电压插孔. 双击电池板可弹出放大图，以调节可变电阻大小. 双击电源可在放大图里调节光源亮度. 连接好的电路如图 7.30.10 所示.

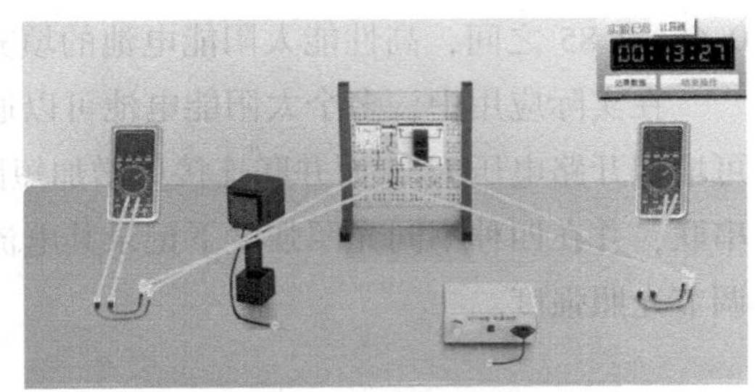

图 7.30.10　测太阳能电池特性测量电路连接

3. 打开电池板放大图，将可变电阻值调节至 0.

4. 调节光照功率，使短路电流为 45 mA；然后断开电路，记录此时的开路电压.

5. 逐渐增大电阻值，记录太阳能电池的电压和电流，记录数据至表 7.30.1.

6. 把电阻值再次减小至 0，调节光照功率，分别使电流大小为 35 mA、25 mA 和 15 mA，重复步骤 4、5，数据记录至表格 7.30.2、7.30.3、7.30.4 中.

7. 由短路电流和开路电压计算电池的内阻，与输出功率最大时对应的负载电阻值相比较，填于表 7.30.5. 将最大输出功率、开路电压与短路电流的乘积，以及填充因数，填于表 7.30.6.

表 7.30.1　短路电流为 $I_S=45.0$ mA 的光照功率下，测得的电流值和电压值

第一组：$I_S=45.0$ mA，$U_0=$________V.

测量次数	1	2	3	4	5	6	7	8	9	10	11	12	13	14	15	16	17	18
U/V																		
I/mA																		
R/Ω																		
P/mW																		

表 7.30.2　短路电流为 $I_S=35.0$ mA 的光照功率下，测得的电流值和电压值

第二组：$I_S=35.0$ mA，$U_0=$________V.

测量次数	1	2	3	4	5	6	7	8	9	10	11	12	13	14	15	16	17	18
U/V																		
I/mA																		
R/Ω																		
P/mW																		

表 7.30.3　短路电流为 $I_S=25.0$ mA 的光照功率下，测得的电流值和电压值

第三组：$I_S=25.0$ mA，$U_0=$________V.

测量次数	1	2	3	4	5	6	7	8	9	10	11	12	13	14	15	16	17	18
U/V																		
I/mA																		
R/Ω																		
P/mW																		

表 7.30.4　短路电流为 $I_S=15.0$ mA 的光照功率下，测得的电流值和电压值

第四组：$I_S=15.0$ mA，$U_0=$______V

测量次数	1	2	3	4	5	6	7	8	9	10	11	12	13	14	15	16	17	18
U/V																		
I/mA																		
R/Ω																		
P/mW																		

表 7.30.5　最大电阻 R_{max} 及由 $r=\frac{U_0}{I_S}$ 得到的内阻值

测量组	第一组	第二组	第三组	第四组
R_{max}/Ω r/Ω				
$\frac{R_{max}}{r}$				

表 7.30.6　最大输出功率与填充因数

测量组	第一组	第二组	第三组	第四组
P_{max}/mW				
$\frac{U_0}{I_S}$/mW				
F				

8. 根据表 7.30.1～表 7.30.4 的数据，画出太阳能电池的输出特性曲线.

七、思考题

1. 温度会对太阳能电池带来什么影响？

2. 测量所得输出最大功率时对应的电阻 R，与太阳能电池的内阻存在一定差异，其产生差异的原因是什么？

太阳能电池发展历程

1839 年，法国物理学家亚历山大·埃德蒙·贝克勒尔（Alexandre-Edmond Becquerel）在导电液体实验中首次观察到光照能够增强电流的现象，这一发现标志着光伏效应的首次被记录．此后，太阳能电池技术经历了长达一百多年的缓慢发展．直到 1954 年 4 月 25 日，美国贝尔实验室的三位科学家——达尔·查平（Daryl Chapin）、杰拉德·皮尔逊（Gerald Pearson）和卡尔文·富勒（Calvin Fuller）成功研制出单晶硅太阳能电池，这一成果被认为可能开启一个新时代，即人类可以利用几乎无限的太阳能资源．这三位科学家最初的目标是为传统电池性能不足的远程通信系统开发一种可靠的替代能源．当时已有的硒基半导体太阳能电池效率过低，无法满足实际应用需求．经过数月的系统性研究和开发，他们于 1954 年 4 月 25 日成功制造出第一个具有实用功能的太阳能组件原型，其光电转换效率为 6%．在随后的几十年中，太阳能电池的效率提升较为缓慢．直到最近 20 年，随着光伏产业的工业化进程加速以及技术的快速进步，硅太阳能电池的效率才显著提高至约 25%，接近其理论物理极限．2008 年，为了表彰这三位科学家在太阳能电池领域的开创性贡献，他们被追授荣誉并入选美国国家发明家名人堂．

图 7.30.11　美国科学家查平、皮尔逊和富勒

第三编　设计性与研究性实验

设计性与研究性实验是在学生掌握了一定的实验基础后开展的，学生在调研相关理论知识、了解实验设备的基础上，自己设计实验方案，选择实验方法和设备，自主完成实验项目，包括将实验数据与预测结果进行比较及对模型和设备进行调整，体会物理实验的复杂和迭代过程.

设计性与研究性实验一般以团队的形式进行，采用较为灵活的教学组织形式，同时运用综合性评价方案，促进学生团队合作和创新能力的提升。本部分为设计性与研究性实验的教学活动提供了以下内容：

1. 以小组进行的教学活动的组织方式；
2. 教学活动需要对学生小组提供的支持；
3. 教学过程中如何实现项目难度的调整；
4. 设计性与研究性实验教学的评价方案；
5. 有多种可比较方案的设计性实验项目；
6. 可进行深入研究的实验项目.

第八章
设计性实验

实验 31 重力加速度的测量

地球表面重力加速度是最重要、最常见的物理量之一．它是一个随地域不同而改变的物理常数．在一个固定的地方，它又因受到天体物理的多项因素的影响而随时间改变．自 1590 年伽利略发现了物体受地球重力场作用而自由下落的规律，并用比萨斜塔实验验证了物体自由下落的速度与物体的质量无关以来，精确测定地球表面的重力加速度，一直是物理学家关注的课题．人们发现不同地区和不同高度的重力加速度存在的异常现象，可以揭示地球的内部结构、质量分布和运动状态，也可以应用于工程、导航和天文等领域．

一、任务要求

1. 设计实验方案（含原理）；
2. 制作/搭建测量重力加速度的实验装置；
3. 测量本地区的重力加速度，要求相对不确定度小于 0.5%，即$\frac{u_g}{g}\leqslant 0.5\%$；
4. 给出实验结果并讨论测量精度和不确定度．

二、可用仪器

FB818 型力学综合实验仪、光电计时计数、微秒仪、钢卷尺、游标卡尺、实心小球、烧杯、量筒、可调高度的铁架台、细绳、圆柱形金属体、数字显示式测力计、电子秤等．

三、设计提示

重力加速度常见测量方法有单摆法、复摆法、落球法、阿基米德法、滴水法等，并且不断有新方法被提出.

以下介绍单摆法和复摆法测重力加速度.

（一）单摆法测重力加速度

取 l 为单摆的长度，θ 为绳和垂直平面的线的夹角，θ_0 为 θ 的最大值，m 为重物的质量. 由于重物沿圆周运动，故重力沿运动轨迹的切向分量为 $mg\sin\theta$，重物的角加速度为 $a_t=l\dfrac{d^2\theta}{dt^2}$，运动方程为

$$ml\frac{d^2\theta}{dt^2}=-mg\sin\theta \tag{8.31.1}$$

其摆动周期 T 与摆角 θ 的关系可以用级数表示：

$$\begin{aligned}T&=2\pi\sqrt{\frac{L}{g}}\left[1+\left(\frac{1}{2}\right)^2+\sin^2\frac{\theta}{2}+\left(\frac{1\times3}{2\times4}\right)^2\sin^4\frac{\theta}{2}+\left(\frac{1\times3\times5}{2\times4\times6}\right)^2\sin^6\frac{\theta}{2}+\cdots\right]\\&=2\pi\sqrt{\frac{L}{g}}\left\{\sum_{n=0}^{\infty}\left[\frac{(2n)!}{2^{2n}(n!)^2}\right]^2\sin^{2n}\frac{\theta}{2}\right\}\end{aligned}\tag{8.31.2}$$

取二级近似，有

$$T=2\pi\sqrt{\frac{L}{g}}\left(1+\frac{1}{4}\sin^2\frac{\theta}{2}\right)\tag{8.31.3}$$

当单摆幅度很小（$\theta<5°$）时，其周期 T 为

$$T=2\pi\sqrt{\frac{L}{g}}\tag{8.31.4}$$

由此，可计算重力加速度

$$g=\frac{4\pi^2L}{T^2}\tag{8.31.5}$$

（二）复摆法测重力加速度

复摆是一刚体绕固定的水平轴在重力作用下做微小摆动的动力运动体系，刚体绕固定轴 O 在竖直平面内左右摆动，G 是该物体的质心，与 O 的距离为 h，θ 为其摆动角度. 复摆振动周期为

$$T=2\pi\sqrt{\frac{I}{mgh}}\tag{8.31.6}$$

设 I_G 为转轴过质心且与 O 轴平行时的转动惯量，根据平行轴定理可知

$$I=I_G+mh^2 \tag{8.31.7}$$

对于固定刚体，I_G 是固定的，故只需改变质心到转轴的距离如 h_1、h_2，刚体摆动周期分别为

$$T_1=2\pi\sqrt{\frac{I_G+mh_1^{\ 2}}{mgh_1}} \tag{8.31.8}$$

$$T_2=2\pi\sqrt{\frac{I_G+mh_2^{\ 2}}{mgh_2}} \tag{8.31.9}$$

为使公式简化，取 $h_2=2h_1$，合并上面两式得

$$g=\frac{12\pi^2 h_1}{2T_2^{\ 2}-T_1^{\ 2}} \tag{8.31.10}$$

（三）估算方法

以单摆法为例，由式（8.31.5），可得 g 的相对不确定度表示式：

$$\frac{u_g}{g}=\left[\left(\frac{u_l}{l}\right)^2+\left(\frac{u_T}{T}\right)^2\right]^{\frac{1}{2}} \tag{8.31.11}$$

按照不确定度的等量分配原则，有

$$\left(\frac{u_l}{l}\right)^2=\frac{1}{2}\left(\frac{u_g}{g}\right)^2 \tag{8.31.12}$$

$$\left(\frac{u_T}{T}\right)^2=\frac{1}{2}\left(\frac{u_g}{g}\right)^2 \tag{8.31.13}$$

1. 单摆摆长的测量.

取 l 为单摆的长度，l_1 是绳长，d 是小球直径，l_2 是绳长与小球直径的和，测量单摆的摆长有三种方法：①$l=\frac{l_1+l_2}{2}$；②$l=l_1+\frac{d}{2}$；③$l=l_2-\frac{d}{2}$.

l_1 和 l_2 使用直尺测量，d 使用螺旋测微器测量，根据实验的要求和式（8.31.12），通过误差估算确定更合适的方法.

2. 测量次数的确定.

在测量摆动时间时通常只考虑两类误差：计时的仪器误差和人的反应误差. 仪器误差（Δt_1）为 0.01 s（电子秒表），而反应误差则产生于开始计时和停止计时，通常认为是 0.2 s，因此取误差最大情况 $\Delta t_2=\Delta t_3=0.2$ s.

根据实验要求和式（8.31.13），可估算摆动的总时间 t 及周期（估算时 g 取为 9.8 m/s^2）. 利用关系 $t=nT$ 就可以得到摆动次数 n 的下限，同时考虑到实验中的随机误差影响，确定出 n 的最终取值. n 的最终取值应比设计值稍大一些，但不要相差得太多.

(四) 中国部分城市重力加速度

重力加速度的大小随着地理纬度和海拔高度而改变. 此外，地球内部密度的非均匀分布，导致某些地区有重力异常现象.

表 8. 31. 1 中国部分城市的重力加速度

城市	纬度（北）	$g/(\mathrm{m/s^2})$	城市	纬度（北）	$g/(\mathrm{m/s^2})$
北京	39°56′	9. 801 51	南宁	22°48′	9. 787 93
张家口	40°48′	9. 799 85	香港	22°18′	9. 787 69
天津	39°09′	9. 801 06	开封	34°47′	9. 796 60
太原	37°47′	9. 796 84	大连	38°55′	9. 801 1
济南	36°41′	9. 798 58	成都	30°39′	9. 791 34
郑州	34°45′	9. 796 65	贵阳	26°35′	9. 796 8
徐州	34°18′	9. 796 64	哈尔滨	45°45′	9. 806 65
西安	34°16′	9. 791 36	长春	43°54′	9. 804 76
南京	32°04′	9. 794 94	海口	20°02′	9. 786 3
上海	31°12′	9. 794 60	合肥	31°50′	9. 794 7
宜昌	30°42′	9. 793 12	吉林	43°52′	9. 804 80
武汉	30°33′	9. 793 59	昆明	25°04′	9. 783 63
安庆	30°31′	9. 793 57	拉萨	29°39′	9. 779 9
杭州	30°16′	9. 793 62	青岛	36°03′	9. 798 49
重庆	29°34′	9. 791 52	沈阳	41°48′	9. 803 5
南昌	28°40′	9. 792 08	石家庄	38°02′	9. 799 73
长沙	28°12′	9. 791 63	乌鲁木齐	43°45′	9. 801 46
福州	26°06′	9. 789 10	包头	40°39′	9. 798 6
厦门	24°27′	9. 789 17	唐山	39°36′	9. 801 64
广州	23°06′	9. 788 31	呼和浩特	40°49′	9. 798 64

注：地球各点的重力加速度的近似公式：$g=g_0\,(1-0.002\,65\cos\theta)+\dfrac{2h}{R}$，其中，$g_0=9.906\,65\ \mathrm{m/s^2}$ 为地球标准重力加速度，θ 为测量点的地球纬度，h 为测量点海拔高度，R 为地球半径.

实验 32　电阻的测量

电阻是电学中最基本的物理量之一，电阻大小与导体的尺寸、材料和温度等有关. 电阻的测量是电学测量的基础，如判断电路的通断、了解绝缘电阻的数值是否满足要求等，许多地方都需要用到它. 正确而便捷地选择合适的测量仪表及设备是电力工作人员必须掌握的技能.

一、任务要求

1. 设计实验方案（含原理）；
2. 制作/搭建测量电阻的实验装置；
3. 测量待测电阻的阻值，要求相对不确定度小于 0.5%，即 $\frac{u_g}{g} \leqslant 0.5\%$；
4. 给出实验结果并讨论测量精度和不确定度.

二、可用仪器

直流稳压电源、交流电阻箱、直流电阻箱、滑线变阻器、电容箱、标准电感、数字电压表、数字电流表、检流计、示波器、信号发生器、晶体管毫伏表.

三、设计提示

测电阻常用方法有：

1. 直接法：采用直读式仪表（如万用表的欧姆挡）测量电阻；
2. 比较法：采用比较仪表（如直流电桥）测量电阻；
3. 间接法：先测量与电阻有关的量，然后通过相关公式计算出被测电阻，如伏安法测量电阻、RC 法测电阻.

（一）伏安法测量电阻

伏安法是一种利用电压与电流之间的相互关系进行结果分析的方法. 测量电阻时，分别使用电压表和电流表测量电阻的电压和电流，根据电路欧姆定律 $R=\frac{V}{I}$ 计算电阻. 伏安法测电阻有两种测量电路：内接法与外接法，指的是电流表相对于电压表的位置（图 8.32.1）. 由于电压表和电流表存在内阻，内接时，电流表测量值为真实值，而电压表测量值比真实值要大，电阻测量的结果就比真实值要大；外接时，电流表测量值比真实值要大，而电压表测量值为真实值，电阻测量的结果就比真实值要小.

取待测电阻值为 R，电流表内阻为 R_A，电压表内阻为 R_V，可以粗略按照 R 和 $\sqrt{R_A R_V}$ 的比值确定实验电路：R 大用电流表内接法，$\sqrt{R_A R_V}$ 大则用外接法.

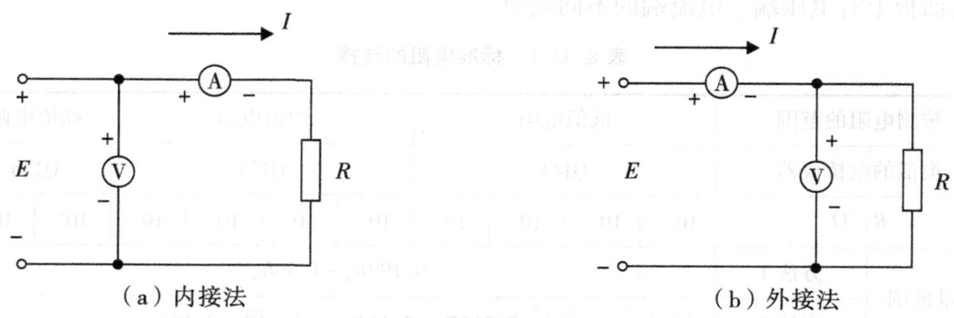

图 8.32.1　电流表内接和电流表外接的电路图

（二）伏安法测量电阻的电路的改进

使用伏安法测量电阻时，由于电路损耗等原因，在实际测量中往往会通过对电压或电流进行补偿，从而提高被测电阻的准确性. 图 8.32.2 的两个测电阻的电路分别能够消除内接法和外接法带来的误差.

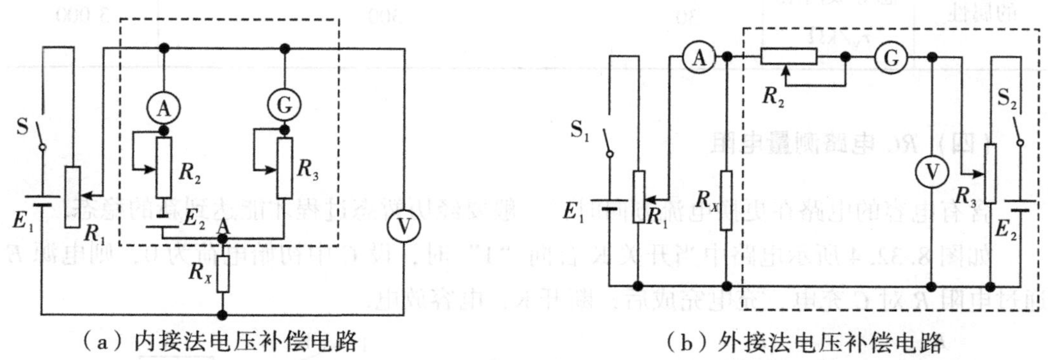

图 8.32.2　内接法电流补偿电路与外接法电压补偿电路

（三）比较法测量电阻

电压比较法是一种间接测量电阻的方法，电路原理简图如图 8.32.3 所示. 图中稳压电源的电动势为 E，电源等效内阻为 r_E（包括外电路的引线电阻），被测对象为 R_X，比较测量用的标准电阻为 R_N. 等效内阻为 r_V 的数字电压表通过开关可以分别测量 R_N 与 R_X 上的电压 V_N 和 V_X. $r_V \to \infty$ 时可得

$$R_X=\frac{V_X}{V_N}R_N \qquad (8.32.1)$$

当电压表内阻较小时上式似乎不能成立，但实际上忽略 r_E 时上式是恒等式.

对于低值电阻、中值电阻和高值电阻三种不同的被测对象，标准电阻 R_N 采用不同的值，如表 8.32.1 所示. 切换开关在测量低值电阻时严格运用四端接法，实验装置在面板上有电压端、电流端的不同端钮.

表 8.32.1 标准电阻的选择

<table>
<tr><td colspan="2">被测电阻的范围</td><td colspan="4">低值电阻</td><td colspan="4">中值电阻</td><td colspan="2">高值电阻</td></tr>
<tr><td colspan="2">类似的电桥仪器</td><td colspan="4">QJ44</td><td colspan="4">QJ23</td><td colspan="2">QJ36</td></tr>
<tr><td colspan="2">R_N/Ω</td><td>10^{-2}</td><td>10^{-1}</td><td>10^{0}</td><td>10^{1}</td><td>10^{2}</td><td>10^{3}</td><td>10^{4}</td><td>10^{5}</td><td>10^{6}</td><td>10^{7}</td></tr>
<tr><td rowspan="2">测量范围</td><td>方法 1</td><td colspan="10">$0.199R_N \sim 1.99R_N$</td></tr>
<tr><td>方法 2</td><td colspan="10">$0.316R_N \sim 3.16R_N$ （$\sqrt{10}\approx 3.16$）</td></tr>
<tr><td colspan="2" rowspan="2">电源选择</td><td colspan="4">低电压，0.02~1 V</td><td colspan="6">1.0~19 V 连续可调</td></tr>
<tr><td colspan="4">大电流，0~5 A</td><td colspan="6">不大于 30 mA</td></tr>
<tr><td colspan="2">电压表量程/V</td><td colspan="4">0.199 99</td><td colspan="6">1.999 9</td></tr>
<tr><td rowspan="2">电压表的属性</td><td>量程/V</td><td colspan="4">0.199 99</td><td colspan="6">1.999 9</td></tr>
<tr><td>总等效内阻 $r_V/\mathrm{k}\Omega$</td><td colspan="2">30</td><td colspan="6">300</td><td colspan="2">3 000</td></tr>
</table>

（四）RC 电路测量电阻

含有电容的电路在更换电流方向时，一般要经历暂态过程才能达到新的稳态.

如图 8.32.4 所示电路中当开关 K 合向“1”时，设 C 中初始电荷为 0，则电源 E 通过电阻 R 对 C 充电，充电完成后，断开 K，电容放电.

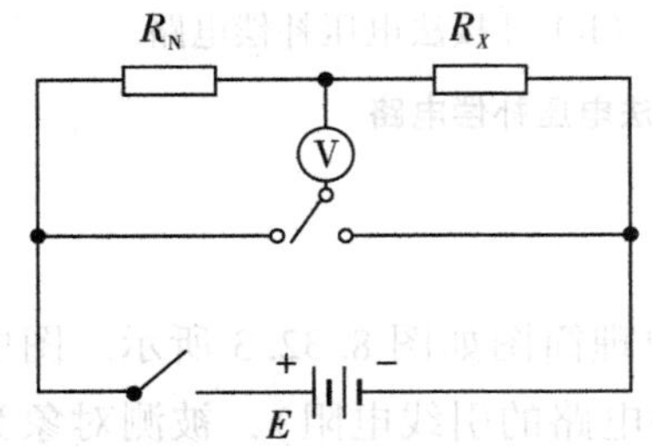

图 8.32.3 比较法电路

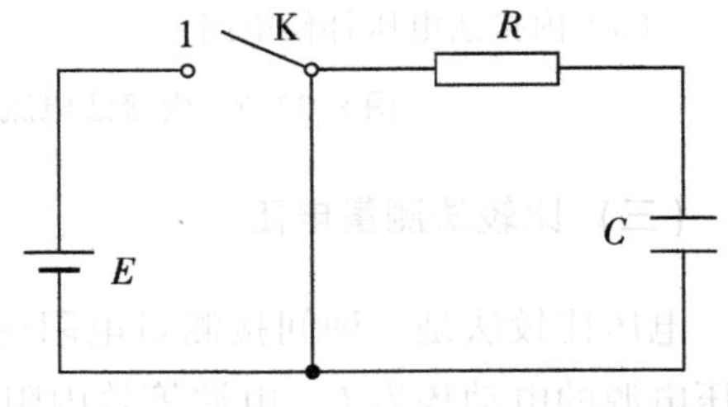

图 8.32.4 RC 串联电路

其充电方程为

$$\frac{\partial U_C}{\partial t}+\frac{1}{RC}U_C=\frac{E}{RC} \tag{8.32.2}$$

放电方程为

$$\frac{\partial U_C}{\partial t}+\frac{1}{RC}U_C=0 \tag{8.32.3}$$

可求得充电过程时

$$U_C=E\left(1-e^{-\frac{t}{RC}}\right) \tag{8.32.4}$$

$$U_R=E\cdot e^{-\frac{t}{RC}} \tag{8.32.5}$$

放电过程时

$$U_C=E\cdot e^{-\frac{t}{RC}} \tag{8.32.6}$$

$$U_R=-E\cdot e^{-\frac{t}{RC}} \tag{8.32.7}$$

令 $\tau=RC$，称为 RC 电路的时间常数. 用信号发生器的方波信号代替图中的电源和换向开关，可从示波器测得 RC 暂态曲线（图 8.32.5），求得时间常数（放电过程，当 $t=\tau$ 时，$U_C=Ee^{-1}\approx0.368\ E$），电容 C 已知，则可以求得电阻值 R.

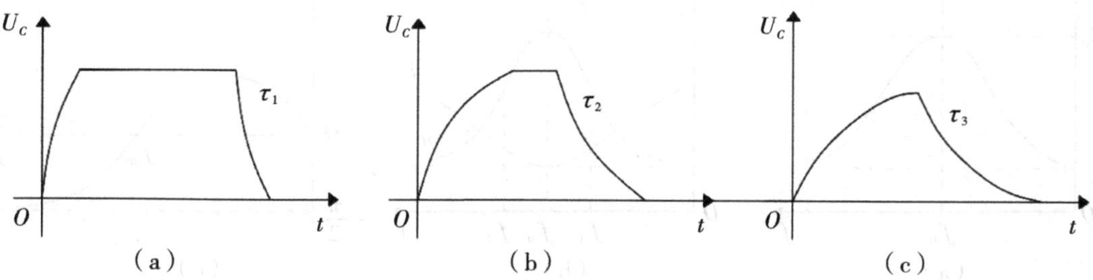

图 8.32.5 不同 τ 值的 U_C 变化示意图

根据时间常数 τ，选择合适的方波频率，一般要求方波的周期 $T>10\tau$，这样能较完整地反映暂态过程，并且选用合适的示波器扫描速度，以完整地显示暂态过程.

用时间常数测得的电阻是电路中存在的全电阻，包括信号源内阻和外电路电阻，计算被测电阻时应除去信号源内阻.

（五）RLC 并联电路谐振法测量电阻

电路中如果同时存在电感和电容元件，那么在一定条件下会产生谐振现象.

在如图 8.32.6 所示电路中，电路的总阻抗 $|Z|$、电流 I 与电压 U 的位相差 φ 有以下关系：

$$|Z|=\sqrt{\frac{R^2+(\omega L)^2}{(1-\omega^2LC)^2+(\omega RC)^2}} \tag{8.32.8}$$

$$\varphi=\arctan\frac{\omega A-\omega C\left[R^2+(\omega L)^2\right]}{R} \tag{8.32.9}$$

可以求得并联谐振角频率：

$$\omega_0=2\pi f_0=\sqrt{\frac{1}{LC}-\left(\frac{R}{L}\right)^2} \tag{8.32.10}$$

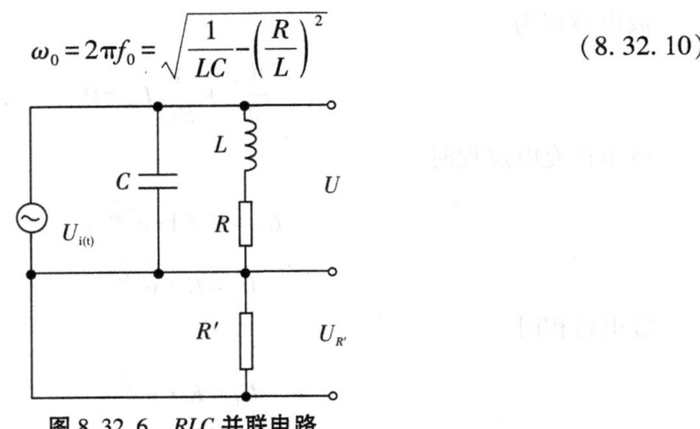

图 8.32.6　*RLC* 并联电路

图 8.32.7 给出了 *RLC* 并联电路的阻抗、电压（电流）和相位差随频率的变化关系．品质因数 $Q=\frac{\omega_0 L}{R}=\frac{1}{R\omega_0 C}$．

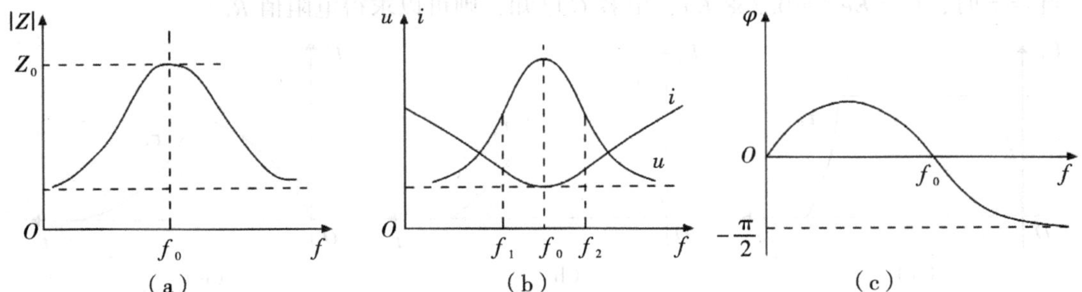

图 8.32.7　*RLC* 并联电路的阻抗特性、幅频特性、相频特性

由以上分析可知 *RLC* 并联电路对交流信号具有选频特性，在谐振频率点附近，电阻上的电流有最小值．调节信号发生器的频率，用晶体管毫伏表观察电阻两端电压变化，电压达到最低点所对应的信号频率就是谐振频率，将此频率及已知的电感、电容值代入式（8.32.10），便可计算得出待测电阻值．

实验 33　透镜焦距的测量

薄透镜是构成光学仪器的基本元件，在生产、科研、国防等方面都有广泛的应用，从身边的眼镜、放大镜、摄像镜头，到用来触及星辰大海的望远镜，薄透镜贯穿着我们生活的方方面面．透镜的焦距是反映透镜特性的基本参数之一，决定了透镜成像的规律及透镜的应用场景．

一、任务要求

1. 设计实验方案（含原理）；
2. 制作/搭建研究透镜焦距的实验装置；
3. 测量凸透镜和凹透镜焦距，要求相对不确定度小于 0.5%，即 $\frac{u_g}{g} \leqslant 0.5\%$；
4. 给出实验结果并讨论测量精度和不确定度．

二、可用仪器

He-Ne 激光器、半导体激光器、钠光灯、分光计、光功率计、读数显微镜、测微目镜、扩束器、光屏、透光十字、狭缝、凸透镜、凹透镜、光具座、刻度尺、半透半反镜、小孔光阑、双棱镜等．

三、设计提示

焦距是薄透镜最重要的物理性质之一，测量方法众多，几何光学及波动光学的成像规律都可以应用．常见方法有物距像距法、双激光法、多缝衍射法、自准直法、光电法、平行光管法、组合透镜法等，并且不断有新方法被提出．

（一）物距像距法测量凸透镜焦距

透镜成像的规律：

$$\frac{1}{u}+\frac{1}{v}=\frac{1}{f} \tag{8.33.1}$$

式中，u 为物距，v 为像距，f 为焦距，u、v 和 f 均从透镜的光心 O 算起．

如图 8.33.1 所示，当物 AB 在透镜焦点 F 以外，且在有限距离时，物体发出的光线经过凸透镜折射后，将在透镜的另一侧成倒立的实像 A′B′. 测出物距 u 和像距 v 后，代入式（8.33.1），即可算出透镜的焦距：

$$f=\frac{uv}{u+v} \tag{8.33.2}$$

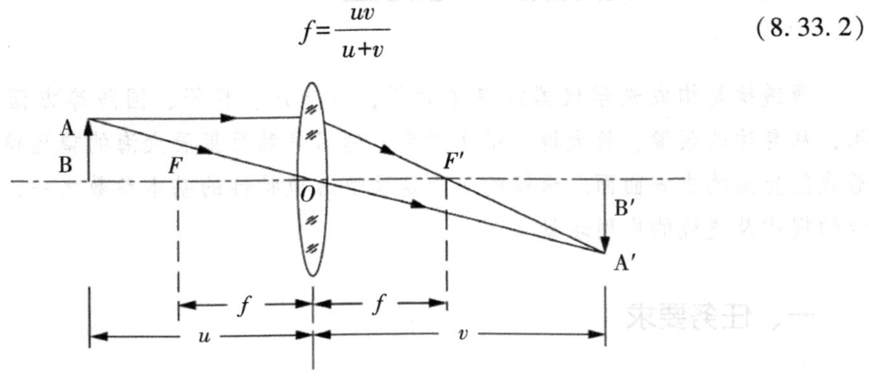

图 8.33.1　凸透镜成像光路图

需要注意：薄透镜成像公式在近轴光线的条件下才能成立，应选用一小物体，把它的中点调到透镜的主光轴上，或在透镜前适当位置上加一光阑以挡住边缘光线，使入射到透镜的光线与主光轴夹角很小. 对于由多个透镜等光学元件组成的光路，应使各光学元件主光轴的重合及使其平行于光具座之导轨，称为“同轴等高”.“同轴等高”的调节是光学实验中必不可少的步骤.

（二）双激光法测量凹透镜焦距

如图 8.33.2 所示，两个固定的激光器发射出两束激光照射到凹透镜上，在透镜平面上形成的光点间距为 d_3，经过凹透镜后在白屏上形成的两个光斑间距为 d_1，凹透镜中心到白屏的距离为 L. 撤掉凹透镜，两光束相交于 P 点，在白屏上形成的光斑间距为 d_2. P 为两束激光模拟的虚物，P′为虚像.

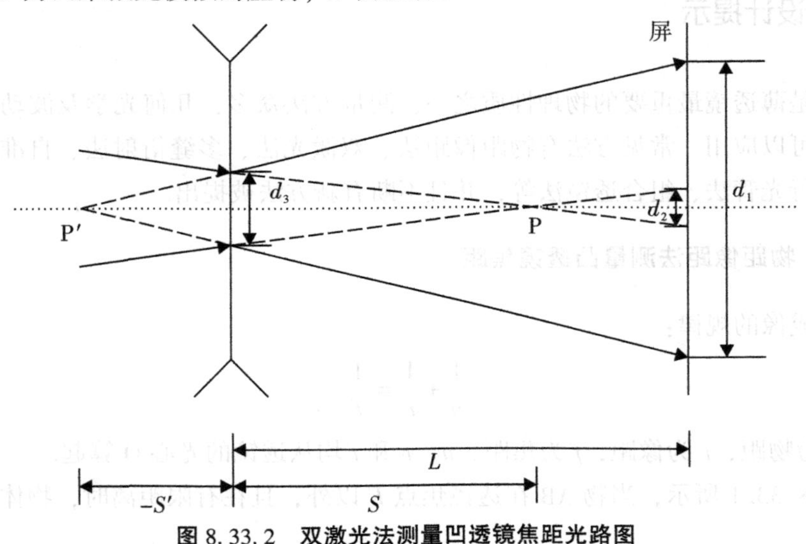

图 8.33.2　双激光法测量凹透镜焦距光路图

根据几何学中相似三角形性质可得

$$\frac{d_2}{d_3}=\frac{L-S}{S},\quad \frac{d_1}{d_3}=\frac{L-S'}{-S'}$$

推得

$$S=\frac{d_3}{d_2+d_3}L,\quad S'=\frac{d_3}{d_2+d_3}L$$

由透镜的高斯成像公式

$$\frac{1}{S}-\frac{1}{S'}=\frac{1}{f} \tag{8.33.3}$$

可得

$$f=-\frac{d_3}{d_1+d_2}L \tag{8.33.4}$$

（三）多缝衍射法测量凸透镜焦距

如图 8.33.3（a）所示，衍射光栅、透镜和观察屏都与纸面垂直，观察屏放在透镜的焦平面上. 波长为 λ 的平行光照射到衍射光栅，经透镜聚焦后在观察屏上形成明暗相间的条纹. 根据夫琅禾费衍射原理，多缝衍射现象是干涉和衍射的共同效应. 平行光照射多缝时，每个狭缝都在 P 点产生衍射场，由于这些场均来自同一光源，彼此相干，将产生干涉效应，使观察屏上的光强重新分布.

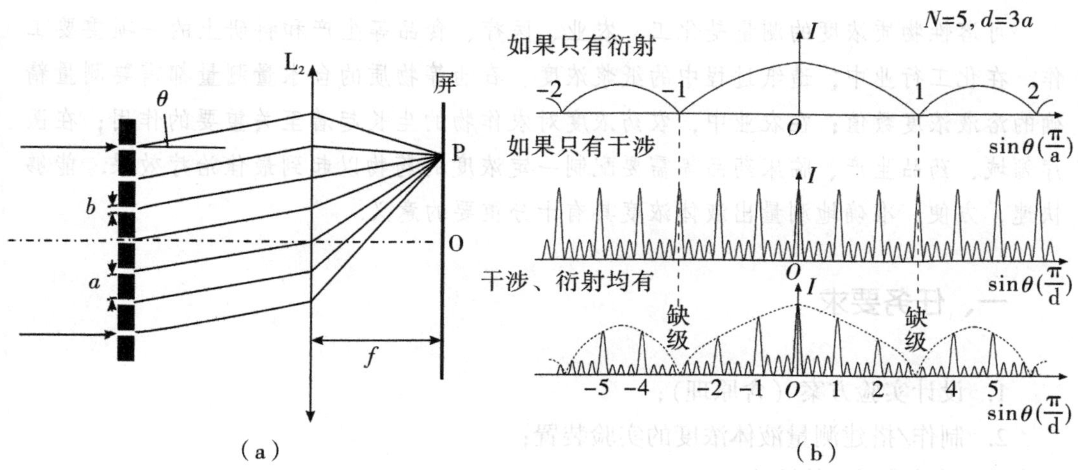

图 8.33.3　衍射光栅原理图

设光栅不透光缝宽为 a，透光缝宽为 b，相邻狭缝的间距为 d（也叫光栅常数，$d=a+b$），单位长度上的刻痕数量 $N=\frac{1}{d}$，则 P 点的光强为

$$I=I_0\left(\frac{\sin\alpha}{\alpha}\right)^2\left[\frac{\sin\ (N\beta)}{\sin\beta}\right]^2 \tag{8.33.5}$$

式中：$\alpha=\frac{\pi b\sin\theta}{\lambda}$是单缝上、下边缘到 P 点产生光场的相位差；$\beta=\frac{\pi b\sin\theta}{\lambda}$是相邻两个间距为 d 的平行等宽狭缝在 P 点产生光场的相位差；$\left(\frac{\sin\alpha}{\alpha}\right)^2$是单缝衍射因子，只与单缝本身性质有关；$\left[\frac{\sin\ (N\beta)}{\sin\beta}\right]^2$是多光束干涉因子，源于狭缝周期性排列.

多缝衍射图样特性可以由多光束干涉和单缝衍射特性确定，实际上也可看作是等振幅、等相位差多光束干涉受到单缝衍射的调制［图 8.33.3（b）］，主极大明条纹由缝间干涉．当满足 $d\sin\theta=m\lambda$ 时，光强出现极大值.

在图 8.33.3（a）中，当 $m=0$ 时，图中轴上 O 点为 0 级极大值点位置；当 $m=1$ 时，轴上 P 点为 1 级极大值点位置，两者间距为 h，被测凸透镜的焦距计算公式为

$$f=\frac{h}{\tan\theta}\approx\frac{hd}{\lambda} \tag{8.33.6}$$

式中，θ 为光栅的 1 级衍射角，满足光栅方程 $d\sin\theta=\lambda$.

实验 34　液体浓度的测量

可溶性物质浓度的测量是化工、农业、医疗、食品等生产和科研上的一项重要工作．在化工行业中，造纸过程中的纸浆浓度、石油等物质的含水量测量都需要测量精确的溶液浓度数值；在农业中，农药浓度对农作物的生长起着至关重要的作用；在医疗领域，药品生产、临床药品等需要配制一定浓度的药物以起到最佳治疗效果．能够快速、方便、准确地测量出液体浓度具有十分重要的意义.

一、任务要求

1. 设计实验方案（含原理）；
2. 制作/搭建测量液体浓度的实验装置；
3. 测量透明液体浓度；
4. 给出实验结果并讨论测量精度和不确定度.

二、可用仪器

钠光灯、He-Ne 激光器、分光计、分光仪、劈尖、凸面镜、小孔光阑、光具座、液体三棱镜、长木板、量角器、刻度尺、玻璃棒、电源、读数显微镜、烧杯、量筒、电子天平、3D 打印机、激光切割机、数码相机、摄像头等.

三、设计提示

对液体浓度的测量有直接测量和间接测量两种方式：直接测量是指直接对液体浓度进行测量. 间接测量是指对液体的折射率、声速、电导率等进行测量，再通过它们与浓度的关系，间接得到液体浓度. 常用的测量液体浓度的方法有密度法、旋光效应法、折射率法、色谱法等.

（一）密度法

溶液的浓度可以通过测定溶液密度来反映，对于已知浓度 c、质量为 m_0 的溶液，只需要测量其体积 V_0，就能计算其密度，得到密度和浓度之间的关系曲线.

物体在液体中因流体压力差会受到浮力的作用，根据阿基米德原理可得，物体所受到的浮力为

$$F=\rho g V_{排} \tag{8.34.1}$$

式中，ρ 为液体的密度，$V_{排}$ 为物体排开液体的体积.

量筒中装有的浓度为 c_1 的溶液，量筒示数为 V_0；放入质量为 m 的柱状物块，漂浮于容器中，量筒示数变为 V_1. 分析物块受力可得

$$mg=\rho g\ (V_1-V_0) \tag{8.34.2}$$

当溶液的浓度变化时，密度也随之变化，可以得到密度和浓度之间的关系曲线.

（二）旋光效应法

当一束平面偏振光通过某些晶体或物质的溶液时，其振动方向发生改变，此时光的振动面将以光的传播方向为轴线旋转一定的角度，这种现象称为旋光现象，旋转的角度称为旋光度.

旋光度的大小除了取决于被测分子的立体结构外，还受到待测溶液的浓度、偏振光通过溶液的厚度（即样品管的长度）、温度、所用光源的波长、所用溶剂等因素的影响，这些因素在测定结果中都要表示出来. 常用比旋光度来表示物质的旋光性，比旋光度，即单位浓度和单位长度下的旋光度，是旋光性物质的物理常数. 比旋光度 α

和旋光度 θ 的关系如下：

$$\theta=\alpha\cdot c\cdot L \tag{8.34.3}$$

式中，c 为液体的浓度（g/mL），L 为液层的厚度（cm）．实验系统中，在确定容器和旋光物质的情况下，α 与 L 均为常数，上式可写为

$$\theta=Kc \tag{8.34.4}$$

式中，K 为常数，$K=\alpha L$．由此即可测得液体的浓度．

（三）折射率法

折射率是光学材料的基本参数之一，也是液体在工农业生产和科学技术中的重要参数．在外界干扰因素可以忽略的情况下，混合液体的折射率 n 是浓度 c、温度 T 和入射光波长 λ 的函数：

$$n=n\ (c,\ T,\ \lambda) \tag{8.34.5}$$

若 c、T 和 λ 变化很小，则混合溶液折射率的变化量 Δn 可近似表示为

$$\Delta n\approx\frac{\partial n}{\partial c}\Delta c+\frac{\partial n}{\partial T}\Delta T+\frac{\partial n}{\partial\lambda}\Delta\lambda \tag{8.34.6}$$

保持光源的波长不变（$\Delta\lambda=0$）且温度的变化小于 1～2 ℃的条件下，浓度变化 $\Delta c\approx\Delta n\ (\partial n/\partial c)^{-1}$，则有

$$c=\left(\frac{\partial n}{\partial c}\right)^{-1}(n_1-n_0)\ c_0 \tag{8.34.7}$$

式中，n_0 是实验中参考基液的浓度值为 c_0 时的折射率．

图 8.34.1 是根据折射率和溶液浓度关系设计的一个读数装置．在空心的三棱镜中注入不同浓度的液体，可以推出溶液溶质百分比与光斑位移距离的函数关系，直观地表现出溶液浓度．

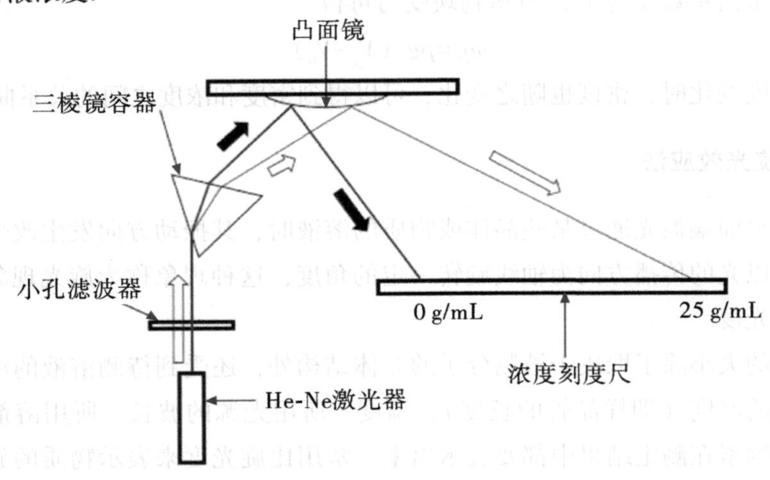

图 8.34.1　折射率法测量液体浓度的装置图

实验 35　稀溶液黏滞系数的测量

黏滞力是指流体各流层的流速不同，相邻流层间有相对运动而产生的剪动力．黏滞系数是表征流体黏滞力的物理参量．黏滞系数在不同种类液体中存在差异，同时也受温度的影响，往往随着温度升高而减小．研究和测定液体的黏滞系数，在医药研究、材料科学研究与工程技术等领域都有很重要的意义．

一、任务要求

1. 设计实验方案（含原理）；
2. 制作/搭建研究稀溶液黏滞系数的实验装置；
3. 研究液体黏滞系数特性及其影响因素；
4. 给出实验结果并讨论测量精度和不确定度．

二、可用仪器

示波器、直流电源、光电门、电子天平、电子温度计、铁架台、塔轮、轴承、定滑轮、圆筒、烧杯、蓖麻油、游标卡尺、T 形玻璃管、毛细管、空心管、3D 打印机、激光切割机．

三、设计提示

测量黏滞系数的方法有落球法、毛细管法、转筒法、振动法、布里渊区法等．其中落球法要求小球沿着容器的中心轴线下落，使用斯托克斯公式计算液体的黏滞系数，是大学理工科物理学实验的常用方法．

（一）毛细管法测量液体黏滞系数

液体在图 8.35.1 所示的 T 形玻璃管中流动，水平出口部分有一根内径均匀的毛细管，根据泊肃叶定律，流量为

$$\Phi=\frac{\pi r^4\Delta P}{8\eta L}=\frac{\pi r^4\rho gh\ (t)}{8\eta L} \tag{8.35.1}$$

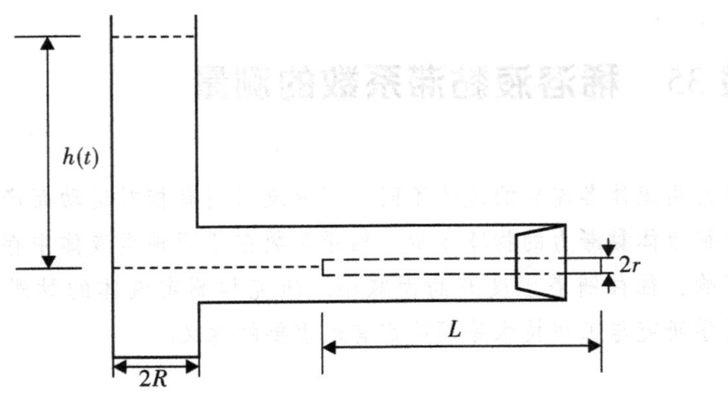

图 8.35.1 毛细管法测量液体黏滞系数装置原理图

式中，r 为毛细管半径，L 为毛细管的长，ρ 为液体密度，η 为黏滞系数，$h(t)$ 为 t 时刻竖直管中的液面相对于水平放置的毛细管中心的高度差（图 8.35.1）.

由于毛细管中液体的流量与 T 形管竖直管部分液体流量相等，故

$$\Phi=\frac{\mathrm{d}V}{\mathrm{d}t}=-\frac{\pi R^2\mathrm{d}h(t)}{\mathrm{d}t} \tag{8.35.2}$$

式中，R 为竖直管半径．令 $\lambda=\frac{\pi r^4\rho g}{8\eta L}$，式（8.35.1）变化为：

$$\Phi=\lambda h(t) \tag{8.35.3}$$

联立式（8.35.2）、式（8.35.3），得

$$\lambda\cdot h(t)=-\frac{\pi R^2\mathrm{d}h(t)}{\mathrm{d}t} \tag{8.35.4}$$

对式（8.35.4）解微分方程，得

$$-\lambda\frac{t}{\pi R^2}=\ln\frac{h(t)}{h(t_0)} \tag{8.35.5}$$

将 $\lambda=\frac{\pi r^4\rho g}{8\eta L}$ 代入式（8.35.5），得

$$\ln\frac{h(t)}{h(t_0)}=\frac{\pi r^4\rho g}{8\eta LR^2}t \tag{8.35.6}$$

分别测量计时初始时刻（t_0）和 t 时刻竖直管中液面高度 $h(t_0)$ 和 $h(t)$，即可得到液体的黏滞系数.

（二）转筒法测量液体黏滞系数

图 8.35.2（a）所示的装置中，半径为 R_1 的圆筒里内置一个自由转动的转筒，半径为 R_2，圆筒与转筒共轴．圆筒固定，装满待测黏滞液体．转筒顶端绕线，通过定滑轮悬挂砝码．当砝码下落时，转筒转动，对附着其表面的液体施加拉力．液体会随着

转筒转动，同时对转筒施加黏滞力矩，该力矩随着转筒速度的增大而增大．当砝码重力所产生的动力矩等于液体的黏滞阻力矩时，砝码匀速下降，即转筒匀速转动，根据力矩平衡可计算出液体的黏滞系数．

将待测液体划分为三部分，如图 8.35.2（a）所示，分别为转筒侧面液体Ⅰ，转筒底面液体Ⅱ，转筒底面以外环状部分的液体Ⅲ．三部分液体在旋转时产生的力矩分别为 M_1、M_2、M_3．

设转筒做匀速转动时的角速度为 ω_0，选取距转轴 r（$R_2<r<R_1$）处一厚度为 $\mathrm{d}r$、长度为 L 的圆柱状液体薄层，如图 8.35.2（b）所示．液体薄层的侧面积为 $S=2\pi rL$．

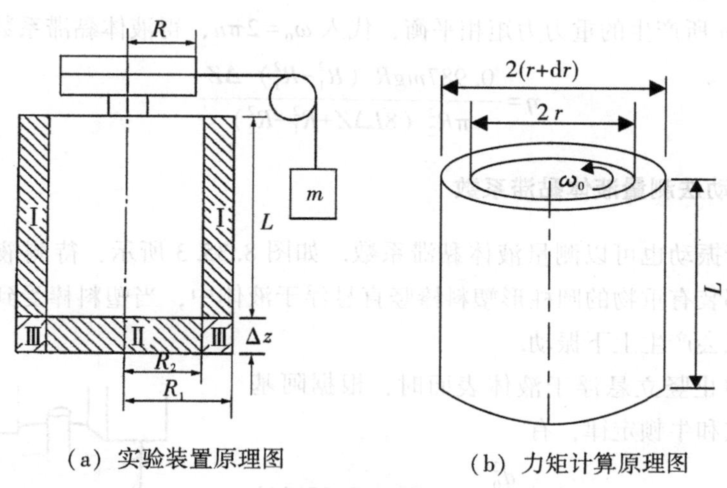

（a）实验装置原理图　　（b）力矩计算原理图

图 8.35.2　转筒法测量黏滞系数实验原理图

当液体Ⅰ稳定旋转时，由牛顿内摩擦定律可知，薄层间的内摩擦力 F 等于薄层圆柱面的接触面积 S、黏滞系数 η 和速度梯度 $\frac{r\mathrm{d}\omega}{\mathrm{d}r}$ 的乘积．方向沿柱线的切线方向．薄层柱面所受的阻力矩 $M_1=2\pi\eta L^2 r\frac{\mathrm{d}\omega}{\mathrm{d}r}$．当 r 一定时，$r^3\frac{\mathrm{d}\omega}{\mathrm{d}r}=C$ 为常数，利用边界条件 $r=R$，$\omega=\omega_0$；$r=R_1$，$\omega=0$，对上式积分可得液体Ⅰ稳定旋转时的角速度，代入得到力矩 M_1 为

$$M_1=4\pi\eta L\omega\frac{R_1^2R_2^2}{R_1^2-R_2^2} \tag{8.35.7}$$

对于转筒底面的液体Ⅱ，上层液体以角速度 ω_0 匀速转动，下层液体静止，可以认为上、下层液体之间的角速度均匀变化，在底面半径 r 处上、下两个相距较小的同轴液体之间对面积为 $\mathrm{d}s=2\pi rd$ 的薄层面积元积分，可得到圆柱底面液体产生的内摩擦力矩 M_2 为

$$M_2=\pi\eta R_2^4\frac{\omega\theta}{2\Delta Z} \qquad (8.35.8)$$

根据环状液体Ⅲ上表面液体的角速度和底部环面半径为 r 处液体的速度梯度，对面积为 $ds=2\pi rd$ 的环状面积元积分，可得环状液体Ⅲ的摩擦力矩 M_3 为

$$M_3=\pi\eta R_2^2\frac{\omega\theta\ (R_1^2-R_2^2)}{2\Delta Z} \qquad (8.35.9)$$

空气阻力矩，转圆筒上、下轴承的摩擦力矩，定滑轮内摩擦力等，这些因素产生的摩擦力矩 M_4 大约占总摩擦力矩的 1.3%，因而取 $M_4=0.013M$. 待测液体稳定旋转时内圆柱体所受的摩擦力矩 M 为四分量之和，因稳定旋转时液体总摩擦力所产生的力矩 M 与砝码 m 所产生的重力力矩相平衡，代入 $\omega_0=2\pi n$，得液体黏滞系数 η 为

$$\eta=\frac{0.987mgR\ (R_1^2-R_1^2)\ \Delta Z}{\pi R_2^2\ (8L\Delta Z+R_1^2-R_2^2)} \qquad (8.35.10)$$

（三）振动法测量液体黏滞系数

利用简谐振动也可以测量液体黏滞系数. 如图 8.35.3 所示，待测液体置于烧杯中，一根底部装有重物的圆柱形塑料棒竖直悬浮于液体中，当塑料棒受到竖直方向微小的扰动，就会产生上下振动.

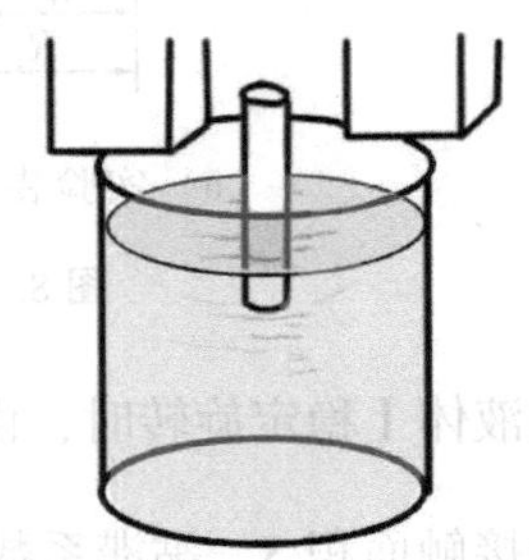
图 8.35.3　简谐振动测量液体黏滞系数装置原理图

塑料棒静止竖立悬浮于液体表面时，根据阿基米德浮力公式和牛顿定律，有

$$mg=\rho x_0 g\pi\frac{d_0^2}{4} \qquad (8.35.11)$$

式中，m 是塑料棒的质量，ρ 是液体密度，x_0 是塑料棒没入液体的长度，d_0 是棒的直径. 在竖直方向施加一个微小扰动后，根据牛顿第二定律，有

$$\frac{d^2x}{dt^2}-\frac{1}{m}\ (f_1+f_2)\ =0 \qquad (8.35.12)$$

式中：f_1 表示棒在振动过程中自身重力和浮力的差值，即棒受到的恢复力大小，则

$$f_1=mg-\rho x_0 g\pi\frac{d_0^2}{4} \qquad (8.35.13)$$

f_2 表示液体的内摩擦对棒的阻力大小. 根据牛顿黏滞定律，内摩擦力与速度梯度和接触面积成正比，则

$$f_2=-\eta\frac{dv}{dr}\ (\pi d_0 x) \qquad (8.35.14)$$

设实验时振动幅度很小，棒在液体内的长度变化忽略不计，则 $x=x_0$.

$$f_2=-\eta\frac{\mathrm{d}v}{\mathrm{d}r}(\pi d_0x_0) \tag{8.35.15}$$

将f_1和f_2代入式（8.35.12），可得

$$\frac{\mathrm{d}^2x}{\mathrm{d}t^2}+\frac{\eta\pi d_0x_0}{m\mathrm{d}r}\cdot\frac{\mathrm{d}x}{\mathrm{d}t}+\rho xg\pi\frac{d_0^2}{4}=g \tag{8.35.16}$$

取$\beta=\frac{\eta\pi d_0x_0}{m\mathrm{d}r}$，$\omega_0^2=\rho g\pi\frac{d_0^2}{4}$，得　　(8.35.17)

$$\frac{\mathrm{d}^2x}{\mathrm{d}t^2}+2\beta\cdot\frac{\mathrm{d}x}{\mathrm{d}t}+\omega_0^2\cdot x=g \tag{8.35.18}$$

可解得

$$x=A\mathrm{e}^{-\beta t}\cos(\omega_r t+\phi_0)+C \tag{8.35.19}$$

式中，$\omega_r=\sqrt{\omega_0^2-\beta^2}$，$C=\frac{g}{\omega_0^2}$.

由简谐振动可知，$T=\frac{2\pi}{\omega}$，则

$$\omega_0^2-\beta^2=\frac{4\pi}{T^2} \tag{8.35.20}$$

将式（8.35.17）代入式（8.35.20），化简即可得到

$$\eta=\frac{2m(\mathrm{d}r)^2}{x_0d_0}\sqrt{\frac{\rho_0d_0^2g}{4m\pi}-\frac{100}{(nT)^2}} \tag{8.35.21}$$

式中，n是测量的周期数.

第九章
研究性实验

实验36　霓与虹的再现

虹是人们喜闻乐见的一种大气光学奇观. 其形状多为弧形，从外弧至内弧的颜色依次为红、橙、黄、绿、蓝、靛、紫. 早在3 000多年前的殷商时代，我国甲骨文中就已出现了虹的象形文字. 霓有时和虹一起出现，其形成原理与虹大致相同，只是光线在水滴中的反射多了一次，彩带排列的顺序和彩虹相反，红在内，紫在外. 第一个合理解释彩虹外观的人可能是亚里士多德. 他提出，彩虹实际上是云层中阳光的一种不同寻常的反射. 彩虹射线和入射阳光形成的角度最早由培根在1266年测量得到. 他测得虹的角度约为42°，霓比虹大约高8°. 1304年，德国修道士西奥多里克认为每个水滴都能够产生彩虹. 笛卡儿基于折射定律较清晰地诠释了这个现象. 西奥多里克和笛卡儿得到的结果都表明，彩虹是由进入水滴的光线组成的，并从内表面反射一次；而霓是由经过两次内部反射的射线组成的，每次反射都会损失一部分的光，这就是霓颜色较淡、甚至时常不易被观察到的主要原因.

一、任务要求

1. 设计实验方案（含原理）；
2. 制作/搭建研究虹与霓的实验装置；
3. 观测虹与霓的光学现象；
4. 研究虹与霓的特性及其影响因素.

二、可用仪器

强光手电、凸透镜、有机玻璃球、光学平台、光具座、3D打印机、数码相机、计算机、小孔光阑、扩束器、光屏、直尺、凹面镜等.

三、设计提示

西奥多里克和笛卡儿得到的结果都表明，彩虹是光线进入某个透明球体经过反射与折射后产生的色散现象. 彩虹是由进入水滴的光线内表面反射一次的光线组成的，而霓是由经过两次内部反射的光线组成的. 用装满水的圆底烧瓶或球体模拟水滴是实验上研究彩虹形成的一种方法. 运用此方法，可以观察到较明显的彩虹现象.

（一）原理

如图 9.36.1 所示，当平行光入射光照射在水滴表面上的时候，入射光被部分反射，我们称此反射光为第一级光线. 剩余光线经过折射进入水滴中，在到达下一个水滴边界时，一部分光透射出去形成第二级光线，另一部分在液面内部反射. 在下一个边界处，该反射光再次被分为反射光和透射光. 此时的透射光为第三级光线，组成我们熟知的彩虹. 入射光在水滴内反射、透射的过程不断进行，水滴将产生一系列透射光，所以通常光强会迅速减弱. 在水滴内经历了两次内部反射的第四级透射光线的光强非常弱，最终组成霓.

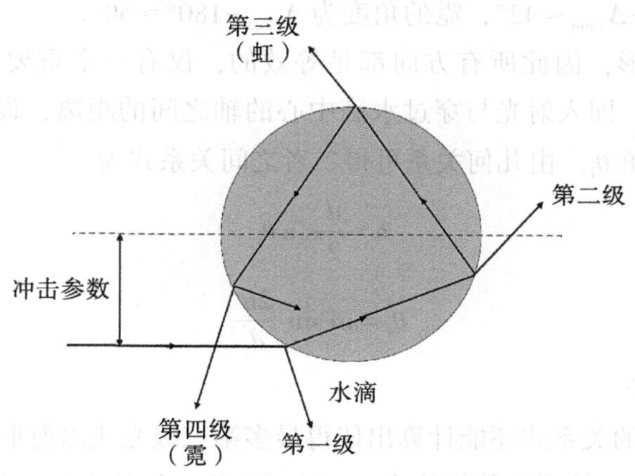

图 9.36.1　水滴内外光路图

根据几何关系可知，经过一次内反射（图 9.36.2）和经过两次内反射（图 9.36.3）的透射光，相对入射光的偏转角度分别为

$$\Delta_1=(\theta_i-\theta_r)+(\pi-2\theta_r)+(\theta_i-\theta_r)=\pi+2\theta_i-4\arcsin\frac{\sin\theta_i}{n} \tag{9.36.1}$$

$$\Delta_2=(\theta_i-\theta_r)+(\pi-2\theta_r)+(\pi-2\theta_r)+(\theta_i-\theta_r)=2\pi+2\theta_i-6\arcsin\frac{\sin\theta_i}{n} \tag{9.36.2}$$

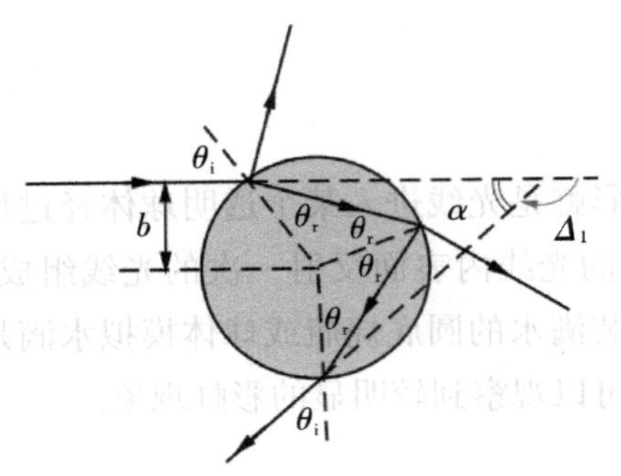

图 9.36.2　一次内反射（产生虹）

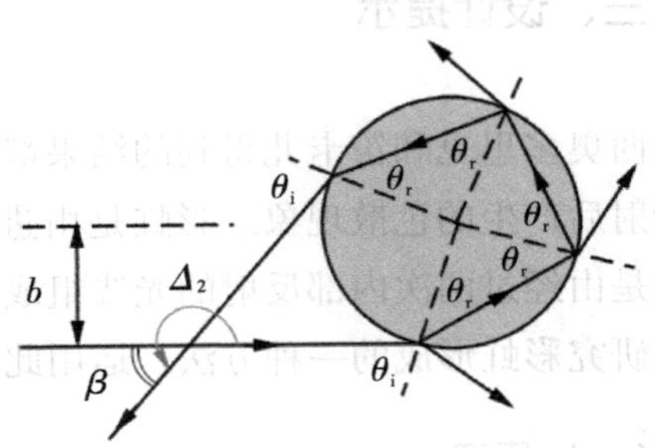

图 9.36.3　两次内反射（产生霓）

式中，n 为水对某波长的光的折射率. 它们在极值附近随 θ_i 变化最慢，于是有最多的光线在极值角度附近出射，也就是说这些光线形成的光带最亮. 容易算出上两式在

$$\theta_{i1}=\arcsin\sqrt{\frac{4-n^2}{3}}，\theta_{i2}=\arcsin\sqrt{\frac{9-n^2}{8}}$$

时分别取极小值和极大值. 按红光计算，水对红光的折射率约为 1.332，于是 $\theta_{i1}\approx 59.5°$，$\theta_{i2}\approx 72.0°$，相应的偏角为：

$$\Delta_{1\min}\approx 137.9°，\Delta_{2\max}\approx 230.6°$$

即虹的角度为 $180°-\Delta_{1\min}\approx 42°$，霓的角度为 $\Delta_{2\max}-180°\approx 50°$.

假定水滴为球形，因此所有方向都是等效的，仅有一个重要变量——冲击参数（impact parameter），即入射光与穿过水滴中心的轴之间的距离，设为 b，它决定了光在水滴球上的入射角 θ_i. 由几何关系可得二者之间关系式为

$$b=\frac{d}{2}\sin\theta_i$$

即

$$\theta_i=\arcsin\frac{2b}{d}$$

式中，d 为水滴直径.

由 θ_i 与 b 之间的关系式还能计算出使得最多第三级光线出射形成彩虹的冲击参数（称为截止冲击参数）的理论数值约为 $0.43d$. 对于一个直径为 d 的水球，如果遮挡冲击参数在 $0.43d$ 附近的入射光，那么彩虹将会消失.

（二）水球法

西奥多里克的“烧瓶实验”说明每个水滴都能够产生彩虹，水滴可由一个盛满水的透明球形容器来模拟. 光线入射到透明球体的过程中，要通过介质（球体）和环境两个不同折射率的区域. 图 9.36.4 是由菲涅耳定律绘制的霓、虹角度与相对折射率的关系图，图中横坐标为红光对介质折射率与环境折射率的比值，称为相对折射率. 可以看到，当相对折射率约为 1.33 时，虹的角度约为 42°，霓的角度约为 50°.

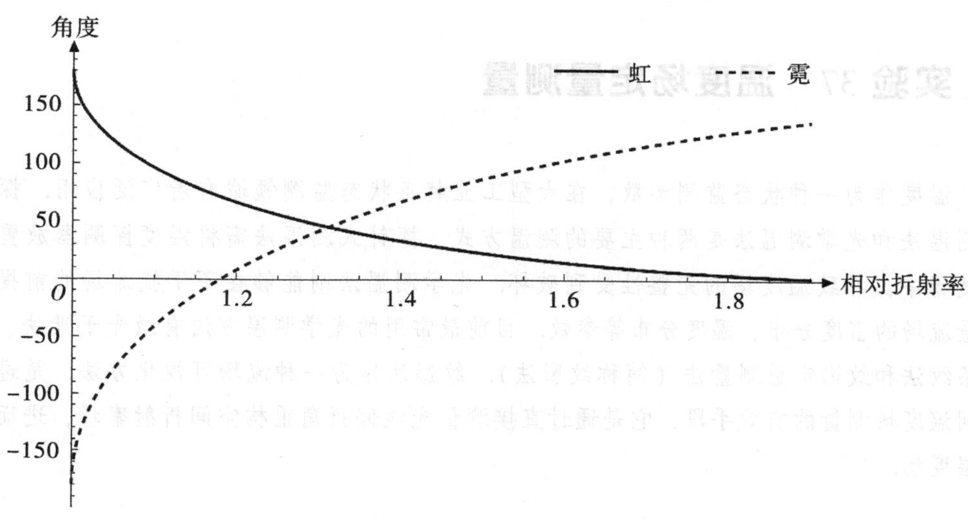

图 9. 36. 4　霓、虹角度与相对折射率的关系图

因此想要看到或者再现彩虹，透明中心球体的选择是整个实验装置的核心所在. 使用装满水的透明塑料球壳作为产生彩虹的中心球体是一种可靠的方法.

（三）双屏法测量彩虹角度

图 9. 36. 5 所示是基于水球法的实验装置. 由光源发射的光经凸透镜成为平行光并通过白屏的小孔照射在装满水的水球上，由此来模拟平行太阳光照射在天空中的水珠. 入射光线经水球散射后，于白屏上形成虹与霓.

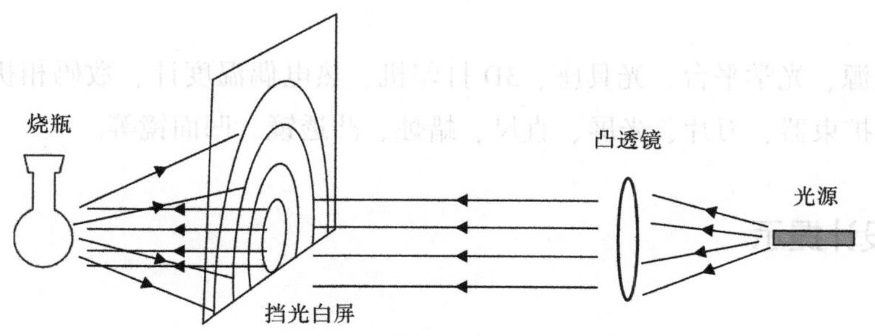

图 9. 36. 5　水球法实验装置示意图

对彩虹的角度进行测量可以采用双屏法：在虹或霓的圆弧清晰呈现在白屏上时，记录下小球与屏幕间隔距离 d_{x1} 以及虹或霓圆弧最高点到白屏底端的距离 d_{y1}；移动白屏，使白屏远离（或靠近）小球，记录下此时小球与白屏间隔距离 d_{x2} 以及虹或霓圆弧最高点到白屏底端的距离 d_{y2}；利用公式出射角度 $\theta=\arctan\dfrac{|d_{x2}-d_{x1}|}{|d_{y2}-d_{y1}|}$ 计算得出虹与霓的出射角度.

实验 37 温度场定量测量

温度作为一种状态监测参数，在大型工业装备状态监测领域有着广泛应用．探针式测温法和光学测温法是两种主要的测温方式．探针式测温法需将温度探测器放置在温度场中，导致温度场的完整性受到破坏．光学测温法则能够在不干扰流场的前提下测量流场的密度分布、温度分布等参数．目前最常用的光学测温方法有激光干涉法、莫尔条纹法和纹影定量测量法（简称纹影法）．纹影法作为一种流场可视化方法，是进行空间温度场测量的有效手段，它是通过直接测量光线偏折角重构空间折射率场，进而解算温度场．

一、任务要求

1．设计实验方案（含原理）；

2．制作/搭建纹影装置；

3．观测纹影法的光学现象；

4．确立纹影定标曲线，测量温度场．

二、可用仪器

LED 光源、光学平台、光具座、3D 打印机、热电偶温度计、数码相机、计算机、小孔光阑、扩束器、刀片、光屏、直尺、蜡烛、凸透镜、凹面镜等．

三、设计提示

（一）纹影法

纹影法，又称纹影技术，是以光的折射原理为基础，借助光线偏折表征流场内部参数的测量手段．

光在透明介质中的传播定律遵循惠更斯原理：球形波面上的任意一点都可当作是一个次级球面的子波源，此后任意时刻，这些子波波面的包络就是在波前进方向上该时刻总的波动波面．如图 9. 37. 1（a）所示，3 块不同颜色的区域表示了一个流场内部 3 个相邻区域，折射率分别为 n、n_1 和 n_2．光线通过折射率不均匀的流场，折射率的改变将导致波前的光线速度发生变化，光束的方向也会发生变化.

设真空中光速为 c_0，折射率为 n 的空气中光速为 c，则 $n=c_0/c$. 图 9.37.1（a）中两相邻光束（光束 2 和光束 3）的偏折角差值以及到达波阵面 2 所需时间 Δt 有

$$\begin{cases}\sin\theta\approx\Delta\theta=\dfrac{\left(\dfrac{c_0}{n_2}-\dfrac{c_1}{n_1}\right)\Delta t}{\Delta y}\\[2ex]\Delta t=\Delta Z\,\dfrac{n}{c_0}\end{cases}\tag{9.37.1}$$

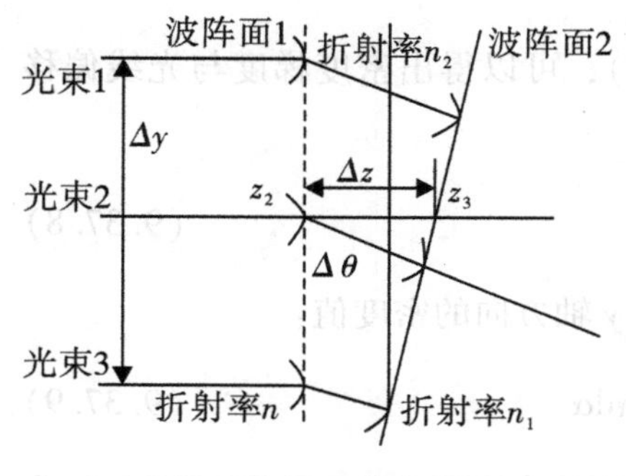

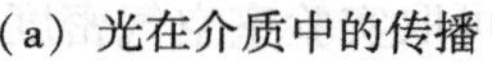
（a）光在介质中的传播

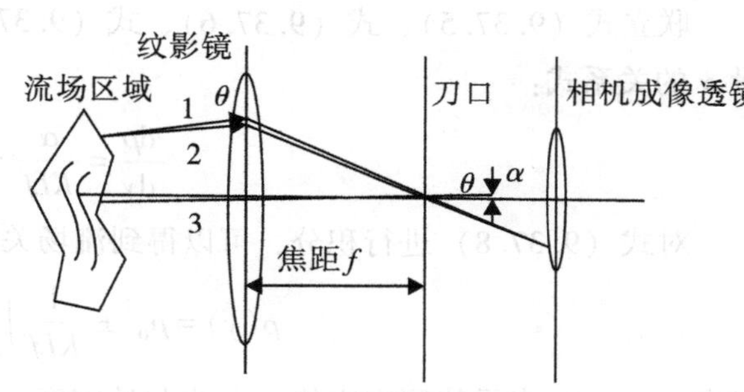

（b）纹影系统

图 9.37.1　纹影系统原理图

由于相邻区域的折射率 n 非常接近，即 n、n_1、n_2 非常近似，可以对式（9.37.1）作近似处理，整理可得

$$\frac{\mathrm{d}\theta}{\mathrm{d}z}=\frac{1}{n}\,\frac{\partial n}{\partial y}\tag{9.37.2}$$

由于 θ 是一个很小的角度，故近似有几何关系：

$$\theta=\frac{\mathrm{d}y}{\mathrm{d}z}\tag{9.37.3}$$

代入式（9.37.2）中可以得到

$$\frac{\partial^2 y}{\partial z^2}=\frac{1}{n}\,\frac{\partial n}{\partial y}\tag{9.37.4}$$

对式（9.37.4）进行积分，则光线离开流场区域时的偏折角：

$$\theta_y=\frac{L}{n}\,\frac{\partial n}{\partial y}\tag{9.37.5}$$

式中，L 为流场区域的宽度，在实验中则是沿着光线传播方向的流场长度.

纹影系统就是基于刀口阴影法所设计的温度场分布测量仪，它的基本原理是利用焦平面处刀口部件对低频分量进行空间滤波. 图 9.37.1（b）所示是一个透射式纹影

系统，加热平台放置在测量区域，光线经过流场以后，角度偏折量为 θ，经过透镜的会聚作用之后，光线到达刀口时会在竖直方向上发生 α 的偏移，根据透镜成像规律以及几何关系，可以计算得出偏移量 α 与偏折角 θ 的关系：

$$\alpha = f\tan\theta \approx f\theta \tag{9.37.6}$$

格拉德斯通-戴尔关系（Gladstone-Dale relation），是反映流体折射率与密度关系的定量关系式：

$$n-1 = K\rho \tag{9.37.7}$$

式中：n 为流体折射率；ρ 为流体密度；K 为格拉德斯通-戴尔常数，与光的波长有关.

联立式（9.37.5）、式（9.37.6）、式（9.37.7），可以得出密度梯度与光线偏移量 α 的关系式：

$$\frac{\mathrm{d}\rho}{\mathrm{d}y} = \frac{\alpha}{KLf} \tag{9.37.8}$$

对式（9.37.8）进行积分，可以得到流场关于 y 轴方向的密度值：

$$\rho(y) = \rho_0 \pm \frac{1}{KLf}\int_{\xi_0}^{\xi_1}\alpha\mathrm{d}\alpha \tag{9.37.9}$$

式中：ρ（y）表示待测密度值；ρ_0 为起始密度，在实验中可取实验室空气密度；ξ_0 为参考刀口位置；ξ_1 为光线偏移量.

在实验室条件下，流场内部空气可近似看作理想气体，此时应用理想气体状态方程，可以得到流场内气体温度与流场内气体密度的关系式：

$$T_1 = T_0\rho_0/\rho_1 \tag{9.37.10}$$

式中，T_0 为环境温度，ρ_1 为流场内待测密度，T_1 为流场内待测温度.

联立式（9.37.9）与式（9.37.10），可得流场温度分布表达式：

$$T_1(y) = T_0\rho_0/\rho_1 = T_0\rho_0\Big/\left(\rho_0 \pm \frac{1}{KLf}\int_{\xi_0}^{\xi_1}\alpha\mathrm{d}\alpha\right) \tag{9.37.11}$$

因此，在实验设计中，可以通过光线偏折量获得光线偏向角，进而得到流场折射率梯度和温度分布.

（二）纹影系统的标定

在式（9.37.11）中，光线偏折量 α 积分的部分 $\int_{\xi_0}^{\xi_1}\alpha\mathrm{d}\alpha$ 是气体流场温度的关键，可以对其进行相关转换计算，即纹影系统的标定. 目前有两种纹影系统标定方法：一是标准光度法，即在测试区域放置标定镜片；二是测试域无测试对象的情况下，通过不同的刀口进给量，采集相应不同灰度的图片，以此建立标准曲线.

流场内密度不同导致光线在穿过流场时，会发生不同程度的偏移，而不同程度的光线偏移会造成纹影图像上灰度值的不同，故纹影仪流场温度测量的主体思想是建立刀口相对光线偏移量与纹影图像灰度变化的关系.

在测量区域内不添加任何流场，将刀口从不遮挡光源像的位置开始，以固定$\Delta\alpha$步进遮挡光源像直至刀口将光源像完全遮挡，使用数码相机记录刀口逐步遮挡所捕获的纹影图像.

对测量得到的图片进行灰度处理，将灰度量等效看作光强量，就可以建立起光强变化与刀口切割光线量的对应关系，获得反映刀片遮挡量与光强（图像灰度值）的对应关系曲线，即定标曲线.

光源像和刀口位置之间的关系影响纹影图像的灰度值，而式（9.37.11）分子部分的积分与光源像和刀口位置相关. 利用这一特点，如果使得刀口刚好切割光源图像的一半，再拍摄有流场干扰情况下的图像（即纹影图），就可以建立起如图 9.37.2 所示的模型.

图 9.37.2 中圆形为光源像，直径处实线是刀口的参考位置，即拍摄纹影图时，刀口所在的位置. 在直径上方的虚线是刀口移动后的位置，等价为光线经过流场发生偏折后，到达光屏上呈现图像的灰度所对应的刀口切割位置.

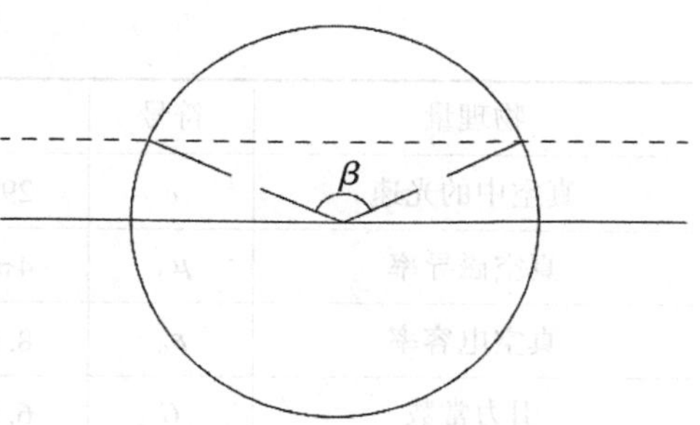

图 9.37.2　刀口位置示意图

由于图像灰度值的大小与刀口遮挡量成反比，可以认为灰度值的实际变化等价于图中虚线与实线之间的区域面积变化，此时有如下计算：

$$\begin{cases} S_1=\dfrac{1}{2}\pi r^2 \\ S_2=\dfrac{\beta}{360}\pi r^2-\dfrac{1}{2}r^2\sin\beta \\ \Delta S=S_1-S_2 \end{cases} \tag{9.37.12}$$

式中，r为光源像的半径，可以在实验中测量得到，ΔS为图中虚线与实线之间的区域面积变化，此时，待测温度就可以进一步改写为

$$T_1(y)=\frac{T_0\rho_0}{\rho(y)}=\frac{T_0\rho_0}{\rho_0\pm\dfrac{\Delta S}{KLf}} \tag{9.37.13}$$

附　　录

附录一　常用物理常量表

常用物理常量如附表 1.1 所示.

附表 1.1

物理量	符号	数值	单位
真空中的光速	c	299 792 458	$m \cdot s^{-1}$
真空磁导率	μ_0	$4\pi\times10^{-7}$	$N \cdot A^{-2}$
真空电容率	ε_0	$8.854\ 187\ 817\times10^{-12}$	$F \cdot m^{-1}$
引力常数	G	$6.674\ 08\times10^{-11}$	$m^3 \cdot kg^{-1} \cdot s^{-2}$
普朗克常数	h	$6.626\ 070\ 040\times10^{-34}$	$J \cdot s$
约化普朗克常数	$\hbar$	$1.054\ 571\ 800\times10^{-34}$	$J \cdot s$
电子电量	e	$1.602\ 176\ 620\ 8\times10^{-19}$	C
电子质量	m_e	$9.109\ 383\ 56\times10^{-31}$	kg
质子质量	m_p	$1.672\ 621\ 898\times10^{-27}$	kg
精细结构常数	α	$7.297\ 352\ 566\ 4\times10^{-3}$	
阿伏伽德罗常数	N_A	$6.022\ 140\ 857\times10^{23}$	mol^{-1}
玻耳兹曼常数	k	$1.380\ 648\ 52\times10^{-23}$	$J \cdot K^{-1}$
玻尔半径	a_0	$0.529\ 177\ 210\ 67\times10^{-10}$	m
核磁子	μ_N	$5.050\ 783\ 699\times10^{-27}$	$J \cdot T^{-1}$
玻尔磁子	μ_B	$9.274\ 009\ 994\times10^{-24}$	$J \cdot T^{-1}$

附录二 随机误差的分布规律

对于每次测量来说，随机误差的数值和符号都是不确定的，但在相同条件下对一个物理量进行多次重复测量，当测量次数 $n \to \infty$ 时，随机误差或测量值最常见的分布规律是高斯分布，或称正态分布，高斯分布的概率密度函数为

$$f(x) = \frac{1}{\sigma\sqrt{2\pi}}\exp\left[-\frac{(x-A)^2}{2\sigma^2}\right] \tag{附 2.1}$$

或

$$f(\varepsilon) = \frac{1}{\sigma\sqrt{2\pi}}\exp\left(-\frac{\varepsilon^2}{2\sigma^2}\right) \tag{附 2.2}$$

式中：$\varepsilon = x-A$ 是测量值 x 相对于真值（高斯分布的峰值位置）A 的偏离，即某次测量的绝对误差；$f(\varepsilon)$ 称为 ε 的概率分布密度（附图 1），正态分布曲线 $y=f(\varepsilon)$ 是一条关于 y 轴对称的钟形曲线，其峰值位于对称轴上；σ 称为高斯分布的标准误差，是衡量测量值离散程度的参数：

$$\sigma = \lim_{n\to\infty}\sqrt{\frac{1}{n}\sum_{n=1}^{n}(x_i - A)^2} \tag{附 2.3}$$

σ 越小，曲线越尖锐，离散程度小；σ 越大，曲线越平坦，离散程度大.

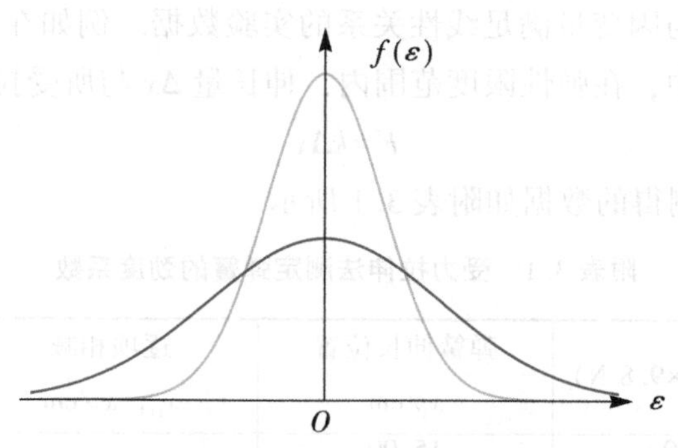

附图 2.1 正态分布的概率密度分布曲线

$\int_{-\varepsilon}^{\varepsilon} f(x)\,dx$ 表示测量值 x 落在区间 $(A-\varepsilon, A+\varepsilon)$ 内的概率．但在大部分测量中，真值 A 事先并不知道，而且重复测量的次数 n 也不可能无穷大，当 n 为有限值时，随机误差或测量值的分布就会和正态分布有一定程度的偏离．同时，n 越大，偏离越小，可以使用 n 次测量结果的算术平均值 $\bar{x}$ 作为真值的近似值，使用正态分布近似描述测量值的分布情况．

从正态分布的概率密度分布函数（附 2.2）可知，测量值落在区间 $(\bar{x}-\varepsilon, \bar{x}+\varepsilon)$ 内的概率为

$$P\ (\bar{x}-\varepsilon<x<\bar{x}+\varepsilon)\ =\int_{-\varepsilon}^{\varepsilon}\frac{1}{\sigma\sqrt{2\pi}}\exp\left(-\frac{\varepsilon^2}{2\sigma^2}\right)\mathrm{d}\varepsilon \qquad (附 2.4)$$

该积分称为概率积分，只能用数值方法计算，作变量代换 $Z=\frac{\varepsilon}{\sigma}$，式（附 2.4）可改写为

$$P\ (\bar{x}-\varepsilon<x<\bar{x}+\varepsilon)\ =\int_{-Z}^{Z}\frac{1}{\sigma\sqrt{2\pi}}\exp\left(-\frac{Z^2}{2}\right)\mathrm{d}Z \qquad (附 2.5)$$

可见，对于不同的 ε 和 σ，积分的数值只和 $Z=\frac{\varepsilon}{\sigma}$ 有关. 数值计算结果表明，$Z=1$ 时，$P\ (Z)\ =0.683$；$Z=2$ 时，$P\ (Z)\ =0.954$；$Z=3$ 时，$P\ (Z)\ =0.997$. 这说明，如果使用 $\bar{x}\pm\sigma$ 表示实验结果，测量值的可信程度为 68.3%；如果使用 $\bar{x}\pm2\sigma$ 表示实验结果，则测量值的可信程度为 95.4%；如果用 $\bar{x}\pm3\sigma$ 表示实验结果，则测量值的可信程度就达到 99.7%，几乎所有测量结果都落在这个区间内.

附录三　逐差法

逐差法，也称分组求差法，是物理实验中一种常用的数据处理方法，用于处理自变量等间隔变化，且与因变量满足线性关系的实验数据. 例如在用受力拉伸法测定弹簧劲度系数 k 的实验中，在弹性限度范围内，伸长量 Δx 与所受拉力之间满足

$$F=k\Delta x$$

等间距改变拉力 F，测得的数据如附表 3.1 所示.

附表 3.1　受力拉伸法测定弹簧的劲度系数

<table>
<tr><th>测量次数</th><th>拉力 F_i/（×9.8 N）</th><th>弹簧伸长位置 x_i/cm</th><th>逐项相减 $x_{i+1}-x_i$/cm</th><th>等间距相减 $x_{i+4}-x_i$/cm</th></tr>
<tr><td>1</td><td>0.000</td><td>15.00</td><td></td><td rowspan="2">6.01</td></tr>
<tr><td>2</td><td>0.200</td><td>16.50</td><td>1.50</td></tr>
<tr><td>3</td><td>0.400</td><td>18.02</td><td>1.52</td><td rowspan="2">6.00</td></tr>
<tr><td>4</td><td>0.600</td><td>19.50</td><td>1.48</td></tr>
<tr><td>5</td><td>0.800</td><td>21.01</td><td>1.51</td><td rowspan="2">5.98</td></tr>
<tr><td>6</td><td>1.000</td><td>22.50</td><td>1.49</td></tr>
<tr><td>7</td><td>1.200</td><td>24.00</td><td>1.50</td><td rowspan="2">6.00</td></tr>
<tr><td>8</td><td>1.400</td><td>25.50</td><td>1.50</td></tr>
<tr><td>平均</td><td>—</td><td>—</td><td>1.50</td><td>5.998</td></tr>
</table>

由附表 3.1 可以看出，由逐项求差虽然可以获得每次测量误差分别等信息，但是在求每次拉力改变的平均伸长量时

$$\overline{\Delta x}=\overline{x_{i+1}-x_i}=\frac{1}{7}\left[(x_2-x_1)+(x_3-x_2)+\cdots+(x_8-x_7)\right]=\frac{1}{7}(x_8-x_1)$$

显然，所有中间值全部抵消，只有始、末两次测量值参与运算，测量结果的误差只与这两个数值有关，达不到多次测量减少误差的目的.

为了保持多次测量的优点，可以采用逐差法进行数据处理. 将附表 3.1 中等间隔连续测量的 8 个数据分成两组，前 4 个一组，后 4 个一组，(x_8，x_7，x_6，x_5) 和 (x_4，x_3，x_2，x_1)，两组对应项相减（逐差）后再求平均值：

$$\overline{\Delta x}=\frac{1}{4\times 4}\left[(x_8-x_4)+(x_7-x_3)+(x_6-x_2)+(x_5-x_1)\right]$$

这样，测得的数据全都用上了，达到了多次测量取平均减少误差的目的. 这种前后分组的方法，间隔越大，误差越小.

逐差法可以充分利用测量数据，保持了通过多次测量来减少偶然误差的优点. 当一元函数可以写成多项式形式，即

$$y=\sum_{i=0}^{n}a_i x_i$$

且自变量是等间距变化时，就可以采用逐差法进行数据处理.

附录四　落球法测液体黏滞系数的不确定度

落球法测液体黏滞系数的公式为

$$\eta=\frac{(\rho-\rho')\,g}{18L}d^2 t \qquad (附\ 4.1)$$

实验中直接测量包括密度 ρ、下落高度 L、小球直径 d、下落时间 t，各直接测量量相应的不确定度分别为

$$\rho'\longrightarrow u_{p1},\ L\longrightarrow u_L,\ d\longrightarrow u_d,\ t\longrightarrow u_t$$

对式（附 4.1）取对数得

$$\ln\eta=\ln(\rho-\rho')+\ln g-\ln(18L)+2\ln d+\ln t$$

利用误差传递公式（1.3.8），有

$$\frac{u_\eta}{\eta}=\sqrt{\left[\frac{\partial\ln(\rho-\rho')}{\partial\rho'}\right]^2u_{\rho'}^2+\left[\frac{\partial\ln(18L)}{\partial L}\right]^2u_L^2+\left[\frac{\partial(2\ln d)}{\partial d}\right]^2u_d^2+\left(\frac{\partial\ln t}{\partial t}\right)^2u_t^2}$$

$$\Rightarrow\frac{u_\eta}{\eta}=\sqrt{\left[\frac{-1}{(\rho-\rho')}\right]^2u_{\rho'}^2+\left(\frac{1}{L}\right)^2u_L^2+\left(\frac{2}{d}\right)^2u_d^2+\left(\frac{1}{t}\right)^2u_t^2}$$

【注意】

1. 公式中的各项不确定度都应考虑合成不确定度.

$$u=\sqrt{u_A^2+u_B^2}$$

2. 公式中 d 及 t 是多次测量量，需要考虑 A 类不确定度.

$u_A=t\times\sqrt{\frac{\sum(x_i-\bar{x})^2}{n(n-1)}}$（$t$ 为修正因子，取值可参考表 1.3.1）

3. 公式中 L 是单次测量，B 类不确定度需要考虑仪器误差及估计误差.

$$u_B=\sqrt{u_{仪}^2+u_{估}^2}$$

附录五　实验报告范例

本节以“双棱镜测光波波长”实验的报告为例，详细说明大学物理实验报告的撰写规范. 在实验报告书写过程中，实验原理、内容等是在认真阅读理解以后，使用自己的语言进行的凝练性表述，实验数据记录、数据处理不仅要符合图表规范，还要使用文字进行衔接，保证行文连贯. 为了突出实验报告撰写的规范要求，避免篇幅过长，这里省略了部分数据记录及思考题，以及计算的中间过程.

【实验名称】双棱镜测光波波长

学生姓名____________　学号__________

学院____________系____________专业 ____________

实验时间____年____月____日____午________　温度______　湿度______

【实验目的】

通过使用双棱镜测量钠光波长，了解菲涅耳双棱境产生的干涉现象和特点，学习利用双棱镜获取双光束干涉的方法和光学测量的技术.

【实验设备】

双棱镜、测微目镜、钠光灯、光学平台、光具座、可调狭缝、透镜.

实验台编号________

【实验原理】

（一）利用双棱镜干涉测量光波波长的实验原理

如附图 5.1 所示，从狭逢 S 中发出的光线经过双棱镜的折射，相当于从两个虚光源 S_1 和 S_2 发出两束相干光. 设虚光源间距为 d，狭缝到光屏的距离为 D，由光的相干条件可知，在光屏上会出现明暗相间的条纹，且满足

$$\delta=\frac{x_k}{D}d=\begin{cases}\pm 2k\dfrac{\lambda}{2}, & \text{亮条纹}\\ \pm(2k+1)\dfrac{\lambda}{2}, & \text{暗条纹}\end{cases} \tag{附 5.1}$$

式中，δ 是光程差，λ 是光波波长，x_k 是条纹所在的位置. 因此，相邻亮（暗）条纹间距为

$$\Delta x=x_k-x_{k-1}=\frac{D}{d}\lambda \tag{附 5.2}$$

实验中测得条纹间距、狭缝与光屏的距离、虚光源间距，通过式（附 5.2）即可计算获得光波波长.

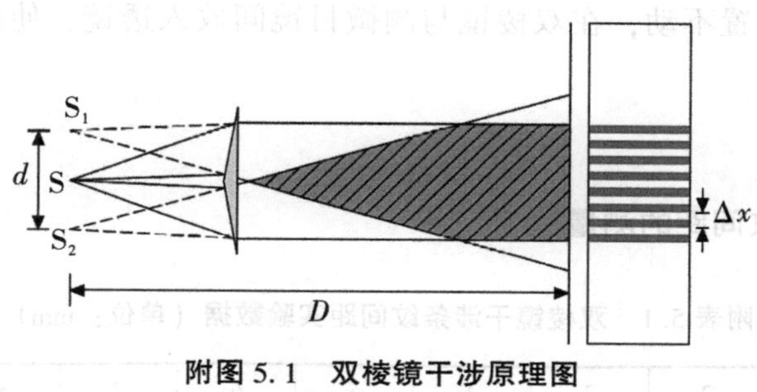

附图 5.1 双棱镜干涉原理图

（二）使用二次成像法测量虚光源间距

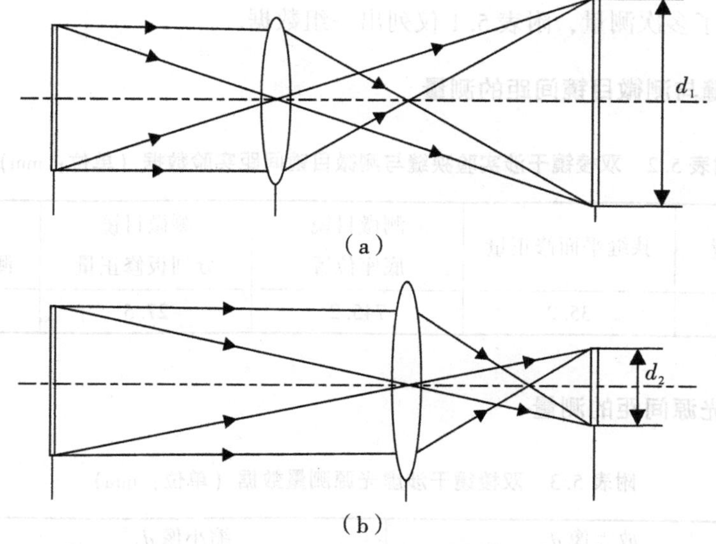

附图 5.2 透镜二次成像原理图

如附图 5.2 所示，设透镜焦距为 f，如果光屏与狭缝的间距 $D>4f$，保持 D 不变，前后移动透镜，可以在光屏上两次看到两个虚光源成的实像，一次间距放大为 d_1，一次间距缩小为 d_2，则虚光源 S_1 和 S_2 的间距为

$$d=\sqrt{d_1 d_2} \tag{附 5.3}$$

【实验内容及步骤】

1. 按照实验光路图摆放仪器，使光源均匀照亮狭缝 S，使仪器靠近，使用目镜调节各光学元件中心等高、共轴，然后拉开元件距离；

2. 在狭缝与透镜间插入双棱镜，调节共轴，棱脊与狭缝平行；

3. 用测微目镜替代光屏，移去透镜，减小狭缝，微调棱脊方向，直到在目镜中出现清晰的干涉条纹；

4. 调节双棱镜和目镜的位置，改善条纹间距；

5. 测量狭缝与光屏的距离，测量条纹间距；

6. 保持仪器位置不动，在双棱镜与测微目镜间放入透镜，使用二次成像法，测量虚光源间距.

【数据记录】

（一）干涉条纹间距的测量

附表 5.1　双棱镜干涉条纹间距实验数据（单位：mm）

条纹 n	1	2	3	4	5	6	7	8	9	10
位置	2.920	3.240	3.549	3.890	4.259	4.567	4.880	5.222	5.529	5.853

实验进行了多次测量，附表 5.1 仅列出一组数据.

（二）狭缝与测微目镜间距的测量

附表 5.2　双棱镜干涉实验狭缝与测微目镜间距实验数据（单位：mm）

狭缝底座位置	狭缝平面修正量	测微目镜底座位置	测微目镜分划板修正量	狭缝与测微目镜间距
140.0	35.2	745.2	27.5	612.9

（三）虚光源间距的测量

附表 5.3　双棱镜干涉虚光源测量数据（单位：mm）

组别	放大像 d_1			缩小像 d_2			虚光源间距 d
	左侧	右侧	间距	左侧	右侧	间距	
1	3.160	2.339	0.821	1.565	0.135	1.430	1.084

续上表

组别	放大像 d_1			缩小像 d_2			虚光源
	左侧	右侧	间距	左侧	右侧	间距	间距 d
2	3.190	2.340	0.850	1.570	0.133	1.437	1.105
3	3.177	2.322	0.855	1.570	0.157	1.413	1.086

注：$d=\sqrt{d_1 d_2}$.

【数据处理】

（一）计算波长

1. 计算条纹间距 Δx.

由附表 5.1，使用逐差法，得

$$\Delta x=\frac{\sum_{i=1}^{5}(x_{i+5}-x_i)}{5\times 5}=0.3277\ \text{mm}$$

2. 计算狭缝和测微目镜间距 D.

由附表 5.2，$D=612.9$ mm

3. 计算虚光源间距 d.

由附表 5.3，$d=\frac{\sum_{i=1}^{3}d_i}{3}=1.092$ mm

4. 计算钠光波长.

由公式 $\Delta x=x_k-x_{k-1}=\frac{D}{d}\lambda$，得

$$\lambda=\frac{\Delta x\times d}{D}\approx 583.9\ \text{nm}$$

（二）计算波长的不确定度

由不确定度传递公式（1.3.9），得

$$E_\lambda=\frac{u_\lambda}{\lambda}=\sqrt{\left(\frac{\partial\ln\lambda}{\partial\Delta x}\right)^2u_{\Delta x}^2+\left(\frac{\partial\ln\lambda}{\partial d}\right)^2u_d^2+\left(\frac{\partial\ln\lambda}{\partial D}\right)^2u_D^2}$$

$$=\sqrt{\left(\frac{u_{\Delta x}}{\Delta x}\right)^2+\left(\frac{u_d}{d}\right)^2+\left(\frac{u_D}{D}\right)^2}$$

分别计算 Δx、d、D 的合成不确定度（计算过程略）得

$$u_{\Delta x}=2.41\times 10^{-6}\text{mm},\ \Delta x=0.3277\ \text{mm}$$

$$u_d=8.32\times 10^{-3}\text{mm},\ d=1.092\ \text{mm}$$

$$u_D=6.67\times 10^{-2}\text{mm},\ D=612.9\ \text{mm}$$

代入传递公式，得

$$u_{\lambda}=E_{\lambda}\lambda=5\ \mathrm{nm}$$

综上所示，实验测得 $\lambda=584\pm5$ nm（$P=0.683$）.

相对不确定度 $E_{\lambda}=0.8\%$.

【分析与讨论】

钠光谱双波长分别为 589.0 nm 和 589.6 nm，实验中取其平均值作为钠光灯波长. 本实验最终测得 $\lambda=584\pm5$ nm，相对不确定度为 0.8%，实验精度较高.

调节元件共轴，尤其是调节狭缝与棱脊相对位置是本实验的操作重点和难点，需要细致认真地进行调节. 可以先将狭缝调大，以便观察.

实验过程中，除螺距差和视差需要考虑外，使用二次成像法测量虚光源间距时，进行像的位置判断会引入人为误差，条纹间距测量存在读数误差，需要注意操作规范性，提高测量精度.

【思考题】

略.

参考文献

[1] 马文蔚. 物理学 [M]. 4版. 北京：高等教育出版社，1999.

[2] 赵凯华. 光学 [M]. 北京：高等教育出版社，2004.

[3] 朱鹤年. 新概念基础物理实验讲义 [M]. 北京：清华大学出版社，2013.

[4] 吴泳华，霍剑青，熊永红. 大学物理实验：第一册 [M]. 北京：高等教育出版社，2001.

[5] 刘国营. 大学物理实验实验 [M]. 2版. 北京：机械工业出版社，2014.

[6] 魏怀鹏，张志东，展永，等. 大学物理实验 [M]. 7版. 北京：高等教育出版社，2017.

[7] 杨燕等. 大学物理实验 [M]. 2版. 广州：暨南大学出版社，2010.

[8] 沈元华，陆申龙. 基础物理实验 [M]. 北京：高等教育出版社，2003.

[9] 沈涵. 基础物理实验 [M]. 北京：科学出版社，2015.

[10] 杨述武，孙迎春，沈国立，等. 普通物理实验 [M]. 北京：高等教育出版社，2015.

[11] 罗家忠，姚建刚. 大学物理实验自主学习指南 [M]. 北京：电子工业出版社，2017.

[12] 黄志高，郑卫峰，冯卓宏. 大学物理实验 [M]. 3版. 北京：高等教育出版社，2020.

[13] 罗旺，王欢，张韬. 大学物理实验 [M]. 北京：机械工业出版社，2022.

[14] 周留柱，孟祥省，李晓明. 大学物理实验 [M]. 北京：高等教育出版社，2020.

[15] 刘志存，朱刚强，高健智. 普通物理学实验 [M]. 西安：陕西师范大学出版社，2018.

[16] 姜义，刘春清，曹萍，等. 大学物理实验 [M]. 北京：科学出版社，2019.

[17] 刘秉政，彭建华. 非线性动力学 [M]. 北京：高等教育出版社，2003.

[18] PATHRIA R K. Statistical mechanics [M]. Ind ed. Singapore：Elsevier Pte. Ltd.，2001.

[19] 卡普拉罗 R M，卡普拉罗 M M C，摩根 J R. 基于项目的学习 STEM 学习 [M]. 王雪华，屈梅，译. 上海：上海科技教育出版社，2016.

[20] LBM 与流体科普. 流体力学中的粘性. [EB/OL].(2021-09-09)[2024-08-19]. https://baijiahao. baidu. com/s?id=1710386648233891885.

[21] SIMONETTI G. Viscosity in matter, life and sociality：the case of glacial ice [J]. Theory, Culture & Society，2022，39 (2)：111-130.

[22] ROBINSON A. The last man who knew everything：thomas young (the anonymous polymath who proved newton wrong, explained how we see, cured the sick and deciphered the rosetta stone) [M]. Oxford：Oneworld Publications，2006.

[23] Mar K B Going into resonance [J]，Nature Physics，2019，15 (3)：203-203.

[24] BLECK-NEUHAUS J. Mechanical resonance：300 years from discovery to the full understanding of its importance [EB/OL].(2018-12-20)[2024-08-19]https://arxiv. org/abs/1811. 08353.

[25] 吴洁，刘晓燕. 转筒法测量液体黏滞系数公式的修正 [J]. 河南教育学院学报（自然科学版），2008，17 (3)：30-32.

［26］钱均，康明，王槿，等. 毛细管法测量液体黏滞系数［C］//第六届全国高等学校物理实验教学研讨会论文集（下册），2010.

［27］涂余闽，曾钶，曾梦海，等. 再现虹与霓演示装置的设计与研究［J］. 大学物理实验，2023，36（1）：71-75.

［28］张雄星，王伟，刘光海，等. 温度场纹影定量测量技术［J］. 中国光学，2018，11（5）：860-873.

［29］史建平，刘俊果，戴国亮. 基于直线光路布局的纹影法测量火焰温度［J］. 空间科学学报，2020，40（1）：79-85.

［30］LARMER J，MERGENDOLLER J，BOSS S. Setting the standard for project based learning［M］. Alexandria：ASCD，2015.

［31］刘景福，钟志贤. 基于项目的学习（PBL）模式研究［J］. 外国教育研究，2002，29（11）：18-22.

［32］霍剑青. 大学物理实验课程教学基本要求的指导思想和内容解读［J］. 物理与工程，2007，17（1）：5-9.